微积分

第二版

上 册

曾广洪
张晓霞 编
桂国祥
吴庆初

高等教育出版社·北京

内容提要

本书是在适应 21 世纪高校课程体系和数学课程教学内容改革需要的背景下,编者根据自身多年的教学经验和教学改革的研究成果,以"经济管理类本科数学基础课程教学基本要求"为指导编写而成的。

本书共分上、下两册。上册包括函数、极限与连续,导数与微分,微分中值定理与导数应用,不定积分,定积分及其应用,书末还附有基本初等函数图形及重要性质。本书在例题选取上注重启发性、代表性和示范性,在难度安排上遵循循序渐进、梯度推进的原则。本书图表丰富,选编的习题题型多样,题量和难度适中。在保持第一版基本结构和风格的基础上,全书纸质内容与数字化资源一体化设计,紧密配合,数字课程包括微视频、数学实验、部分习题参考答案与提示等资源,在提升课程教学效果的同时,为学生提供了更广的探索空间,呈现出一个非线性网络型的立体系统。

本书可作为高等学校经济管理类和生物化学类本科各专业的微积分教材或教学参考书。

图书在版编目(CIP)数据

微积分.上册/曾广洪等编.--2 版.--北京:高等教育出版社,2020.8
ISBN 978-7-04-054197-7

Ⅰ.①微… Ⅱ.①曾… Ⅲ.①微积分-高等学校-教材 Ⅳ.①O172

中国版本图书馆 CIP 数据核字(2020)第 102498 号

微积分
Weijifen

| 策划编辑 | 胡 颖 | 责任编辑 | 胡 颖 | 封面设计 | 王 鹏 | 版式设计 | 马 云 |
| 插图绘制 | 于 博 | 责任校对 | 张 薇 | 责任印制 | 刁 毅 | | |

出版发行	高等教育出版社	网 址	http://www.hep.edu.cn
社 址	北京市西城区德外大街 4 号		http://www.hep.com.cn
邮政编码	100120	网上订购	http://www.hepmall.com.cn
印 刷	北京佳顺印务有限公司		http://www.hepmall.com
开 本	787mm×960mm 1/16		http://www.hepmall.cn
印 张	14.5	版 次	2014 年 8 月第 1 版
字 数	280 千字		2020 年 8 月第 2 版
购书热线	010-58581118	印 次	2020 年 8 月第 1 次印刷
咨询电话	400-810-0598	定 价	28.50 元

本书如有缺页、倒页、脱页等质量问题,请到所购图书销售部门联系调换
版权所有 侵权必究
物 料 号 54197-00

微积分

第二版

上册

曾广洪
张晓霞
桂国祥
吴庆初

1. 计算机访问 http://abook.hep.com.cn/1248635，或手机扫描二维码、下载并安装 Abook 应用。
2. 注册并登录，进入"我的课程"。
3. 输入封底数字课程账号（20位密码，刮开涂层可见），或通过 Abook 应用扫描封底数字课程账号二维码，完成课程绑定。
4. 单击"进入课程"按钮，开始本数字课程的学习。

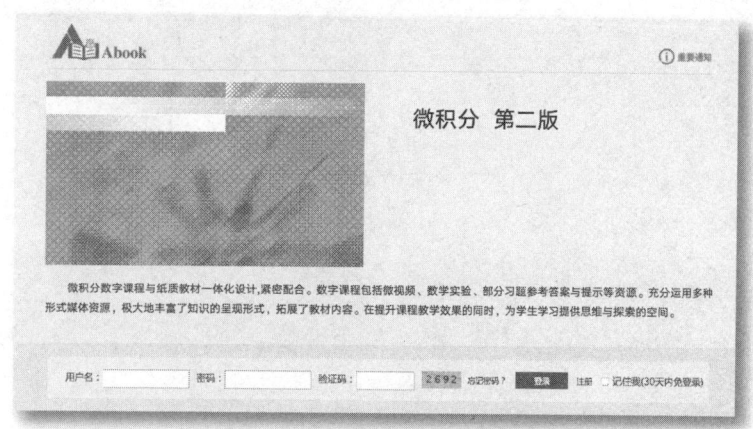

课程绑定后一年为数字课程使用有效期。受硬件限制，部分内容无法在于机端显示，请按提示通过计算机访问学习。

如有使用问题，请发邮件至 abook@hep.com.cn。

扫描二维码
下载 Abook 应用

http://abook.hep.com.cn/1248635

第二版前言

本书第一版自 2014 年出版以来,受到了有关专家和教师的广泛关注。为了进一步提高教材质量,在作者团队的共同努力下,我们总结了这几年的教学经验,广泛听取了专家、使用过该书的教师和学生的宝贵意见,对第一版进行了认真的修改。

在保持第一版基本结构和风格的基础上,第二版充分考虑学生学习方式改变的新趋势,与数字化资源有机结合,以"纸质教材+数字课程"的方式,对教材的内容和形式进行重新设计,呈现出一个非线性网络型的立体系统,让读者可以自由选择知识点进行学习,提升课程的高阶性、创新性和挑战度。教材主要修改之处为:对文字进行了进一步斟酌和润色;增加和改编了许多习题;为重要知识点配置了讲解微视频,读者可以扫描二维码阅读。作为纸质教材内容的拓展和补充,数字课程包括微视频、数学实验、部分习题参考答案与提示等资源。

依托于《微积分》教材的建设,"高等数学三位一体教学范式"的研究成果获得江西省高等学校教学成果一等奖。以《微积分》教材为基础,我们于 2018 年在爱课程(中国大学 MOOC)平台开设了"微积分课程",并且"微积分课程"还被认定为江西省 2019 年省级精品在线开放课程。正是有了课程建设的重要基础,此书的修订工作才得以顺利进行。本次修订工作由作者团队合作完成,全书由曾广洪统稿。曾广洪还完成了微积分课程的建设工作,桂国祥参与了微积分课程的资源建设工作。

感谢审稿专家对本书提出的有益意见和修改建议。感谢高等教育出版社胡颖编辑为本书再版所做的精心策划和大量富有成效的工作。同时还要感谢在使用本书过程中提供宝贵建议的教师和同学。

需要数学实验的有关程序和教学课件可通过 zengh@ jxnu. edu. cn 联系编者索取。

编 者

2020 年 3 月

第一版前言

数学是人类智慧的结晶。作为一种重要的理性文明,数学对人的素质的培养有着不可替代的作用。如今,随着科学技术的迅猛发展,特别是计算机技术的使用,数学这门科学不仅具有知识工具、科学语言、理性思维载体的特征,也正在以技术化的手段渗透各个领域。数学的这些本质特征决定了数学教育对于实现高校人才培养目标具有的重要意义。微积分作为高校重要的基础课程,在大学数学课程体系中占有主导地位,其教学质量也可以折射出一所大学的教学质量和教学理念,因此微积分课程建设不仅是数学基础课程建设的重要组成部分,也是高校教学改革研究的重要组成部分。正是在这种背景下,我们结合多年的教学经验,编写了本书。

本书的编写力求保持"经济管理类本科数学基础课程教学基本要求"的核心内容,使得内容的深度和广度满足经济管理类和生物化学类等专业微积分课程的教学要求,并与教育部最新颁布的全国硕士研究生入学统一考试数学二和数学三的考试大纲中的微积分内容一致。在保持微积分课程理论体系的前提下,本书遵循"基本、常用、精练"的原则对传统内容进行选择,力求做到内容陈述上通俗易懂,概念、理论上深入浅出,技能、方法上注重实效,取材编排上有所突破。本书具有如下特点:

1. 通俗性。在基础知识和基本理论的呈现过程中,注意采用启发式方法,尽量把数学知识的传授处理成一个"发现"的过程,使读者在学习中真正体验到认识知识的过程。例如,对于重要概念和理论的引入,尽可能从实际问题入手,阐述其产生的背景及其典型应用;对于重要定理的导出或证明,尽量采用"诱导发现"或"归纳、类比发现"的过程;对于重要的数学思想方法,则尽量抓住经典的数学问题,引导学生经历从发现问题、提出问题到最终应用数学思想方法研究、解决问题的全过程。本书图表丰富,在数学知识的阐述过程中,注重从直观的几何意义或实际背景引入和解释概念和定理,深入浅出,在保持概念理论叙述严谨性的基础上,力求形象直观、通俗易懂。

2. 简易性。对课程教学内容进行优化、整合，在建立基本的理论平台和打好数学基础之间寻找平衡。摒弃基础越深越好、越厚越好的观念，用"与时俱进"的观点看待基础，让基础能服务于创新的目标。在秉承经典教材结构严谨、逻辑清晰的优点和不影响理论体系完整性的前提下，部分传统意义下的基础知识被简化、整合。例如，弱化了个别章节内容，从简处理了某些定理，减少了一些繁琐的论证和计算，力图使课程内容达到精练；与此同时，课程体系要尽可能地反映本课程的基本思想和方法，因此本书加强了数学思想方法的教学和应用能力的培养，不失时机地引导学生学会从量化的角度看问题，运用微积分的观点、方法分析和解决问题。另外，书中标有"*"号的内容，仅供读者根据自己的实际情况进行选用。

3. 应用性。在吸取我国现行微积分教材优点的同时，注意学习国外教材中强调建模、应用和计算机技术相互渗透的方式。计算机技术的迅速发展和数学软件的开发应用为数学知识的学习提供了强有力的工具，将微积分课程的理论、方法及其在解决实际问题中的应用紧密结合，成为当前微积分课程教学改革的突破口，加强数学应用意识培养，注重建立模型过程的训练成为实现创新型人才培养的新途径。遵循学以致用的原则，本书在选材上广泛涉及经济、管理、物理、化学、生态等学科领域的实例或问题，以适应相关专业学生学习的需要。对于书中涉及实际应用的例题及习题，建议读者根据自己的专业及兴趣爱好进行适当的取舍。

4. 层次性。例题和习题经过仔细挑选，精心配备。例题选取在注意其启发性、代表性和示范性的同时，在难度安排上依据循序渐进、梯度推进的原则。整章的习题安排由易到难，呈现梯度，具有层次性。习题的配备分两部分：一是按章节安排适量的练习题，与学习内容同步，这类习题一般涉及知识的记忆和直接应用，供学生日常练习、巩固之用；二是在每章最后配备一定数量的总复习题，供学生复习、巩固和提高之用，其中有些题目属于一般性复习、巩固和技能技巧的训练，或知识的综合运用和变通运用，难度稍大于章节的练习题；有些题目难度适当加大，大多涉及知识的灵活运用和多个知识点的综合运用，或涉及解题技能的训练，用于揭示解题的一般规律和技巧以及提高综合能力，这部分习题一般选自传统教材中的综合题或近年来的考研真题，供学有余力和报考硕士研究生的学生练习，综合提高题的解题方法请参考编者编写的《高等数学习题课教程》。

5. 技术性。数学软件常常可以帮助我们提高对有关问题的感性认识，加深对微积分概念及方法的理解。本书在适当地方介绍了 Maple，MATLAB 和 Mathematica 三个优秀数学软件在微积分中的应用及注意事项。这三大数学软件各有优势，简单地说，Maple 精于符号推演，MATLAB 擅长数值计算，而 Mathematica

界面简单,适合学生使用。而且这三大数学软件可以优势互补,且许多命令及语法是相似的。我们通过介绍数学软件求解数学问题的知识,并以数学建模和模型求解为契机,通过范例,让读者体验如何将数学原理应用于实际问题的分析研究,深刻体会所学基本理论和知识与计算机技术的应用价值,并提高应用微积分知识解决实际问题的能力和意识。

编者已将本书的演示文档和图形(包括书中未画出的,尤其是彩色图片和动画图形),以及与例题和习题相关的数学软件程序文件(包括书中由于篇幅所限而未给出的)制作成了配套的电子课件。它们不仅可以用于课堂教学,增强教学效果,也可以用于读者自学,拓展学习空间,其中程序文件还是数学软件在微积分中的应用范例,可以帮助读者理解微积分知识和方法等。总之,配套的电子课件有着丰富的内容,给予读者自主探究的空间,是本书的有益补充和扩展。

通过教材改革促进高校数学教学改革是我们面临的一项紧迫任务。近年来,我们在微积分课程的教学中一直都在进行着这方面的改革尝试,上述几点也可以视为我们在微积分教学改革中的有益尝试。

全书由曾广洪和刘华祥负责总体设计。上册第一、二、三章由张晓霞编写,第四、五、六章由曾广洪编写,吴庆初参与了第四、五、六章的编写,上册由曾广洪统稿并定稿;下册第七、八章由刘华祥编写,第九章由曾广洪编写,第十章由吴庆初编写,下册由刘华祥统稿并定稿。江西师范大学易才凤、易桂生和张细苟等教授对本书进行了认真细致的审稿,江西师范大学毕含宇老师对习题解答过程进行了认真校对,高等教育出版社胡颖编辑为本书做了大量富有成效的工作,他们为本书提出了宝贵的建议和指导。本书在编写过程中得到了江西师范大学和广东海洋大学同事同行的帮助和支持。在此一并表示由衷的感谢!

限于自己的水平,书中难免存在不妥之处,恳请广大读者批评和指正。

编　者

2014 年 4 月

目录

第1章 函数 1

    1.1 集合 1

    1.2 函数 4

    1.3 基本初等函数与初等函数 12

    1.4 函数关系的建立及经济学中的常用函数 15

    总习题一 19

第2章 极限与连续 21

    2.1 数列的极限 21

    2.2 函数的极限 27

    2.3 无穷小和无穷大 33

    2.4 极限运算法则 37

    2.5 极限存在准则与两个重要极限 43

    2.6 无穷小的比较 51

    2.7 函数的连续性与间断点 54

    2.8 连续函数的运算和初等函数的连续性 59

    2.9 闭区间上连续函数的性质 62

    总习题二 64

第3章 导数与微分 69

    3.1 导数的概念 69

    3.2 函数的求导法则 76

    3.3 高阶导数 83

3.4 隐函数及由参数方程所确定的函数的导数 …………………… 86
3.5 函数的微分 …………………………………………………… 90
3.6 导数在经济学中的应用 ……………………………………… 96
总习题三 ………………………………………………………… 103

第4章 微分中值定理与导数应用 …………………………………… 108

4.1 微分中值定理 ………………………………………………… 108
4.2 洛必达法则 …………………………………………………… 113
4.3 函数的单调性和曲线的凹凸性 ……………………………… 120
4.4 函数的极值与最值 …………………………………………… 125
4.5 函数图形的描绘 ……………………………………………… 134
总习题四 ………………………………………………………… 140

第5章 不定积分 …………………………………………………… 146

5.1 不定积分的概念及性质 ……………………………………… 146
5.2 不定积分的换元积分法 ……………………………………… 152
5.3 不定积分的分部积分法 ……………………………………… 162
5.4 简单有理函数的积分法 ……………………………………… 165
总习题五 ………………………………………………………… 169

第6章 定积分及其应用 …………………………………………… 173

6.1 定积分的概念 ………………………………………………… 173
6.2 定积分的基本性质 …………………………………………… 178
6.3 微积分基本公式 ……………………………………………… 181
6.4 定积分的换元积分法和分部积分法 ………………………… 186
6.5 反常积分 ……………………………………………………… 191
6.6 定积分的应用 ………………………………………………… 197
总习题六 ………………………………………………………… 208

附录 基本初等函数图形及重要性质 ……………………………… 215

参考文献 ……………………………………………………………… 218

部分习题参考答案与提示 …………………………………………… 219

第1章 函数

> 本章作为学习微积分的开篇,主要介绍函数的概念. 我们将在中学已有知识的基础上,进一步阐明函数的一般定义,总结在中学已学过的一些函数,并介绍一些经济学中的常用函数,这是我们进一步学习的基础.
>
> 另外,请熟记下列常用的逻辑符号:
>
> (1) "$\forall$"表示任意,"$\exists$"表示存在或至少有一个.
>
> (2) "$P \Rightarrow Q$"表示 P 蕴涵着 Q,由命题 P 可导出命题 Q,即 P 的必要条件是 Q;"$P \Leftarrow Q$"表示 Q 蕴涵着 P,由命题 Q 可导出命题 P,即 P 的充分条件是 Q;而"$P \Leftrightarrow Q$"表示命题 P 与命题 Q 等价,即 P 的充分必要条件是 Q.
>
> (3) "$A \stackrel{\text{def}}{=\!=} B$"表示用 B 定义 A.

1.1 集 合

1.1.1 集合

1. 集合的概念

集合是数学中的重要概念之一. 通常,我们将具有某种特定性质的事物的总体称为**集合**,组成这个集合的每一个事物称为该集合的**元素**.

习惯上常用大写拉丁字母 A,B,X,Y,Z 等表示集合,用小写拉丁字母 a,b, x,y,z 等表示集合中的元素. 对于给定的集合 A 和元素 a,两者关系是确定的,要么 a 在集合 A 中,记作 $a \in A$,读作 a 属于 A;要么 a 不在集合 A 中,记作 $a \notin A$,读

作 a 不属于 A，两者必居其一.

含有有限个元素的集合称为**有限集**；含有无限多个元素的集合称为**无限集**；不含任何元素的集合称为**空集**，用 $\varnothing$ 表示.

表示集合的方法主要有以下两种：

（1）列举法——把集合中的所有元素一一列举出来. 例如有一个集合 X 由 $x_1, x_2, \cdots, x_n$ 所组成，则可将其表示为 $X = \{x_1, x_2, \cdots, x_n\}$.

（2）描述法——指明集合中元素所共同具有的某种确定性质 P，一般形式为

$$X = \{x \mid x \text{ 具有性质 } P\}.$$

例如，集合 X 是不等式 $x^2 - 3x - 18 < 0$ 的解集，可将其表示为

$$X = \{x \mid x^2 - 3x - 18 < 0\}.$$

2. 集合与集合间的关系

设 X, Y 是两个集合，若对任意 $x \in X$，都有 $x \in Y$，则称 X 是 Y 的**子集**，记作 $X \subset Y$（读作 X 包含于 Y）或 $Y \supset X$（读作 Y 包含 X）. 若 $X \subset Y$ 且 $Y \subset X$，则称 X 与 Y **相等**，记作 $X = Y$. 规定 $\varnothing \subset X$（X 为任一集合）.

如果集合的元素都是数，那么称其为**数集**. 通常自然数集用 **N** 表示，整数集用 **Z** 表示，有理数集用 **Q** 表示，实数集用 **R** 表示.

3. 集合的运算

集合有三种基本运算，即并、交、差.

设有集合 X, Y，它们的并集、交集、差集分别定义如下：

并集 $\quad X \cup Y \stackrel{\text{def}}{=} \{x \mid x \in X \text{ 或 } x \in Y\}$;

交集 $\quad X \cap Y \stackrel{\text{def}}{=} \{x \mid x \in X \text{ 且 } x \in Y\}$;

差集 $\quad X \setminus Y \stackrel{\text{def}}{=} \{x \mid x \in X \text{ 且 } x \notin Y\}$.

我们常常会将所研究的某一问题纳入某个大集合 Ω 中进行，所研究的其他集合都是 Ω 的子集，此时我们称 Ω 为**全集**. 而将差集 $\Omega \setminus X$ 称为 X 的**补集**或**余集**，用 X^c 表示，即记 $X^c = \Omega \setminus X$. 例如 $\Omega = \mathbf{R}$，集合 $X = \{x \mid |x| \leq 1\}$，则 $X^c = \{x \mid |x| > 1\}$.

集合的并、交、差运算满足以下运算律：

交换律 $\quad X \cup Y = Y \cup X, X \cap Y = Y \cap X$;

结合律 $\quad (X \cup Y) \cup Z = X \cup (Y \cup Z), (X \cap Y) \cap Z = X \cap (Y \cap Z)$;

分配律 $\quad X \cap (Y \cup Z) = (X \cap Y) \cup (X \cap Z), X \cup (Y \cap Z) = (X \cup Y) \cap (X \cup Z)$;

对偶律 $\quad (X \cup Y)^c = X^c \cap Y^c, (X \cap Y)^c = X^c \cup Y^c$.

证明略. 读者可用韦恩（Venn）图加以理解和记忆.

在两个集合之间还可以定义笛卡儿（Descartes）**乘积**（或称**直积**）. 设有集合

X, Y,则将它们的笛卡儿乘积记作 $X \times Y$,且定义为

$$X \times Y \stackrel{\text{def}}{=\!=} \{(x,y) \mid x \in X, y \in Y\}.$$

例如,$\mathbf{R} \times \mathbf{R} = \{(x,y) \mid x \in \mathbf{R}, y \in \mathbf{R}\}$,即为 xOy 平面上全体点的集合,$\mathbf{R} \times \mathbf{R}$ 通常记作 $\mathbf{R}^2$.

1.1.2 区间和邻域

1. 区间

区间是一类常用的数集,一般可以分为有限区间和无限区间.

设 a, b 为实数,且 $a < b$,我们采用如下定义与记法:

(1) 闭区间 $[a, b] \stackrel{\text{def}}{=\!=} \{x \mid a \leq x \leq b\}$;

(2) 开区间 $(a, b) \stackrel{\text{def}}{=\!=} \{x \mid a < x < b\}$;

(3) 半开半闭区间 $(a, b] \stackrel{\text{def}}{=\!=} \{x \mid a < x \leq b\}$,$[a, b) \stackrel{\text{def}}{=\!=} \{x \mid a \leq x < b\}$.

以上区间统称为**有限区间**,a, b 称为区间的**端点**,且 a 为**左端点**,b 为**右端点**,数 $b - a$ 称为这些区间的**长度**.

引进记号 $+\infty$(读作正无穷大)及 $-\infty$(读作负无穷大),统称为 ∞(读作无穷大),则可以类似地给出无限区间的定义与记法如下:

(1) $[a, +\infty) \stackrel{\text{def}}{=\!=} \{x \mid x \geq a\}$; (2) $(a, +\infty) \stackrel{\text{def}}{=\!=} \{x \mid x > a\}$;

(3) $(-\infty, b] \stackrel{\text{def}}{=\!=} \{x \mid x \leq b\}$; (4) $(-\infty, b) \stackrel{\text{def}}{=\!=} \{x \mid x < b\}$;

(5) $(-\infty, +\infty) \stackrel{\text{def}}{=\!=} \mathbf{R}$.

不管是有限区间还是无限区间,都可以在数轴上表示出来,如图 1.1 所示.

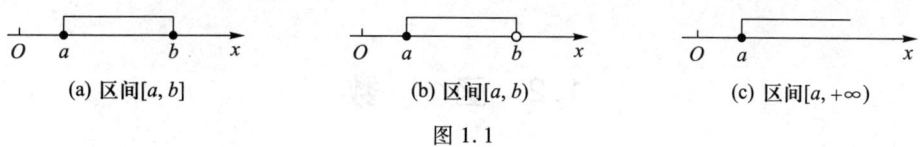

(a) 区间[a, b]　　　　(b) 区间[a, b)　　　　(c) 区间[a, +∞)

图 1.1

以后在不需要特别强调区间是开区间还是闭区间,以及是有限区间还是无限区间的情形下,我们就简单地称之为区间,通常用字母 I 表示.

2. 邻域和去心邻域

设 $a, \delta \in \mathbf{R}$,且 $\delta > 0$,称开区间 $(a - \delta, a + \delta)$ 为点 a 的 δ **邻域**,记为 $U(a, \delta)$,即

$$U(a, \delta) = (a - \delta, a + \delta) = \{x \mid a - \delta < x < a + \delta\} = \{x \mid |x - a| < \delta\}.$$

点 a 称为邻域的**中心**,δ 称为邻域的**半径**.

在点 a 的 δ 邻域内去掉中心点 a，得集合 $(a-\delta,a)\cup(a,a+\delta)$，称之为点 a 的**去心 δ 邻域**，记为 $\mathring{U}(a,\delta)$，即

$$\mathring{U}(a,\delta)=(a-\delta,a)\cup(a,a+\delta)=\{x\mid 0<|x-a|<\delta\}.$$

点 a 的 δ 邻域与点 a 的去心 δ 邻域在数轴上的表示，如图 1.2 所示.

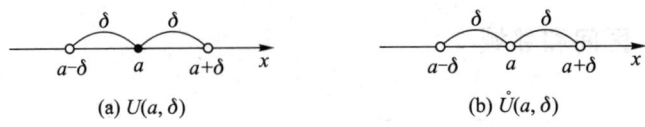

图 1.2

为了表达方便，有时把开区间 $(a-\delta,a)$ 称为点 a 的**左邻域**，把开区间 $(a,a+\delta)$ 称为点 a 的**右邻域**.

有时在研究某一变化过程中，无须指明点 a 的邻域（或去心邻域）的半径，此时就简单地记为 $U(a)$（或 $\mathring{U}(a)$），读作点 a 的某邻域（或点 a 的某去心邻域）.

习 题 1.1

1. 用集合的描述法表示下列集合：
(1) 小于 3 的所有实数集合； (2) 抛物线 $y=x^2$ 与直线 $x-y=0$ 的交点集合.
2. 如果 $A=\{x\mid 5<x<7\}$，$B=\{x\mid x>6\}$，求：
(1) $A\cup B$； (2) $A\cap B$； (3) $A\backslash B$.
3. 用区间表示下列不等式：
(1) $|2x-3|<1$； (2) $|x|>9$.
4. 已知集合 $A=\{a,2,4,5\}$，$B=\{1,3,4,b\}$，若 $A\cap B=\{1,4,5\}$，求 a 和 b.

1.2 函 数

1.2.1 函数的概念

客观世界中的事物都不是孤立的，它们相互联系、相互制约. 从数量关系上看，这其实就是变量之间存在着依存关系. 函数是研究变量之间依存关系的重要概念. 有了函数概念，就可以研究函数的性质，进而把握客观事物的运动规律或运动过程. 下面先看几个例子.

例 1.1 圆的面积 A 与它的半径 r 之间的关系由公式 $A=\pi r^2$ 确定,即对于任意的 $r\in(0,+\infty)$,圆的面积 A 相应有一个确定的数值.

例 1.2 某工厂生产某产品,每日最多生产 100 单位.它的日固定成本为 130 元,生产一单位产品的可变成本为 6 元,则该厂日总成本 C 与产品数量 Q 之间的关系由公式 $C=130+6Q$ 确定,即对于任意的 $Q\in[0,100]$,日总成本 C 相应有一个确定的数值.

由上面两个例子,我们看到它们都表达了两个数集之间的一种对应规律,即在一个数集(或其子集)内取定一个数值时,在另一个数集内有唯一的数与之对应.

定义 1.1 设有非空数集 $X\subset\mathbf{R}$, f 是一个确定的对应规律.如果对数集 X 中的每一个数 x,按照对应规律 f,实数集 $\mathbf{R}$ 中有唯一一个数 y 与之对应,那么称 f 为定义在 X 上的一个**函数**,或称变量 y 是 x 的**函数**,记作

$$y=f(x),\quad x\in X,$$

其中 x 称为**自变量**, y 称为**因变量**, X 称为函数的**定义域**,记作 D_f,即 $D_f=X$.

当 x 取遍 X 中一切数时,与之对应的 y 组成的数集称为函数的**值域**,记作 $f(X)$ 或 R_f,即 $f(X)=R_f=\{y\mid y=f(x),x\in X\}$.显然,$f(X)\subset\mathbf{R}$.

注 几点说明:

(1) 符号 $y=f(x)$ 表示两个数集的一种对应关系,因此也可用 $y=g(x)$, $y=F(x)$ 等表示,但一个函数在讨论中应取定一种记法;同一问题中涉及多个函数时,则应取不同的符号分别表示它们各自的对应规律,以避免混淆.

(2) 用 $y=f(x)$ 表示一个函数时, f 所代表的对应规律已完全确定.若 $x_0\in D_f$,则称 $f(x)$ 在 x_0 处有定义,且把对应于 x_0 的值 y 称为函数 $f(x)$ 在 x_0 处的函数值,记作 $f(x_0)$ 或 $y\mid_{x=x_0}$.

(3) 由函数的定义可知,函数的定义域和对应规律是确定函数的两要素,而函数的值域是由这两者派生出来的.若两个函数的定义域和对应规律相同,则我们认为这两个函数相同,而不在意它们的自变量和因变量采用何字母表示.如函数 $y=x$, $x\in\mathbf{R}$ 与函数 $s=t$, $t\in\mathbf{R}$ 是相同函数.

函数定义域的确定取决于两种不同的研究背景:一是有实际背景的函数;二是抽象地用公式表达的函数.前者定义域的确定取决于变量的实际背景;而后者定义域的确定是使得公式有意义的一切实数组成的集合,这种定义域称为函数的**自然定义域**.例如,函数 $y=\pi x^2$,若 x 表示圆的半径, y 表示圆的面积,则定义域的确定属于前者,此时 $D_f=(0,+\infty)$;若不考虑 x 的实际意义,则它的自然定义域为 $D_f=(-\infty,+\infty)$.

(4) 由函数的定义可知,对于任意 $x\in X$,只能有唯一的一个实数 y 与它对应,这样定义的函数称为**单值函数**.若 X 中的同一个 x 值有多于一个 y 值相对

应,则称这种函数为**多值函数**.微积分中,对于多值函数,通常是根据函数特点给出一些附加条件,将其转化成单值函数,如此得到的单值函数称为该多值函数的**单值分支**.例如,对于单位圆 $x^2+y^2=1$,根据对称性,通常重点考察其上半支 $y=\sqrt{1-x^2}, x \in [-1,1]$.

函数的表示方法主要有三种:表格法、图像法、解析法(公式法),它们各有优缺点.在解决实际问题时要根据问题的特点选用适当方法,或者三种方法结合起来使用.特别地,将解析法和图像法相结合来研究函数,可以将抽象问题直观化,借助于几何方法研究函数的有关特性;反过来,一些几何问题有时也可借助函数进行理论研究.一个函数 $y=f(x)$ 的图形通常是平面内的一条曲线.例如,函数 $y=x^2$ 的图形是 xOy 平面内的一条抛物线.

下面给出一些常用的函数:

例 1.3(**绝对值函数**) 函数

$$y=|x|=\begin{cases} x, & x \geqslant 0, \\ -x, & x<0 \end{cases}$$

称为绝对值函数(如图 1.3),其定义域 $X=(-\infty,+\infty)$,值域 $R_f=[0,+\infty)$.

例 1.4(**符号函数**) 函数

$$y=\operatorname{sgn} x=\begin{cases} 1, & x>0, \\ 0, & x=0, \\ -1, & x<0 \end{cases}$$

称为符号函数(如图 1.4),其定义域 $X=(-\infty,+\infty)$,值域 $R_f=\{-1,0,1\}$.显然有
$$|x|=x \cdot \operatorname{sgn} x.$$

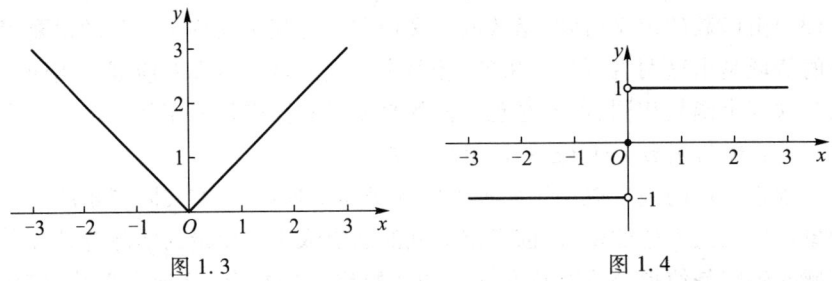

图 1.3　　　　　　　　图 1.4

例 1.5(**取整函数**) 设 x 为任意实数,不超过 x 的最大整数称为 x 的整数部分,记作 $[x]$.函数 $y=[x]$ 称为取整函数(如图 1.5),其定义域 $X=(-\infty,+\infty)$,值域 $R_f=\mathbf{Z}$.

例如,$[0.5]=0, [1.4]=1, [\pi]=3, [-3.8]=-4$.

以上在其定义域的不同部分用不同的公式表达的函数称为**分段函数**.注意

分段函数在其整个定义域上是一个函数,而不是多个函数.

例 1.6 设函数
$$f(x)=\begin{cases}2+x, & x\leqslant 0,\\ 2^x, & x>0.\end{cases}$$

(1) 求其定义域;(2) 求 $f(-1)$, $f(0)$, $f(1)$, $f(a)$;(3) 画出其图形.

解 (1) 函数的定义域为 $D_f=(-\infty,0]\cup(0,+\infty)=(-\infty,+\infty)$.

(2) 因为 $-1\in(-\infty,0]$, $0\in(-\infty,0]$, 此时 $f(x)=2+x$, 得
$$f(-1)=2+(-1)=1, \quad f(0)=2+0=2.$$
又 $1\in(0,+\infty)$, 此时 $f(x)=2^x$, 得 $f(1)=2^1=2$.

当 $a\in(-\infty,0]$ 时, $f(a)=2+a$; 当 $a\in(0,+\infty)$ 时, $f(a)=2^a$.

(3) 该函数的图形如图 1.6 所示.

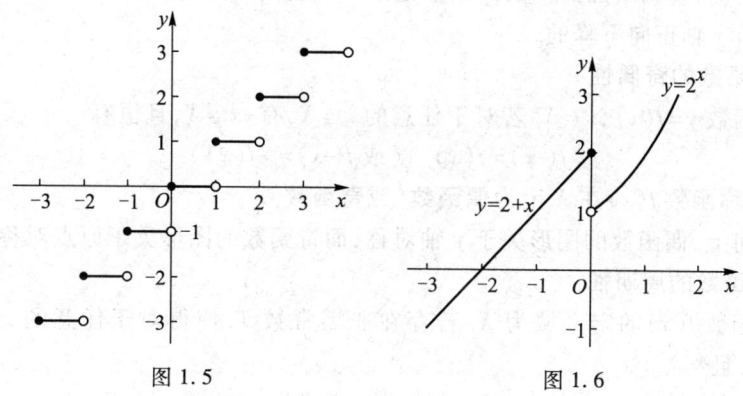

图 1.5　　　　　图 1.6

1.2.2　函数的几种特性

通常函数有四种特性,即:有界性、单调性、奇偶性、周期性.

1. 函数的有界性

设函数 $y=f(x)$, $x\in X$. 若存在实数 B(或 A), 使得对于任意的 $x\in X$, 恒有
$$f(x)\leqslant B \quad (\text{或 } f(x)\geqslant A)$$
成立,则称 $f(x)$ 在 X 上有**上界**(或**下界**),称 B(或 A)是其一个**上界**(或**下界**).

若存在正数 M, 使得
$$|f(x)|\leqslant M, \quad x\in X$$
恒成立,则称函数 $f(x)$ 在 X 上**有界**,且 M 就是一个界. 若这样的正数 M 不存在,即对任意的正数 M, 总存在 $x_0\in X$, 使得 $|f(x_0)|>M$, 则称函数 $f(x)$ 在 X 上**无界**.

例如,函数 $y=\cos x$ 和 $y=\sin x$ 都是有界函数, 数 1 是它的一个界, 也可以说

数 -1 和 1 分别是它们的一个下界和上界. 函数 $y=\dfrac{1}{x}$ 在 $(-1,0)$ 和 $(0,1)$ 内都是无界的,但在任何不包含原点的闭区间上是有界的.

容易证明,函数 $f(x)$ 在 X 上有界的充分必要条件是函数 $f(x)$ 在 X 上既有下界又有上界.

几何上,有界函数 $f(x)$ 的图形介于两直线 $y=\pm M$ 之间.

2. 函数的单调性

设函数 $y=f(x),x\in X$. 若对于任意的 $x_1,x_2\in X$, 当 $x_1<x_2$ 时,恒有
$$f(x_1)<f(x_2) \quad (\text{或} f(x_1)>f(x_2))$$
成立,则称函数 $f(x)$ 在 X 上**单调增加**(或**单调减少**). 若 X 是区间,则此区间称为函数 $f(x)$ 的**单调增区间**(或**单调减区间**). 单调增区间与单调减区间统称为**单调区间**.

几何上,单调增加的函数的图形是沿 x 轴正向上升的,而单调减少的函数的图形是沿 x 轴正向下降的.

3. 函数的奇偶性

设函数 $y=f(x),x\in X$. 若对于任意的 $x\in X$,有 $-x\in X$, 且恒有
$$f(-x)=f(x) \quad (\text{或} f(-x)=-f(x))$$
成立,则称函数 $f(x)$ 在 X 上为**偶函数**(或**奇函数**).

几何上,偶函数的图形关于 y 轴对称,而奇函数的图形关于原点对称.

4. 函数的周期性

设函数 $f(x)$ 的定义域为 X. 若存在非零常数 T, 使得对于任意的 $x\in X$, 有 $x+T\in X$, 且
$$f(x+T)=f(x)$$
恒成立,则称 $f(x)$ 为**周期函数**,且 T 为 $f(x)$ 的一个**周期**. 但通常所说的周期是指**最小正周期**.

显然,若函数 $f(x)$ 以 T 为周期,则 $nT(n=\pm 1,\pm 2,\cdots)$ 也为函数 $f(x)$ 的周期. 例如,$\sin x,\cos x$ 是周期函数, $2n\pi(n=\pm 1,\pm 2,\cdots)$ 都是它们的周期,其中 2π 是它们的最小正周期. 但并非每一个周期函数都有最小正周期. 例如,函数 $f(x)=c$ (c 为常数)是周期函数,但它无最小正周期.

对于周期函数,只要知道它在任一区间 $[a,a+T]$ 上的图形,则将所作图形按周期向左、右平移,就得到函数的全部图形.

1.2.3 复合函数和反函数

1. 复合函数的概念

在实际问题中经常出现这样的情形:在某变化过程,第一个变量依赖于第二

个变量,而第二个变量又依赖于第三个变量. 例如,某产品的销售成本 C 依赖于销量 Q,且 $C=130+4Q$,而销量 Q 又依赖于销售价格 P,且 $Q=3\mathrm{e}^{-\frac{1}{3}P}$,则通过 Q,销售成本 C 实际上依赖于销售价格 P,即 $C=130+12\mathrm{e}^{-\frac{1}{3}P}$,此时称 Q 为中间变量. 像这样在一定条件下,将一个函数"代入"另一个函数中的运算称为函数的复合运算,而得到的函数称为复合函数.

定义 1.2 设函数 $y=f(u)$ 的定义域为 D_f,值域为 R_f,而函数 $u=g(x)$ 的定义域为 D_g,值域为 R_g. 若 $R_g \subset D_f$,则对于每一个 $x \in D_g$,通过中间变量 u,相应地得到唯一确定的一个值 y. 于是变量 y 通过变量 u 而成为 x 的函数,称之为由函数 $y=f(u)$ 和 $u=g(x)$ 构成的**复合函数**,记作 $y=f[g(x)]$,且记其定义域为 $D_{f \circ g}$,值域为 $R_{f \circ g}$,故 $D_{f \circ g} = D_g$.

例 1.7 设有两函数 $y=f(u)=u^2-3, u=g(x)=\sin x$. 易知,$f(u)$ 的定义域 $D_f=(-\infty,+\infty)$,值域 $R_f=[-3,+\infty)$;$g(x)$ 的定义域 $D_g=(-\infty,+\infty)$,值域 $R_g=[-1,1]$,从而可知 $R_g \subset D_f$,故将中间变量 u 代入组成复合函数

$$y=f[g(x)]=\sin^2 x-3,$$

其定义域 $D_{f \circ g}=D_g=(-\infty,+\infty)$,值域 $R_{f \circ g}=[-3,-2]$.

例 1.8 设有两函数 $y=f(u)=\sqrt{1+u}, u=g(x)=x^2-5$. 易知,$f(u)$ 的定义域 $D_f=[-1,+\infty)$,值域 $R_f=[0,+\infty)$;$g(x)$ 的定义域 $D_g=(-\infty,+\infty)$,值域 $R_g=[-5,+\infty)$,但 $R_g \not\subset D_f$,故不能将中间变量 u 代入. 我们将函数 $u=g(x)=x^2-5$ 给以限制如下:

$$u=g^*(x)=x^2-5, \quad D_{g^*}=(-\infty,-2] \cup [2,+\infty), \quad R_{g^*}=[-1,+\infty),$$

此时 $R_{g^*} \subset D_f$,故有复合函数

$$y=f[g^*(x)]=\sqrt{1+(x^2-5)}=\sqrt{x^2-4},$$

其定义域 $D_{f \circ g^*}=D_{g^*}=(-\infty,-2] \cup [2,+\infty)$,值域 $R_{f \circ g^*}=[0,+\infty)$.

复合函数的概念还可以推广到有限多个函数复合的情形. 例如,函数 $y=3^{\sin\frac{1}{x}}$ 可以看成是由 $y=3^u, u=\sin v$ 和 $v=\frac{1}{x}$ 三个函数复合而成的,其中 u,v 为中间变量,x 为自变量,y 为因变量.

2. 反函数

函数 $y=f(x)$ 反映了 y 是怎样随着 x 而改变,但变量之间的制约关系往往是相互的,除了研究变量 y 怎样由 x 来确定,有时也需要反过来研究 x 怎样由 y 来确定的问题. 例如,圆的面积 A 与其半径 r 之间的关系是

$$A=\pi r^2. \tag{1.1}$$

当由半径来研究面积的变化时,取半径 r 为自变量方便些,于是 A 是 r 的函数,

我们把它写成(1.1)式. 反之,当研究圆的面积取多少时,才可以使圆的半径达到所要的值,则宜取面积 A 为自变量,于是 r 是 A 的函数. 从(1.1)式解得 $r=\sqrt{\frac{A}{\pi}}$ (由实际意义不取 $r=-\sqrt{\frac{A}{\pi}}$).

设有函数 $y=f(x)$,其定义域为 X. 由函数定义可知:对于任意 $x \in X$,按照对应规律 f,$\mathbf{R}$ 中有唯一一个 y 相对应;但对于任意 $y \in f(X)$,不一定对应唯一一个 $x \in X$ 使 $f(x)=y$. 如上例中,A 的一个值就有两个 r 值与之对应,但由实际意义,我们只取其中一个值. 对于这种函数只需将定义域作些限制(设限制后的定义域为 X^*),则对于任意 $y \in f(X^*)$,就对应唯一一个 $x \in X^*$ 使 $f(x)=y$.

定义 1.3 设有函数 $y=f(x)$,$x \in X$. 若对于任意的 $y \in f(X)$,有唯一一个 $x \in X$ 与之对应,即 $f(x)=y$,则在 $f(X)$ 上定义了一个函数,记作
$$x=f^{-1}(y), \quad y \in f(X),$$
称其为函数 $y=f(x)$ 的**反函数**,且 $f(X)$ 为其**定义域**,X 为其**值域**.

函数 $y=f(x)$ 与函数 $x=f^{-1}(y)$ 互为反函数. 相对反函数 $x=f^{-1}(y)$ 来说,原来的函数 $y=f(x)$ 称为**直接函数**.

反函数的实质在于它所表示的对应规律,至于用什么字母来表示反函数中的自变量与因变量是无关紧要的. 习惯上,把自变量记作 x,因变量记作 y,则反函数 $x=f^{-1}(y)$,通常写作 $y=f^{-1}(x)$.

在同一坐标平面上,函数 $y=f^{-1}(x)$ 与函数 $y=f(x)$ 的图形关于直线 $y=x$ 对称,如图 1.7 所示.

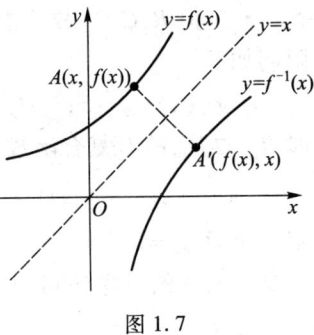

图 1.7

请读者思考:在同一坐标平面上,函数 $y=f(x)$ 与函数 $x=f^{-1}(y)$ 的图形的位置关系如何?

定理 1.1(反函数存在定理) 单调函数 $y=f(x)$ 必存在单调的反函数 $y=f^{-1}(x)$,且 $y=f^{-1}(x)$ 具有与 $y=f(x)$ 相同的单调性.

由图 1.7 可知其几何意义明显,证明略.

例 1.9 求函数 $y=\dfrac{3^x-1}{3^x+1}$ 的反函数.

解 函数 $y=\dfrac{3^x-1}{3^x+1}$ 的定义域 $X=(-\infty,+\infty)$,值域 $f(X)=(-1,1)$. 由 $y=\dfrac{3^x-1}{3^x+1}$ 可解得其反函数 $x=\log_3 \dfrac{1+y}{1-y}$,但习惯上,将该反函数表示为
$$y=\log_3 \frac{1+x}{1-x}, \quad x \in (-1,1).$$

习 题 1.2

1. 下列每组函数是否为相同函数？为什么？

    (1) $y=\lg x^2$ 与 $y=2\lg x$；

    (2) $y=x$ 与 $y=\sqrt{x^2}$；

    (3) $y=\dfrac{x}{x}$ 与 $y=1$；

    (4) $y=\dfrac{x^2-1}{x-1}$ 与 $y=x+1$；

    (5) $y=\sin^2 x+\cos^2 x$ 与 $y=1$；

    (6) $y=f(x), x\in I$ 与 $x=f(y), y\in I$.

2. 求下列函数的定义域：

    (1) $y=\sqrt{1-x^2}$；

    (2) $y=\dfrac{1}{\sin \pi x}$；

    (3) $y=\ln(x^2-3x+2)$；

    (4) $y=\begin{cases}2x+3, & x<-1, \\ 3-x, & x\geqslant -1.\end{cases}$

3. 设

$$y=f(x)=\begin{cases}3x, & |x|>1, \\ x^2, & |x|<1, \\ 3, & |x|=1.\end{cases}$$

求 $f\left(\dfrac{\pi}{2}\right), f\left(\dfrac{\sqrt{3}}{2}\right), f(1), f(0)$，并作出函数 $y=f(x)$ 的图形．

4. 画图从直观上感知下列函数在指定区间内的单调性，再证明你的结论：

    (1) $y=\dfrac{x}{1-x}, (-\infty, 1)$；

    (2) $y=x+\ln x, (0, +\infty)$.

5. 判断下列函数的奇偶性，建议用手工或计算机画图从直观上感知你的结论：

    (1) $y=x^2-x^3$；

    (2) $y=\dfrac{e^x+e^{-x}}{2}$；

    (3) $y=x(x-1)(x+1)$；

    (4) $y=x\cos\dfrac{1}{x}$.

6. 下列各函数中哪些是周期函数？建议画图从直观上感知你的结论：

    (1) $y=\sin(x-9)$；

    (2) $y=\cos 6x$；

    (3) $y=x\cos x$；

    (4) $y=\sin^2 x$.

7. 证明函数 $f(x)=\ln(x+\sqrt{1+x^2})$ 为奇函数．

8. 设 $f(x)$ 为定义在 $(-\infty, +\infty)$ 内的任意函数，证明：

    (1) $F_1(x)=f(x)+f(-x)$ 为偶函数；

    (2) $F_2(x)=f(x)-f(-x)$ 为奇函数；

    (3) $f(x)$ 可表示为一个偶函数与一个奇函数之和．

9. 求下列函数的反函数及反函数的定义域：

    (1) $y=\sqrt{1-x^2}, x\in[-1, 0]$；

    (2) $y=x^2, x\in[0, +\infty)$；

    (3) $y=\dfrac{1-x}{1+x}$；

    (4) $y=\begin{cases}x, & x\in(-\infty, 1), \\ x^2, & x\in[1, 4], \\ 2^x, & x\in(4, +\infty).\end{cases}$

10. 写出由下列函数组成的复合函数,并求出复合函数的定义域:

(1) $y = \arcsin u, u = (1-x)^2$;

(2) $y = \ln u, u = 1 - x^2$;

(3) $y = \sqrt{1+u^2}, u = \log_a v, v = \tan x$.

11. 下列函数可以看成由哪些简单函数复合而成:

(1) $y = \sin\sqrt{x}$;

(2) $y = 2^{\sin^2 \frac{1}{x}}$.

12. 设 $f(x) = \dfrac{1}{1-x}$,求 $f[f(x)]$.

13. 设 $f(x+1) = x^2 - 3x + 2$,求 $f(x)$.

14. 设 $f\left(x + \dfrac{1}{x}\right) = x^2 + \dfrac{1}{x^2}$,求 $f(x)$.

*15. 设函数 $f(x)$ 在数集 X 上有定义,试证:函数 $f(x)$ 在 X 上有界的充分必要条件是它在 X 上既有上界又有下界.

1.3 基本初等函数与初等函数

在数学的发展过程中,形成了最简单、最常用的六类函数:常数函数、幂函数、指数函数、对数函数、三角函数与反三角函数,这六类函数统称为**基本初等函数**.对于前五类函数,大家在中学里已熟悉,在此仅讨论反三角函数.

反三角函数是三角函数的反函数.例如,正弦函数 $y = \sin x$ 的定义域为 $(-\infty, +\infty)$,值域为 $[-1, 1]$,为周期函数.由反函数的定义及反函数存在定理知 $y = \sin x$ 在 $(-\infty, +\infty)$ 内无反函数,但 $y = \sin x$ 在其每一个单调区间 $\left[k\pi - \dfrac{\pi}{2}, k\pi + \dfrac{\pi}{2}\right]$,$k \in \mathbf{Z}$ 上都存在反函数.即对于确定的整数 k,$\forall y \in [-1, 1]$,有唯一 $x \in \left[k\pi - \dfrac{\pi}{2}, k\pi + \dfrac{\pi}{2}\right]$ 与之对应,从而在 $[-1, 1]$ 上确定了一个新函数,称此函数为 $y = \sin x$ 在 $\left[k\pi - \dfrac{\pi}{2}, k\pi + \dfrac{\pi}{2}\right]$ 上的反函数,也称为反正弦函数,记为 $x = \text{Arcsin } y$,通常记为 $y = \text{Arcsin } x$,定义域为 $[-1, 1]$,值域为 $\left[k\pi - \dfrac{\pi}{2}, k\pi + \dfrac{\pi}{2}\right]$,如图 1.8. 类似可定义:

反余弦函数 $y = \text{Arccos } x$,定义域为 $[-1, 1]$,值域为 $[k\pi, k\pi + \pi]$,$k \in \mathbf{Z}$,如图 1.9.

反正切函数 $y = \text{Arctan } x$,定义域为 $(-\infty, +\infty)$,值域为 $\left(k\pi - \dfrac{\pi}{2}, k\pi + \dfrac{\pi}{2}\right)$,

$k \in \mathbf{Z}$,如图 1.10.

反余切函数 $y = \text{Arccot}\, x$,定义域为 $(-\infty, +\infty)$,值域为 $(k\pi, k\pi+\pi)$,$k \in \mathbf{Z}$,如图 1.11.

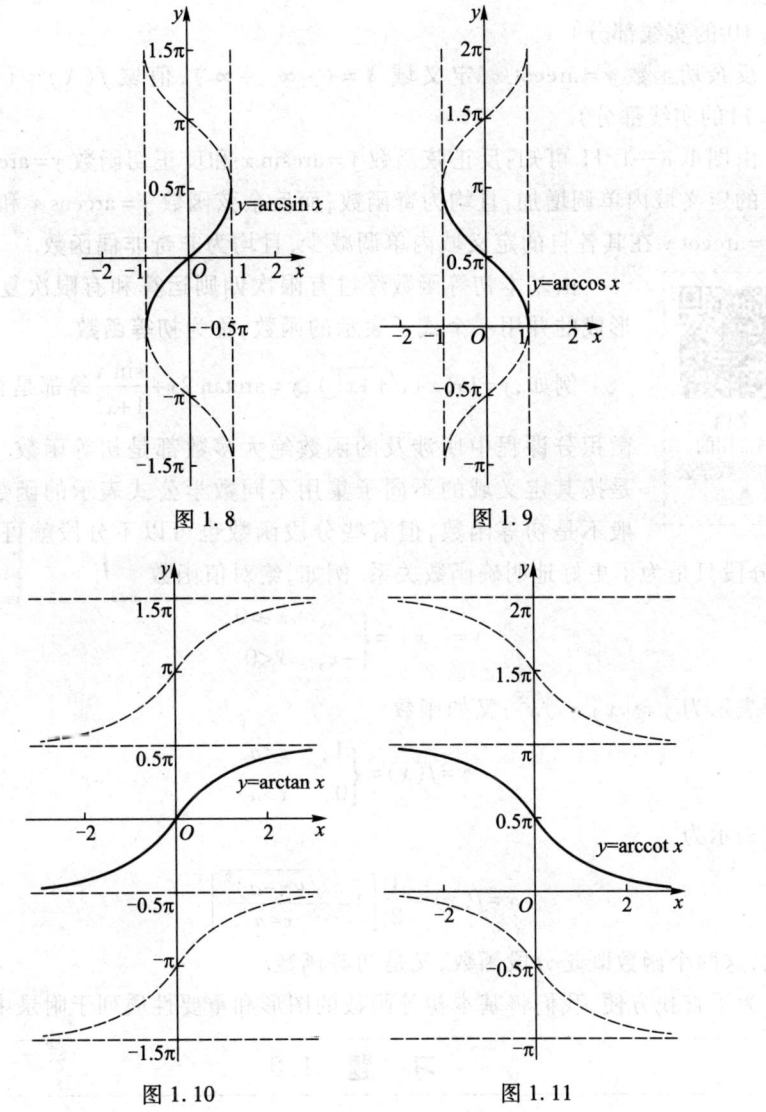

图 1.8　　　　图 1.9

图 1.10　　　　图 1.11

令 $k=0$,取一个单值分支,称为主值分支,分别记作

反正弦函数 $y = \arcsin x$,定义域 $X = [-1, 1]$,值域 $f(X) = \left[-\dfrac{\pi}{2}, \dfrac{\pi}{2}\right]$(见图 1.8 的实线部分).

反余弦函数 $y = \arccos x$，定义域 $X = [-1,1]$，值域 $f(X) = [0,\pi]$（见图 1.9 的实线部分）.

反正切函数 $y = \arctan x$，定义域 $X = (-\infty, +\infty)$，值域 $f(X) = \left(-\dfrac{\pi}{2}, \dfrac{\pi}{2}\right)$（见图 1.10 的实线部分）.

反余切函数 $y = \operatorname{arccot} x$，定义域 $X = (-\infty, +\infty)$，值域 $f(X) = (0,\pi)$（见图 1.11 的实线部分）.

由图 1.8—1.11 可知：反正弦函数 $y = \arcsin x$ 和反正切函数 $y = \arctan x$ 在其各自的定义域内单调增加，且均为奇函数；而反余弦函数 $y = \arccos x$ 和反余切函数 $y = \operatorname{arccot} x$ 在其各自的定义域内单调减少，且均为非奇非偶函数.

文档
本书常用的一些初等数学公式（遴选）

由基本初等函数经过有限次四则运算和有限次复合运算而形成的并用一个式子表示的函数，称为**初等函数**.

例如，$y = \ln\left(x + \sqrt{1+x^2}\right)$，$y = \arctan 2x + \dfrac{\sin x}{1+x^2}$ 等都是初等函数.

微积分课程中所涉及的函数绝大多数都是初等函数. 分段函数是按其定义域的不同子集用不同数学公式表示的函数，因此一般不是初等函数，但有些分段函数也可以不分段就可以表示出来，分段只是为了更好地明确函数关系. 例如，绝对值函数

$$y = |x| = \begin{cases} x, & x \geqslant 0, \\ -x, & x < 0 \end{cases}$$

也可表示为 $y = |x| = \sqrt{x^2}$；又如函数

$$y = f(x) = \begin{cases} 1, & x < a, \\ 0, & x > a \end{cases}$$

也可表示为

$$y = f(x) = \dfrac{1}{2}\left[1 - \dfrac{\sqrt{(x-a)^2}}{x-a}\right].$$

因此，这两个函数既是分段函数，又是初等函数.

为了查找方便，我们将基本初等函数的图形和重要性质列于附录中.

习 题 1.3

1. 求下列函数的定义域：

(1) $y = \sin\sqrt{x^2-1}$；

(2) $y = \operatorname{arccot}\dfrac{1}{x} + \sqrt{x-2}$；

(3) $y = \arccos(x-1)$；

(4) $y = \ln\ln x$.

2. 下列函数中哪些是初等函数，哪些不是初等函数？建议通过画图从直观上感知你的结论：

(1) $y = e^{-x^2} + \arcsin x^3$;

(2) $y = \text{sgn}\, x$;

(3) $y = \begin{cases} -1, & x \geq 0, \\ 3, & x < 0; \end{cases}$

(4) $y = \begin{cases} 2-x, & x \leq 1, \\ x, & x > 1. \end{cases}$

1.4 函数关系的建立及经济学中的常用函数

1.4.1 函数关系的建立

为了解决实际问题,常常通过建立函数研究各个变量间的关系,以掌握变化规律,该方法称为数学模型法. 为此需要明确问题中的自变量和因变量,根据题意建立函数关系,然后确定函数的定义域. 但在确定实际问题中的函数的定义域时,除要考虑函数的解析式外,还要考虑变量在实际问题中的具体含义.

例 1.10 设有一块边长为 a 的正方形薄板,将它的四角剪去边长相等的小正方形,制作一只无盖盒子,试将盒子的体积表示成小正方形边长的函数(如图 1.12).

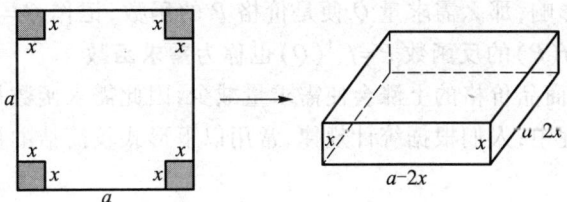

图 1.12

解 设剪去的小正方形边长为 x,盒子的体积为 V,则盒子的底面积为 $(a-2x)^2$,高为 x,故所求的函数关系为

$$V = x(a-2x)^2, \quad x \in \left(0, \frac{a}{2}\right).$$

例 1.11 某工厂生产某种产品,年产量为 x 台,每台售价 250 元,当年产量不超过 600 台时,可以全部售出;当年产量超过 600 台时,经广告宣传又可多售出 200 台,且多售出部分中每台平均广告费为 20 元;生产再多,本年就售不出去了. 试建立本年的销售总收入 R 与年产量 x 之间的函数关系.

解 由题意可知

当 $0 \leq x \leq 600$ 时, $R = 250x$;

当 $600 < x \leqslant 800$ 时，$R = 250x - 20(x-600) = 230x + 1.2 \times 10^4$；

当 $x > 800$ 时，$R = 250 \times 800 - 20 \times (800-600) = 1.96 \times 10^5$.

于是，所求的函数关系为

$$R(x) = \begin{cases} 250x, & 0 \leqslant x \leqslant 600, \\ 230x + 1.2 \times 10^4, & 600 < x \leqslant 800, \\ 1.96 \times 10^5, & x > 800. \end{cases}$$

1.4.2 经济学中的常用函数

在经济分析中，研究需求、价格、成本、收益、利润等经济量的关系，是经济数学的重要任务之一. 但实际问题中所涉及的变量往往较多，其间的相关性也相当复杂，在讨论的初期，我们仅考虑两个变量之间的依赖关系.

1. 需求函数

某商品的需求量是指在一定的价格水平下，在一定的时间内，消费者愿意而且有支付能力购买的商品量. 消费者对某种商品的需求是由多种因素决定的，例如人口、收入、季节、该商品的价格、消费者的喜好、可替代商品的价格等.

如果除价格外，收入等其他因素在一定时期内变化都很小，即可认为其他因素对需求暂无影响，那么需求量 Q 便是价格 P 的函数，记作 $Q = f(P)$，称为**需求函数**. 同时，$Q = f(P)$ 的反函数 $P = f^{-1}(Q)$ 也称为**需求函数**.

一般来说，商品价格的上涨会使需求量减少，因此需求函数是单调减少的.

在经济管理中，人们根据统计规律，常用以下形式较简洁的初等函数来近似表达需求函数：

(1) 线性函数　　$Q = a - bP$，其中 $a > 0$，$b > 0$；

(2) 幂函数　　$Q = aP^{-b}$，其中 $a > 0$，$b > 0$；

(3) 指数函数　　$Q = ae^{-bP}$，其中 $a > 0$，$b > 0$.

例如，设某商品需求函数为 $Q = 100e^{-\frac{1}{5}P}$，当 $P = 0$ 时，该商品的社会需求量为 100，此时称 100 为该商品的最大需求量（也是市场对该商品的饱和需求量）.

2. 供给函数

某商品的供给量是指在一定的价格水平下，愿意并能够对社会提供的商品量. 影响商品供给量的因素多而复杂. 这里依然将其他因素看成不变，仅考虑价格因素，则供给量 Q 便是价格 P 的函数，记作 $Q = g(P)$，称为**供给函数**. 同时，$Q = g(P)$ 的反函数 $P = g^{-1}(Q)$ 也称为**供给函数**.

一般来说，商品价格的上涨会使供给量增加，因此供给函数是单调增加的.

在经济管理中，人们根据统计规律，常用以下形式较简洁的初等函数来近似

表达供给函数:

(1) 线性函数 $Q=-a+bP$,其中 $a>0$,$b>0$;

(2) 幂函数 $Q=aP^b$,其中 $a>0$,$b>0$;

(3) 指数函数 $Q=ae^{bP}$,其中 $a>0$,$b>0$.

例如,某商品的供给函数为 $Q=-21+7P$,当 $P=3$ 时,由于价格过低,该商品的社会供给量 $Q=0$,即无人在该价格水平下供应该商品.

在同一坐标平面上作出需求曲线 $Q=f(P)$ 和供给曲线 $Q=g(P)$(如图 1.13),曲线 $Q=f(P)$ 和曲线 $Q=g(P)$ 的交点 (P_0,Q_0) 就是**供需平衡点**,P_0 称为**均衡价格**,Q_0 称为**均衡数量**.

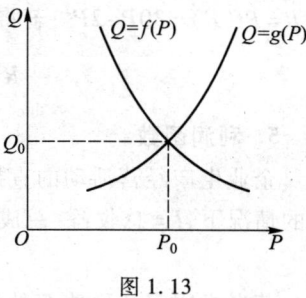

图 1.13

3. 成本函数

总成本是生产一定数量产品所需要的各种生产要素投入的费用总额,且

$$总成本=固定成本+可变成本,$$

其中**固定成本**是指支付固定生产要素的费用,如厂房、固定资产折旧以及管理人员工资等;**可变成本**是指支付可变生产要素的费用(或指随产量的变化而改变的费用),如原材料、燃料及生产工人的工资等. 由此可见,总成本 C 是产量(或销量)Q 的函数,记作 $C=C(Q)$,称为**成本函数**.

企业为提高经济效益降低成本,通常需要考虑分摊到每个单位产品中的成本,即**平均成本**,以评价企业生产经营管理状况. 产量(或销量)为 Q 时的平均成本为

$$\overline{C}(Q)=\frac{C(Q)}{Q}.$$

例如,某产品的总成本函数为 $C(Q)=300+4Q+\frac{1}{3}Q^2$,则

(1) 其固定成本为 $C(0)=\left(300+4Q+\frac{1}{3}Q^2\right)\Big|_{Q=0}=300$;

(2) 当产量 $Q=30$ 时,总成本为 $C(30)=\left(300+4Q+\frac{1}{3}Q^2\right)\Big|_{Q=30}=720$;

(3) 当产量 $Q=30$ 时,平均成本为 $\overline{C}(30)=\frac{C(30)}{30}=24$.

4. 收益函数

收益是指销售一定数量商品所得的收入,它既是销量 Q 的函数,又是价格 P 的函数,若收益用 R 表示,则

$$R=PQ.$$

由研究目的不同,通过需求函数,我们可以将收益函数表示成价格 P 的函

数,也可以将收益函数表示成销量 Q 的函数,即

(1) 若需求函数 $Q=f(P)$,则 $R=Pf(P)$;

(2) 若需求函数 $P=f^{-1}(Q)$,则 $R=Qf^{-1}(Q)$.

例如,设某商品的需求函数为 $Q=30-2P$,若将收益表示成价格 P 的函数,则有 $R=Pf(P)=30P-2P^2$;若将收益表示成销量 Q 的函数,则

$$R=Qf^{-1}(Q)=15Q-\frac{1}{2}Q^2.$$

5. 利润函数

企业生产经营活动的直接目的是获取利润.若利润用 L 表示,在不考虑税收的情况下,$L=$ 总收益$-$总成本,即

$$L=R(Q)-C(Q).$$

若考虑国家征税费 T 的情况,则 $L=R(Q)-C(Q)-T(Q)$.

在不考虑税收的情况下,当销售成本 $C(Q)$ 超过销售收益 $R(Q)$ 时,这种经营活动是亏本的;当销售收益 $R(Q)$ 超过销售成本 $C(Q)$ 时,这种经营活动是盈利的;当 $L(Q)=0$,即 $R(Q)=C(Q)$ 时,不亏不盈. 通常将 $L(Q)=0$ 的点 Q_0 称为**保本点**(或盈亏的**临界点**).

例如,设生产某产品的成本函数为 $C(Q)=100+2Q$,收益函数为 $R(Q)=10Q$,则利润函数为

$$L(Q)=8Q-100.$$

令 $L(Q)=0$,得保本点 $Q_0=12.5$,即该产品至少生产 12.5 个单位才能保本.

6. 库存函数

设在计划期 T 内,对某种商品的总需求量为 Q. 由于库存费用及资金占用等因素,显然一次进货是不合算的,从而考虑分批次进货. 设每次进货量 q 保持不变,每次订货费为 C_0,单位商品的价格为 P,在计划期内单位商品的库存费率 I 保持不变,需求量是均匀的,在不允许缺货的条件下,

库存总费用 $C=$ 订货费用$+$存储费用,

即

$$C=C_0\cdot\frac{Q}{q}+\frac{1}{2}qPI,$$

其中 $\dfrac{Q}{q}$ 为计划期内的订货次数,$\dfrac{q}{2}$ 为平均库存水平.

习 题 1.4

1. 要设计一个容积为 $V=20\text{ m}^3$ 的有盖圆柱形油桶,已知上盖单位面积造价是侧面的一半,侧面单位面积造价又是底面的一半. 设上盖单位面积的造价为 a 元$/\text{m}^2$,试将油桶的总造

价 y 表示成油桶半径 r 的函数.

2. 设某商品的需求函数为 $Q=300-8P$,供给函数为 $Q=-20+24P$,求该商品的均衡价格和均衡数量.

3. 某厂生产的学习机每台可卖 110 元,固定成本为 7 500 元,可变成本为每台 60 元,问:
(1) 要售出多少台学习机,厂家才可保本?
(2) 若售出了 100 台学习机,此时厂家是亏本还是盈利? 亏本(或盈利)多少?
(3) 若要获利 1 250 元,需要售出多少台学习机?

总习题一

1. 选择题:

(1) 设 $f(x)=\dfrac{x}{x-1}$,若以 $f(x)$ 表示 $f(3x)$,则正确的为(　　);

A. $\dfrac{3f(x)}{3f(x)-1}$ B. $\dfrac{3f(x)}{3f(x)-3}$

C. $\dfrac{3f(x)}{2f(x)+1}$ D. $\dfrac{3f(x)}{2f(x)-1}$

(2) $f(x)=|x\sin x|\mathrm{e}^{\cos x},x\in(-\infty,+\infty)$ 为(　　);

A. 有界函数 B. 单调函数

C. 周期函数 D. 偶函数

(3) 设 $f(x)=\begin{cases}x^2, & x\leq 0,\\ x^2+x, & x>0,\end{cases}$ 则 $f(-x)=(\quad)$.

A. $\begin{cases}-x^2, & x\leq 0,\\ -(x^2+x), & x>0\end{cases}$ B. $\begin{cases}-(x^2+x), & x<0,\\ -x^2, & x\geq 0\end{cases}$

C. $\begin{cases}x^2, & x\leq 0,\\ x^2-x, & x>0\end{cases}$ D. $\begin{cases}x^2-x, & x<0,\\ x^2, & x\geq 0\end{cases}$

2. 填空题:

(1) 设函数 $f(x)$ 的定义域为 $[0,1]$,则 $f(x+1)+f(x-1)$ 的定义域为_____;

(2) 设函数 $f(x)=\dfrac{x+k}{kx^2+2kx+2}$ 的定义域为 $(-\infty,+\infty)$,则 k 的取值范围为_____;

(3) 设函数 $y=f(x)$ 与 $y=g(x)$ 的图形关于直线 $y=x$ 对称,且 $f(x)=\dfrac{\mathrm{e}^x-\mathrm{e}^{-x}}{\mathrm{e}^x+\mathrm{e}^{-x}}$,则 $g(x)=$ _____;

(4) 若 $f(x)=\begin{cases}1-x^2, & x\geq 0,\\ (1-x)^2, & x<0,\end{cases}$ 则 $f^{-1}(-3)=$ _____.

3. 有人从美国到加拿大旅游,他把美元兑换成加拿大元时,币面数值增加 11%;回国后把加拿大元兑换成美元时,币面数值减少 11%. 问经过这样一个来回兑换后他是否亏损?

4. 已知生产某种商品的成本函数和收益函数(单位:万元)分别为
$$C = 10 - 8Q + Q^2, \quad R = 4Q,$$
其中 Q 为该商品的产量(或销量).

(1) 求该商品的利润函数和销量为 6 台时的利润;

(2) 确定该商品销量为 7 台时是否盈利.

5. 企业对某商品实施价格差,购买量在 10 kg 以下(含 10 kg),价格为 10 元/kg;购买量在 100 kg 以下(含 100 kg),超过 10 kg 的部分价格为 9 元/kg;购买量大于 100 kg,超过 100 kg 的部分价格为 8 元/kg. 试求关于购买量 x 的费用函数 $C(x)$.

6. 用 max 表示取最大值,用 min 表示取最小值,试用分段函数形式表示下列函数,并画出其图形:

(1) $f(x) = \max\{x, x^2\}, x \in [-2, 2]$;

(2) $f(x) = \min\{2, x^2\}, x \in [-2, 2]$.

7. 某工厂生产电冰箱,年产量为 a 台,分若干批进行生产,每批生产准备费为 b 元. 设产品均匀投放市场,且上一批售完后下一批即可完工进入仓库. 电冰箱每年库存费为 cx 元,其中 c 为常数,x 为最大库存量,即最大批量. 显然批量大则库存费高,批量少则批次多,由此生产准备费也高. 为选择最优批量,试求一年中库存费、生产准备费的总和 y 与批量 x 的函数关系.

8. 某商品的需求函数为 $Q = f(P) = 10e^{-3P}$,其中 Q 是需求量,P 是价格,试求其反函数 $P = f^{-1}(Q)$. 在同一坐标系内画出 $Q = f(P)$ 及 $P = f^{-1}(Q)$ 的图形,并解释 $a = f(b)$ 及 $b = f^{-1}(a)$ 的经济含义.

9. 回忆初等函数,我们从初等函数的"生成"方式可以看出,函数 $y = \sin x$ 与 $y = e^x$ 有着特别重要的意义. 例如,由 $y = e^x$ 生成其反函数 $y = \ln x$,再将 $y = e^u$ 与 $u = \alpha \ln x$ 复合而成 $y = x^\alpha$(定义域可能有变化). 请读者思考并体验其他初等函数是怎样由它们生成的. 我们把函数 $y = \sin x$ 与 $y = e^x$ 称为初等函数的**生成函数**. 在今后的学习中,许多重要知识都以这两个函数为基本研究对象.

第 2 章
极限与连续

> 函数概念刻画了变量之间的依存关系,极限概念又深入了一步,它着重刻画在自变量的某个变化过程中,因变量的变化趋势,我们将会看到,在微积分中几乎所有的概念都离不开极限这个工具,因此极限是微积分的基本概念之一. 本章讨论极限的概念、性质及计算方法,并在此基础上讨论函数的连续性.

2.1 数列的极限

2.1.1 数列

定义 2.1 设 $x_n = f(n)$ 是一个定义在正整数集合上的函数. 当自变量 n 依次取 $1,2,3,\cdots$ 时,相应的函数值依次排成一列数:

$$x_1, x_2, x_3, \cdots, x_n, \cdots, \tag{2.1}$$

称其为**无穷数列**,简称**数列**. 数列中的每个数称为数列的**项**,第 n 项 x_n 称为数列的**一般项**(或**通项**),通常将数列 (2.1) 简记为 $\{x_n\}$. 例如

$$\left\{\frac{n}{n+1}\right\}: \frac{1}{2}, \frac{2}{3}, \frac{3}{4}, \frac{4}{5}, \cdots, \frac{n}{n+1}, \cdots;$$

$$\{2n\}: 2, 4, 6, 8, \cdots, 2n, \cdots;$$

$$\{(-1)^{n-1}\}: 1, -1, 1, -1, \cdots, (-1)^{n-1}, \cdots;$$

$$\left\{\frac{1}{n}\right\}: 1, \frac{1}{2}, \frac{1}{3}, \frac{1}{4}, \cdots, \frac{1}{n}, \cdots;$$

$$\left\{\frac{(-1)^{n-1}}{n}\right\}: 1, -\frac{1}{2}, \frac{1}{3}, -\frac{1}{4}, \cdots, \frac{(-1)^{n-1}}{n}, \cdots;$$

$\{a\}: a, a, a, a, \cdots, a, \cdots$($a$ 为常数).

在几何上,将数列$\{x_n\}$绘成平面上或数轴上的点列.例如,数列$\left\{\dfrac{n}{n+1}\right\}$可绘成图 2.1 或图 2.2.

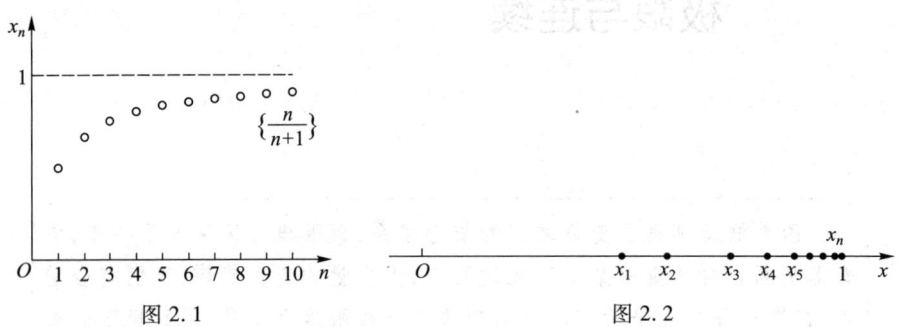

图 2.1　　　　　　　　　图 2.2

数列作为函数的特例,可以研究其有界性和单调性.

定义 2.2　设有数列$\{x_n\}$.若存在正数 M,对于任意的正整数 n,都有
$$|x_n| \leqslant M,$$
则称**数列$\{x_n\}$有界**,且 M 是其一个界.若上述的 M 不存在,即对于任意给定的正数 M,都存在 $k \in \mathbf{N}_+$,使得$|x_k| > M$,则称**数列$\{x_n\}$无界**.

若存在数 A(或 B),使得对于任意正整数 n,都有
$$x_n \geqslant A \quad (或\ x_n \leqslant B),$$
则称**数列$\{x_n\}$有下界**(或**有上界**),且数 A(或 B)是其一个下界(或上界).

易得**数列$\{x_n\}$有界的充分必要条件是数列$\{x_n\}$既有下界又有上界**.

例如,前面给出的六个数列中,除数列$\{2n\}$是无界的,其他数列都有界.

定义 2.3　设有数列$\{x_n\}$.若对于任意的正整数 n,都有
$$x_n \leqslant x_{n+1} \quad (或\ x_n \geqslant x_{n+1}),$$
则称**数列$\{x_n\}$单调增加**(或**单调减少**).

单调增加数列与单调减少数列统称为**单调数列**.例如前面给出的数列$\left\{\dfrac{n}{n+1}\right\}$与$\{2n\}$为单调增加数列,数列$\left\{\dfrac{1}{n}\right\}$为单调减少数列,数列$\{a\}$为常数列.

2.1.2　数列极限的定义

对于一个给定的数列$\{x_n\}$,我们通常考虑当 n 无限增大时(记作 $n \to \infty$,读作 n 趋于无穷大),它的项的变化趋势.从 2.1.1 节给出的六个数列中,我们可以看到:

数列 $\left\{\dfrac{n}{n+1}\right\}$ 各项的值随 n 的增大而增大,且越来越与 1 无限接近;

数列 $\{2n\}$ 各项的值随 n 的增大而增大,且无限增大;

数列 $\{(-1)^{n-1}\}$ 各项的值交互取得 1 与 -1 两数,而不是越来越与某数接近;

数列 $\left\{\dfrac{1}{n}\right\}$ 各项的值随 n 的增大而减小,且越来越与 0 无限接近;

数列 $\left\{\dfrac{(-1)^{n-1}}{n}\right\}$ 各项的值在 0 两边跳跃,且随 n 的增大,越来越与 0 无限接近;

数列 $\{a\}$ 各项的值都相同.

由上述例子可知:当 n 无限增大时,数列的项的变化趋势是多样的. 若当 n 无限增大时,给定数列的项 x_n 无限接近某个常数 A,则称数列 $\{x_n\}$ 为**收敛数列**,常数 A 称为该数列的**极限**. 如 2.1.1 节给出的数列 $\left\{\dfrac{n}{n+1}\right\}$, $\left\{\dfrac{1}{n}\right\}$, $\left\{\dfrac{(-1)^{n-1}}{n}\right\}$, $\{a\}$ 就是收敛数列,它们的极限分别为 $1,0,0,a$.

为了进一步理解无限接近的意义,考察数列 $\left\{\dfrac{n}{n+1}\right\}$,我们看到:

(1) n 取任何正整数时,x_n 均为正数,且当 n 越来越大时,x_n 越来越与 1 接近(如图 2.2).

(2) 取点 $x_0 = 1$ 的 ε 邻域 $U(1,\varepsilon)$.

① 取 $\varepsilon = 2$,数列中的一切项 x_n,全部在半径为 2 的邻域 $U(1,2)$ 内;

② 取 $\varepsilon = 0.1$,数列中除开始的 9 项外,自第 10 项起的一切项

$$x_{10}, x_{11}, \cdots, x_n, \cdots$$

全部在半径为 0.1 的邻域 $U(1,0.1)$ 内;

③ 取 $\varepsilon = 0.0001$,只有开始的 9 999 项在半径为 0.000 1 的邻域外,自第 10 000 项起的一切项

$$x_{10\,000}, x_{10\,001}, \cdots, x_n, \cdots$$

全部在邻域 $U(1,0.0001)$ 内.

(3) 点 $x_0 = 1$ 的 ε 邻域 $U(1,\varepsilon)$ 内的点与 $x_0 = 1$ 的距离小于 ε.

上述结果表明:对于任意小正数 ε,可有足够大的正整数 N,使得数列中自第 $N+1$ 项 x_{N+1} 起,后面的一切项对应的点与点 $x_0 = 1$ 的距离都小于 ε.

若用 $|x_n - 1|$ 衡量点 x_n 与点 $x_0 = 1$ 的距离,则上述结果可用定量的数学语言叙述为:对于任意小正数 ε,总可以找到一个正整数 N,使当一切 $n > N$ 时,不等式 $|x_n - 1| < \varepsilon$ 恒成立,因此常数 1 称为数列 $\left\{\dfrac{n}{n+1}\right\}$ 的极限. 一般地,数列极限的定

义如下:

定义 2.4 设有数列 $\{x_n\}$, A 是常数. 若对于任意给定的无论多么小的正数 ε, 总存在正整数 N, 使当一切 $n>N$ 时, 不等式

$$|x_n - A| < \varepsilon$$

恒成立, 则称 A 为数列 $\{x_n\}$ 的**极限**, 记作

$$\lim_{n\to\infty} x_n = A \quad \text{或} \quad x_n \to A \ (n\to\infty).$$

此时, 我们也称数列 $\{x_n\}$ 是收敛的, 不收敛的数列称为发散数列.

微视频
数列极限的概念

注 几点说明:

(1) 正数 ε 的任意性刻画了 x_n 与 A 的任意接近程度.

(2) 一般地, 正整数 N 与事先给定的正数 ε 有关, N 的确定依赖于给定的正数 ε, 但 N 不唯一. 通常, ε 越小, N 越大.

(3) 数列极限存在与否, 极限为何值, 与数列的前面有限项无关. 故改变数列的有限项, 不会影响数列的敛散性.

在几何上, 数列 $\{x_n\}$ 以 A 为极限的意义是: 对于任意给定的无论多么小的正数 ε, 总存在正整数 N, 使得该数列第 N 项后的所有项都落入开区间 $(A-\varepsilon, A+\varepsilon)$ (即邻域 $U(A,\varepsilon)$) 内, 而在其外最多有该数列的前 N 项 (如图 2.3).

图 2.3

于是, 数列极限的定义又可用邻域概念简述为

$$\lim_{n\to\infty} x_n = A \Leftrightarrow \forall U(A,\varepsilon), \exists N \in \mathbf{N}_+, \text{当} n>N \text{时}, x_n \in U(A,\varepsilon).$$

例 2.1 验证 $\lim\limits_{n\to\infty} \dfrac{n+(-1)^n}{n} = 1$.

分析 验证极限, 通常采用倒推法, 即由不等式 $|x_n - A| < \varepsilon$ 成立时, n 所满足的条件定出 N.

证 对于任意 $0 < \varepsilon < 1$, 要使

$$\left| \frac{n+(-1)^n}{n} - 1 \right| = \frac{1}{n} < \varepsilon,$$

只要 $n > \dfrac{1}{\varepsilon}$. 取 $N = \left[\dfrac{1}{\varepsilon}\right]$, 则当 $n > N$ 时, 恒有

$$\left| \frac{n+(-1)^n}{n} - 1 \right| = \frac{1}{n} < \varepsilon$$

成立,于是由定义 2.4 知 $\lim\limits_{n\to\infty}\dfrac{n+(-1)^n}{n}=1$.

注 数列极限定义只能用于验证极限,而不能用于求极限.

另外,从直观上我们不难发现

$$\lim_{n\to\infty}q^n=\begin{cases}0, & |q|<1,\\ 1, & q=1,\\ 不存在, & q=-1,\\ 不存在, & |q|>1.\end{cases}$$

2.1.3 数列极限的性质

定理 2.1(**极限的唯一性**) 若数列 $\{x_n\}$ 的极限存在,则其极限是唯一的.

证 (反证法)假设 $\lim\limits_{n\to\infty}x_n=A$,$\lim\limits_{n\to\infty}x_n=B$,且 $A\neq B$. 不妨设 $A>B$. 由数列极限定义知,对于 $\varepsilon=\dfrac{A-B}{2}>0$,存在正整数 N_1 和 N_2,当 $n>N_1$ 时,$x_n\in U(A,\varepsilon)$;当 $n>N_2$ 时,$x_n\in U(B,\varepsilon)$. 于是,当 $n>\max\{N_1,N_2\}$ 时,$x_n\in U(A,\varepsilon)\cap U(B,\varepsilon)$.

但 $U(A,\varepsilon)\cap U(B,\varepsilon)=\varnothing$(如图 2.4),矛盾. 故只有 $A=B$,即极限唯一.

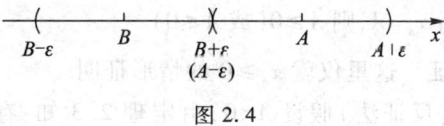

图 2.4

定理 2.2(**数列收敛的必要条件**) 若数列 $\{x_n\}$ 收敛,则它一定有界.

证 设数列 $\{x_n\}$ 收敛于 A,即 $\lim\limits_{n\to\infty}x_n=A$. 由数列极限定义知,对于 $\varepsilon=1$,存在正整数 N,当 $n>N$ 时,恒有 $|x_n-A|<1$. 此时有 $|x_n|=|x_n-A+A|\leq|x_n-A|+|A|<1+|A|$.

取 $M=\max\{|x_1|,|x_2|,\cdots,|x_N|,1+|A|\}$,则对所有的 n,都有 $|x_n|\leq M$,即数列 $\{x_n\}$ 有界(以 $A<0$ 为例,如图 2.5).

图 2.5

推论 无界数列必发散.

注 定理 2.2 及其推论的逆命题不成立,即有界数列不一定收敛,发散数列不一定无界. 例如,数列 $\{(-1)^{n-1}\}$ 有界,但发散.

定理 2.3(极限的保号性) 若 $\lim\limits_{n\to\infty} x_n = A$,且 $A>0$(或 $A<0$),则存在正整数 N,当 $n>N$ 时,有 $x_n>0$(或 $x_n<0$).

证 这里仅就 $A>0$ 的情形证明.

由 $\lim\limits_{n\to\infty} x_n = A$ 知:对于 $\varepsilon = \dfrac{A}{2}>0$,存在正整数 N,当 $n>N$ 时,恒有

$$|x_n - A| < \frac{A}{2},$$

即 $x_n > \dfrac{A}{2} > 0$(如图 2.6).

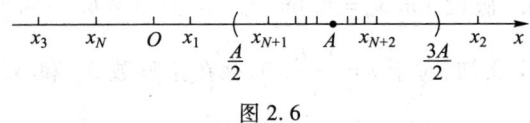

图 2.6

由定理 2.3 可知:若数列极限 $A \neq 0$,则该数列在 n 充分大以后,各项 x_n 将不为 0,且与其极限 A 保持同号.

推论 若数列 $\{x_n\}$ 从某项(第 N_0 项)起,有 $x_n \geq 0$(或 $x_n \leq 0$),且 $\lim\limits_{n\to\infty} x_n = A$,则 $A \geq 0$(或 $A \leq 0$).

证 这里仅就 $x_n \geq 0$ 的情形证明.

(反证法)假设 $A<0$,由定理 2.3 知:存在 N_1,当 $n>N_1$ 时,$x_n<0$. 取 $N = \max\{N_0, N_1\}$,当 $n>N$ 时,由题设条件有 $x_n \geq 0$,矛盾. 故 $A \geq 0$.

文档 数列极限的其他性质

习 题 2.1

1. 观察下列数列的变化趋势,判断其是否有极限. 如果有极限,写出它们的极限:

(1) $x_n = \dfrac{1}{2^n}$;

(2) $x_n = 2^n$;

(3) $x_n = \dfrac{n}{n+(-1)^{n-1}}$;

(4) $x_n = (-1)^{n-1} n^2$.

2. 已知数列 $6-\dfrac{1}{10}, 6-\dfrac{1}{20}, 6-\dfrac{1}{30}, \cdots, 6-\dfrac{1}{10n}, \cdots$,记通项为 a_n.

(1) 计算 $|a_n - 6|$;

(2) 从第几项开始,后面的所有项与 6 的距离都小于 0.001?

(3) 从第几项开始,后面的所有项与 6 的距离都小于任意给定的充分小正数 ε?

3. 用极限定义证明下列极限：

(1) $\lim\limits_{n\to\infty}\dfrac{1}{n+1}=0$；

(2) $\lim\limits_{n\to\infty}\left(1-\dfrac{1}{2^n}\right)=1$；

(3) $\lim\limits_{n\to\infty}\dfrac{1}{n^2}=0$；

(4) $\lim\limits_{n\to\infty}\dfrac{n}{n+1}=1$；

(5) $\lim\limits_{n\to\infty}\dfrac{9n+1}{8n+1}=\dfrac{9}{8}$；

(6) $\lim\limits_{n\to\infty}q^n=0\,(|q|<1)$；

(7) $\lim\limits_{n\to\infty}\dfrac{\sqrt{n^2+8}}{n}=1$；

(8) $\lim\limits_{n\to\infty}\underbrace{0.999\cdots 9}_{n\uparrow}=1$.

文档
用定义证明极限实例

4. 设 $\lim\limits_{n\to\infty}|x_n|=0$，证明 $\lim\limits_{n\to\infty}x_n=0$.

*5. 设 $\lim\limits_{n\to\infty}x_n=0$，且数列 $\{y_n\}$ 有界，证明 $\lim\limits_{n\to\infty}x_n y_n=0$.

6. 对于本节所举例子，如果能画出图形，那么请你再画图从直观上观察其极限的存在性.

2.2 函数的极限

前面讨论的数列极限可以看作是定义在正整数集上的函数 $x_n=f(n)$，$n\in \mathbf{N}_+$，在自变量 n 无限增大这一过程中，对应函数值 $f(n)$ 的变化趋势. 下面我们来讨论定义在某个实数集上自变量取值连续变化时的函数 $y=f(x)$ 的变化趋势. 这里 $f(x)$ 的变化趋势是指在自变量的某一变化过程中，$f(x)$ 能否无限地接近某个确定的常数.

极限与自变量的变化过程密切相关. 数列 $x_n=f(n)$ 的自变量特殊，其变化过程只能是 $n\to\infty$，而函数 $y=f(x)$ 的自变量取值范围是某实数集，因此其自变量 x 的变化过程复杂而灵活，综合起来主要有以下两种不同情形：

（1）自变量 x 趋于无穷大，即 $x\to\infty$；

（2）自变量 x 无限地接近于定值 x_0，即 $x\to x_0$.

2.2.1 自变量 x 趋于无穷大时函数极限

自变量 x 趋于无穷大有三种情形，即 $x\to+\infty$，$x\to-\infty$ 和 $x\to\infty$. 先讨论 $x\to+\infty$ 时函数 $f(x)$ 的极限，此时自变量 x "连续地" 取实数且无限地增大. 仿照数列极限的定义，可给出自变量趋于正无穷大时函数极限的定义如下：

定义 2.5 设函数 $f(x)$ 在 $[b,+\infty)$ 上有定义，A 是常数. 若对于任意给定无论多小的正数 ε，总存在正数 X，使当 $x>X$ 时，不等式

$$|f(x)-A|<\varepsilon$$

恒成立,则称 A 为函数 $f(x)$ **在自变量** $x\to+\infty$ **时的极限**,记作

$$\lim_{x\to+\infty}f(x)=A \quad 或 \quad f(x)\to A\ (x\to+\infty).$$

类似地,我们可以给出如下定义:

定义 2.6 设函数 $f(x)$ 在 $(-\infty,a]$ 上有定义,A 是常数。若对于任意给定无论多小的正数 ε,总存在正数 X,使当 $x<-X$ 时,不等式

$$|f(x)-A|<\varepsilon$$

恒成立,则称 A 为**函数** $f(x)$ **在自变量** $x\to-\infty$ **时的极限**,记作

$$\lim_{x\to-\infty}f(x)=A \quad 或 \quad f(x)\to A\ (x\to-\infty).$$

定义 2.7 设函数 $f(x)$ 在 $(-\infty,a]\cup[b,+\infty)$ 上有定义,A 是常数。若对于任意给定无论多小的正数 ε,总存在正数 X,使当一切 $x:|x|>X$ 时,不等式

$$|f(x)-A|<\varepsilon$$

恒成立,则称 A 为**函数** $f(x)$ **在自变量** $x\to\infty$ **时的极限**,记作

$$\lim_{x\to\infty}f(x)=A \quad 或 \quad f(x)\to A\ (x\to\infty).$$

易证:$\lim_{x\to\infty}f(x)=A$ 的**充分必要条件**为 $\lim_{x\to-\infty}f(x)=\lim_{x\to+\infty}f(x)=A.$

从几何上看,$\lim_{x\to\infty}f(x)=A$ 的意义是:设 $\varepsilon>0$,作直线 $y=A-\varepsilon$ 和 $y=A+\varepsilon$,则总存在正数 X,使当一切 $x:|x|>X$ 时,函数 $y=f(x)$ 的图形位于这两条直线之间(如图 2.7)。另外两种情形的几何意义,请读者自己补充。

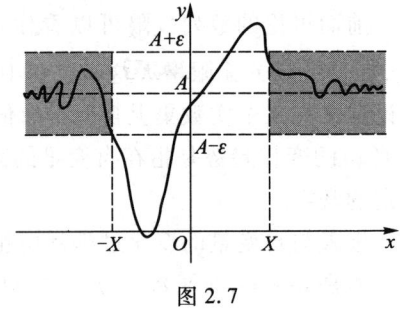

图 2.7

函数极限的定义 2.7 又可用邻域概念简述为

$$\lim_{x\to\infty}f(x)=A\Leftrightarrow\forall U(A,\varepsilon),\exists X>0,当|x|>X时,f(x)\in U(A,\varepsilon).$$

例 2.2 证明:$\lim_{x\to\infty}\dfrac{1}{x}=0.$

证 对于任意给定的 $\varepsilon>0$,要使得 $\left|\dfrac{1}{x}-0\right|<\varepsilon$,只要

$$|x|>\dfrac{1}{\varepsilon}.$$

取 $X=\dfrac{1}{\varepsilon}$,则对于一切 $x:|x|>X=\dfrac{1}{\varepsilon}$,都有 $\left|\dfrac{1}{x}-0\right|<\varepsilon$,由定义 2.7 知 $\lim_{x\to\infty}\dfrac{1}{x}=0.$

另外,结合基本初等函数图形也不难发现:$\lim_{x\to\infty}C=C$(C 为常数),$\lim_{x\to-\infty}2^x=0$,

$\lim\limits_{x\to-\infty}a^x=0\,(a>1)$,$\lim\limits_{x\to+\infty}\dfrac{1}{2^x}=\lim\limits_{x\to+\infty}\left(\dfrac{1}{2}\right)^x=0$,$\lim\limits_{x\to+\infty}a^{-x}=0\,(a>1)$ 等.

2.2.2 自变量 x 趋于定值 x_0 时函数极限

先考察两个函数:$f(x)=\dfrac{x^2-1}{x-1}$(如图 2.8),$g(x)=x+1$(如图 2.9).

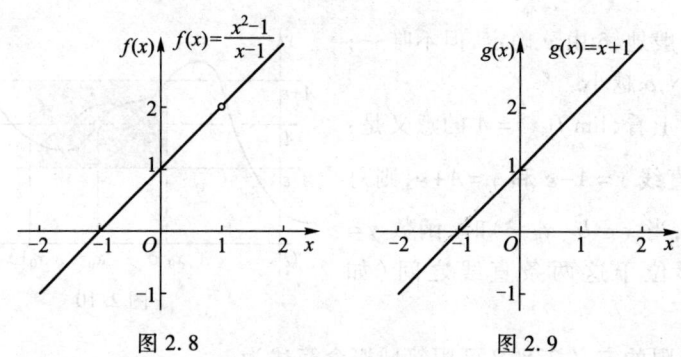

图 2.8　　　　　　　图 2.9

函数 $f(x)$ 在 $x=1$ 处无定义,但在 $x=1$ 的某去心邻域 $\mathring{U}(1)$ 内有定义,当 $x\neq 1$ 时,$f(x)=x+1$. 显然,只要自变量 x 无限地接近于 1,函数值就无限地接近于确定常数 2,此时称 2 是函数 $f(x)$ 在自变量 $x\to 1$ 时的极限.

函数 $g(x)$ 在 $x=1$ 的某邻域 $U(1)$ 内有定义,且当自变量 $x\to 1$ 时,函数 $g(x)$ 也无限地接近于确定常数 2,此时也称 2 是函数 $g(x)$ 在自变量 $x\to 1$ 时的极限(表 2.1 和图 2.9 都反映了这一事实).

表 2.1

x	0.9	0.99	0.999	…	1	…	1.001	1.01	1.1
$g(x)$	1.9	1.99	1.999	…	2	…	2.001	2.01	2.1

由上面两个例子可知:函数 $f(x)$ 在 $x\to x_0$ 时是否有极限与函数 $f(x)$ 在点 x_0 处是否有定义无关,且与远离点 x_0 的点 x 也无关. 于是在考察函数 $f(x)$ 在 $x\to x_0$ 的极限时,只要在点 x_0 的某去心邻域 $\mathring{U}(x_0)$ 内讨论即可.

对上面的函数 $f(x)$ 无限接近常数 2 这一事实,可像数列中那样,用 $\forall\varepsilon>0$,$|f(x)-2|<\varepsilon$ 来表达;而自变量 x 无限地接近 1,可表达为 $0<|x-1|<\delta$,其中 δ 为某个正数,它与 ε 有关,表示 x 与 1 的接近程度. 于是,当 $x\to x_0$ 时,函数 $f(x)$ 的极限有如下定义:

定义 2.8 设函数 $f(x)$ 在点 x_0 的某去心邻域 $\mathring{U}(x_0)$ 内有定义，A 是常数. 若对于任意给定无论多么小的正数 ε，总存在正数 δ，使当一切 $x: 0 < |x - x_0| < \delta$ 时，不等式

$$|f(x) - A| < \varepsilon$$

恒成立，则称 A 为函数 $f(x)$ **在自变量 $x \to x_0$ 时的极限**，也称 A 为函数 $f(x)$ **在点 x_0 处的极限**，记作

$$\lim_{x \to x_0} f(x) = A \quad \text{或} \quad f(x) \to A \, (x \to x_0).$$

注 一般地，δ 由 ε 确定，但不唯一；通常，ε 越小，δ 越小.

从几何上看，$\lim_{x \to x_0} f(x) = A$ 的意义是：设 $\varepsilon > 0$，作直线 $y = A - \varepsilon$ 和 $y = A + \varepsilon$，则总存在正数 δ，当 $x \in \mathring{U}(x_0, \delta)$ 时，函数 $y = f(x)$ 的图形位于这两条直线之间（如图 2.10）.

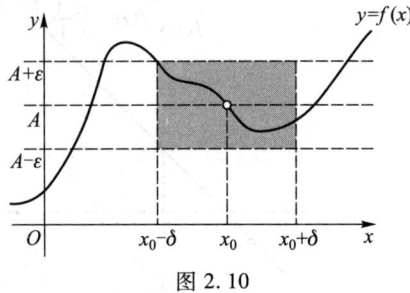

图 2.10

函数极限的定义 2.8 又可用邻域概念简述为

$$\lim_{x \to x_0} f(x) = A \Leftrightarrow \forall U(A, \varepsilon), \exists \delta > 0, \text{当 } x \in \mathring{U}(x_0, \delta) \text{ 时}, f(x) \in U(A, \varepsilon).$$

例 2.3 证明：$\lim_{x \to 1}(2x - 1) = 1$.

证 对于任意给定的 $\varepsilon > 0$，要使得 $|(2x - 1) - 1| < \varepsilon$，只要

$$2|x - 1| < \varepsilon,$$

即 $|x - 1| < \dfrac{\varepsilon}{2}$. 取 $\delta = \dfrac{\varepsilon}{2}$，则对于一切 $x: 0 < |x - 1| < \delta = \dfrac{\varepsilon}{2}$，都有 $|(2x - 1) - 1| < \varepsilon$，由定义 2.8 知 $\lim_{x \to 1}(2x - 1) = 1$.

另外，结合基本初等函数图形也不难发现：$\lim_{x \to x_0} C = C$（C 为常数），$\lim_{x \to x_0} x = x_0$，$\lim_{x \to 0} x^2 = 0$，$\lim_{x \to x_0} \sqrt{x} = \sqrt{x_0}$（$x_0 > 0$），$\lim_{x \to 0} a^x = 1$（$a > 0, a \neq 1$）等.

注 与数列一样，函数极限的定义也只能用于判定某常数是否为其极限，而不能用于求极限.

由 $\lim_{x \to x_0} f(x) = A$ 的几何意义可知：$x \to x_0$ 是指自变量 x 从点 x_0 的两侧无限地靠近点 x_0. 而实际问题中常需要考虑自变量 x 仅从点 x_0 的一侧无限地靠近点 x_0 时，函数 $f(x)$ 的极限情形，即单侧极限问题.

定义 2.9 设函数 $f(x)$ 在点 x_0 的某左邻域内有定义，A 是常数. 若对于任意给定无论多么小的正数 ε，总存在正数 δ，使当一切 $x: -\delta < x - x_0 < 0$ 时，不等式

$$|f(x)-A|<\varepsilon$$

恒成立,则称 A 为函数 $f(x)$ 在自变量 x 从点 x_0 的左侧无限靠近点 x_0(记作 $x\to x_0^-$)时的极限,也称 A 为函数 $f(x)$ 在点 x_0 处的**左极限**,记作

$$\lim_{x\to x_0^-}f(x)=A \quad 或 \quad f(x_0^-)=A.$$

定义 2.10 设函数 $f(x)$ 在点 x_0 的某右邻域内有定义,A 是常数. 若对于任意给定无论多么小的正数 ε,总存在正数 δ,使当一切 $x:0<x-x_0<\delta$ 时,不等式

$$|f(x)-A|<\varepsilon$$

恒成立,则称 A 为函数 $f(x)$ 在自变量 x 从点 x_0 的右侧无限靠近点 x_0(记作 $x\to x_0^+$)时的极限,也称 A 为函数 $f(x)$ 在点 x_0 处的**右极限**,记作

$$\lim_{x\to x_0^+}f(x)=A \quad 或 \quad f(x_0^+)=A.$$

左极限与右极限统称为**单侧极限**.

易证:$\lim_{x\to x_0}f(x)=A$ 的**充分必要条件**是 $f(x_0^-)=f(x_0^+)=A$.

例 2.4 证明极限 $\lim_{x\to 0}\dfrac{|x|}{x}$ 不存在.

证 由

$$f(0^-)=\lim_{x\to 0^-}\frac{|x|}{x}=\lim_{x\to 0^-}\frac{-x}{x}=-1,$$

$$f(0^+)=\lim_{x\to 0^+}\frac{|x|}{x}=\lim_{x\to 0^+}\frac{x}{x}=1,$$

知左、右极限均存在,但不相等,故极限 $\lim_{x\to 0}\dfrac{|x|}{x}$ 不存在.

2.2.3 函数极限的性质

和数列极限相仿,函数极限具有类似的一些性质,这里仅就 $\lim_{x\to x_0}f(x)$ 的情形给出相应定理.

定理 2.4(极限的唯一性) 若极限 $\lim_{x\to x_0}f(x)$ 存在,则其极限唯一.

定理 2.5(极限存在的必要条件) 若极限 $\lim_{x\to x_0}f(x)$ 存在,则函数 $f(x)$ 在点 x_0 的去心 δ 邻域 $\mathring{U}(x_0,\delta)$ 内有界.

定理 2.6(极限的局部保号性) 若 $\lim_{x\to x_0}f(x)=A$,且 $A>0$(或 $A<0$),则存在正数 δ,当 $x\in\mathring{U}(x_0,\delta)$ 时,有 $f(x)>0$(或 $f(x)<0$).

推论 若 $\lim_{x\to x_0}f(x)=A$ 且存在正数 δ,当 $x\in\mathring{U}(x_0,\delta)$ 时,有 $f(x)\geq 0$(或

$f(x) \leq 0$),则 $A \geq 0$(或 $A \leq 0$).

以上三个定理的证明与数列中的证明相仿,在此不再给出. 至于自变量在其他变化过程中的函数极限的性质,请读者自己给出.

通过这两节的学习,可以看出数列极限与函数极限在定义、性质及其证明上是相似的,主要差别在于自变量的变化过程的表述上,数列极限用 $n>N$ 刻画 $n\to\infty$,函数极限用 $|x|>X$ 刻画 $x\to\infty$,用 $\overset{\circ}{U}(x_0,\delta)$ 刻画 $x\to x_0$. 在今后的学习中,我们将继续看到,函数极限的许多相关概念及性质虽然常以 $x\to x_0$ 的形式为代表而给出,但总是适用于自变量的其他各种变化过程,而且适用于数列极限情形. 例如,若 $\lim\limits_{x\to+\infty}f(x)=A, y_n=f(n)$,则 $\lim\limits_{n\to\infty}y_n=A$.

习 题 2.2

1. 对于图 2.11 所示的函数 $f(x)$,下列陈述中哪些是对的,哪些是错的:

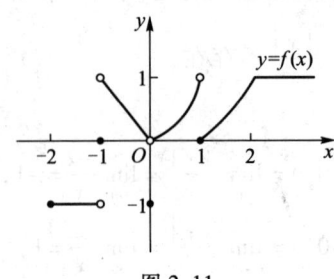

图 2.11

(1) $\lim\limits_{x\to-2^-}f(x)$ 不存在;
(2) $\lim\limits_{x\to-2^+}f(x)=-1$;
(3) $\lim\limits_{x\to-1^-}f(x)=-1$;
(4) $\lim\limits_{x\to-1}f(x)=0$;
(5) $\lim\limits_{x\to-1^+}f(x)=1$;
(6) $\lim\limits_{x\to 0}f(x)=0$;
(7) $\lim\limits_{x\to 0}f(x)=-1$;
(8) $\lim\limits_{x\to 1}f(x)$ 不存在;
(9) $\lim\limits_{x\to 1}f(x)=0$;
(10) 对每个 $x_0\in(-1,1)$,$\lim\limits_{x\to x_0}f(x)$ 都存在;
(11) $\lim\limits_{x\to 2}f(x)=1$;
(12) $\lim\limits_{x\to+\infty}f(x)=1$.

2. 用函数极限定义证明:极限 $\lim\limits_{x\to 3}(5x+2)=17$.

更进一步,证明: $\lim\limits_{x\to x_0}(kx+b)=kx_0+b$ (k,b 为常数).

3. 用函数极限定义证明:极限 $\lim\limits_{x\to\infty}\dfrac{5x-2}{x}=5$.

4. 用函数极限定义证明下列极限:

(1) $\lim\limits_{x\to\infty}\dfrac{1}{x-1}=0$;
(2) $\lim\limits_{x\to a}x=a$;

文档
用定义证明极限的更多例子

(3) $\lim\limits_{x\to 0}|x|=0$;

(4) $\lim\limits_{x\to a}C=C$ (C 为常数);

(5) $\lim\limits_{x\to 2}\dfrac{1}{x}=\dfrac{1}{2}$;

(6) $\lim\limits_{x\to 9}\sqrt{x}=3$;

(7) $\lim\limits_{x\to 1^-}\sqrt{1-x^2}=0$;

(8) $\lim\limits_{x\to -1^+}\sqrt{1-x^2}=0$;

(9) $\lim\limits_{x\to 0^+}\sqrt{x}=0$;

(10) $\lim\limits_{x\to -\infty}9^x=0$.

5. 证明: $\lim\limits_{x\to x_0}f(x)=0$ 的充分必要条件是 $\lim\limits_{x\to x_0}|f(x)|=0$ (注:这一结论也适用于其他极限过程).

6. 借助基本初等函数图形,通过直观观察,讨论下列极限的存在性:

(1) $\lim\limits_{x\to -\infty}\dfrac{x+1}{x}$;

(2) $\lim\limits_{x\to \infty}e^x$;

(3) $\lim\limits_{x\to \infty}\sin x$;

(4) $\lim\limits_{x\to \infty}\cos x$;

(5) $\lim\limits_{x\to \infty}\arctan x$;

(6) $\lim\limits_{x\to \infty}\operatorname{arccot} x$;

(7) $\lim\limits_{x\to 0}\dfrac{1}{x-1}$;

(8) $\lim\limits_{x\to 1}\dfrac{1}{x+1}$.

7. 设
$$f(x)=\begin{cases}\dfrac{1}{x-1}, & x<0,\\ x, & 0<x<1,\\ 1, & x>1.\end{cases}$$

问极限 $\lim\limits_{x\to 0}f(x)$ 与 $\lim\limits_{x\to 1}f(x)$ 是否存在?为什么?通过画图观察所得结论.

8. 设函数
$$f(x)=\begin{cases}x+a, & x\leqslant 1,\\ \dfrac{x-1}{x^2-1}, & x>1.\end{cases}$$

问 a 为何值时,极限 $\lim\limits_{x\to 1}f(x)$ 存在?通过画图观察所得的结论.

9. 对于本节所举的例子,如果能画出图形,那么请你再画图从直观上观察其极限的存在性. 至此,我们发现在学习极限的初始阶段,对于简单的函数,可以结合图形直观地得到结果. 随着进一步深入学习,我们将从理论上看出这样做的合理性.

2.3 无穷小和无穷大

2.3.1 无穷小

前面介绍了变量极限的概念,在此基础上,下面着重讨论在理论和应用上都比较重要的一类变量——无穷小.

1. 无穷小的定义

定义 2.11 以零为极限的变量称为**无穷小**. 即若
$$\lim_{x \to x_0} \alpha(x) = 0,$$
则称函数 $\alpha(x)$ 为 $x \to x_0$ 时的**无穷小**. 有些教材也称无穷小量.

以上定义也适用于其他极限过程(包括数列).

例如,当 $x \to 0$ 时,x^2 与 $|x|$ 都是无穷小;当 $x \to \infty$ 时,$\dfrac{1}{x}$ 是无穷小;当 $n \to \infty$ 时,$\dfrac{(-1)^{n-1}}{n}$ 是无穷小.

注 几点说明：

(1) 我们说某变量是无穷小,是就自变量的某一具体变化过程而言的. 如 x^2 当 $x \to 0$ 时为无穷小,而当 $x \to 1$ 时却不是无穷小,故不能简单地说 x^2 为无穷小.

(2) 无穷小是以零为极限的变量,不能将其与很小很小的数混为一谈. 如 10^{-12} 确实很小,但它不是无穷小. 在常数函数中,只有 0 是无穷小.

2. 函数极限与无穷小的关系

定理 2.7 在自变量的同一变化过程中,函数收敛于常数 A 的充分必要条件是函数可以表示为常量 A 与一个无穷小之和.

证 仅就 $x \to x_0$ 时的情形加以证明,即证明：
$$\lim_{x \to x_0} f(x) = A \Leftrightarrow f(x) = A + \alpha, \text{其中 } \alpha \text{ 为 } x \to x_0 \text{ 时的无穷小}.$$

"$\Rightarrow$"(必要性)设 $\lim\limits_{x \to x_0} f(x) = A$,由极限的定义得：对于任意给定的 $\varepsilon > 0$,存在 $\delta > 0$,当 $x : 0 < |x - x_0| < \delta$ 时,有
$$|f(x) - A| < \varepsilon.$$
令 $\alpha = f(x) - A$,则 $f(x) = A + \alpha$,且 $|\alpha - 0| = |\alpha| < \varepsilon$. 由极限定义知 $\lim\limits_{x \to x_0} \alpha = 0$,即 α 为 $x \to x_0$ 时的无穷小.

"$\Leftarrow$"(充分性)设 $f(x) = A + \alpha$,即 $\alpha = f(x) - A$,其中 α 为 $x \to x_0$ 时的无穷小. 于是对于任意给定的 $\varepsilon > 0$,存在 $\delta > 0$,当 $x : 0 < |x - x_0| < \delta$ 时,都有
$$|f(x) - A| = |\alpha| < \varepsilon.$$
由函数极限定义知 $\lim\limits_{x \to x_0} f(x) = A$.

3. 无穷小的性质

由无穷小的定义可得无穷小有以下几个性质：

定理 2.8 有限个无穷小的代数和仍是无穷小.

定理 2.9 有界函数与无穷小的乘积是无穷小.

微视频
无穷小的重要
知识

证 仅就 $x \to x_0$ 的情形加以证明(同理可证其他变化过程的情形).

设函数 $f(x)$ 在 $\mathring{U}(x_0,\delta_0)$ 内有界,$\lim\limits_{x \to x_0} \alpha = 0$,则由 $f(x)$ 在 $\mathring{U}(x_0,\delta_0)$ 内有界知:存在 $M>0$,当 $x \in \mathring{U}(x_0,\delta_0)$ 时,有 $|f(x)| \leq M$.

又由 $\lim\limits_{x \to x_0} \alpha = 0$ 知:对于任意给定的 $\varepsilon > 0$,存在 $\delta_1 > 0$,当 $x:0<|x-x_0|<\delta_1$ 时,有 $|\alpha - 0| = |\alpha| < \dfrac{\varepsilon}{M}$.

取 $\delta = \min\{\delta_0, \delta_1\}$,则当 $x:0<|x-x_0|<\delta$ 时,有 $|f(x)| \leq M$ 与 $|\alpha| < \dfrac{\varepsilon}{M}$ 同时成立. 又 $|\alpha f(x) - 0| = |\alpha f(x)| \leq M|\alpha|$,故

$$|\alpha f(x) - 0| < M \cdot \dfrac{\varepsilon}{M} = \varepsilon.$$

由极限的定义知 $\lim\limits_{x \to x_0} \alpha f(x) = 0$,即 $\alpha f(x)$ 为 $x \to x_0$ 时的无穷小.

推论 1 常数与无穷小的乘积是无穷小.

推论 2 有限个无穷小的乘积是无穷小.

例如,当 $x \to 0$ 时,x^2 为无穷小,而对于任意 $x \neq 0$,有 $\left|\sin\dfrac{1}{x}\right| \leq 1$,故当 $x \to 0$ 时,$x^2 \sin\dfrac{1}{x}$ 为无穷小;又如,当 $x \to \infty$ 时,$\dfrac{1}{x}$ 为无穷小;而对于任意 $x \in \mathbf{R}$,有 $|\arctan x| \leq \dfrac{\pi}{2}$,故当 $x \to \infty$ 时,$\dfrac{\arctan x}{x}$ 为无穷小.

定理 2.10 极限不为零的函数除无穷小所得的商是无穷小.

2.3.2 无穷大

无穷大的变化趋势正好与无穷小的变化趋势相反.

定义 2.12 若对于任意给定的无论多么大的正数 M,总存在正数 δ,使得当一切 $x:0<|x-x_0|<\delta$ 时,不等式

$$|f(x)| > M$$

恒成立,则称函数 $f(x)$ 为 $x \to x_0$ 时的**无穷大**. 有些教材也称无穷大量.

以上定义也适用于其他极限过程(包括数列).

当 $x \to x_0$ 时为无穷大的函数 $f(x)$,按通常的意义来说,极限是不存在的. 但为了便于叙述函数这一特殊的越变越大的"稳定"性态,此时我们也说函数的"极限"为无穷大,并记作

$$\lim_{x \to x_0} f(x) = \infty.$$

若将定义中的不等式 $|f(x)|>M$ 改写为
$$f(x)>M \quad (\text{或} f(x)<-M),$$
则称函数 $f(x)$ 为 $x \to x_0$ 时的**正无穷大**(或**负无穷大**). 记作
$$\lim_{x \to x_0} f(x) = +\infty, \quad \lim_{x \to x_0} f(x) = -\infty.$$

注 （1）无穷大是变量而不是数,不能与绝对值很大的数(例如 10^{12},-10^{100} 等)混淆.

（2）无穷大是一种特殊的无界变量,但无界变量不一定是无穷大. 例如,当 $x \to 0$ 时,$\dfrac{1}{x}\cos\dfrac{1}{x}$ 是无界函数,却不是无穷大,因为当 $x = \dfrac{1}{n\pi + \dfrac{\pi}{2}}$ ($n = \pm 1, \pm 2, \cdots$) 时,$\dfrac{1}{x}\cos\dfrac{1}{x} = 0$.

（3）有限个无穷大的积仍是无穷大;有界函数与无穷大的和是无穷大;但两个无穷大的代数和、有界函数与无穷大的积却不一定是无穷大. 为什么? 请读者思考.

例 2.5 证明: $\lim\limits_{x \to 1} \dfrac{1}{x-1} = \infty$.

证 对于任意给定的无论多么大的正数 M,要使
$$\left|\dfrac{1}{x-1}\right| > M,$$
只要 $|x-1| < \dfrac{1}{M}$. 取 $\delta = \dfrac{1}{M}$,则当一切 $x: 0 < |x-1| < \delta = \dfrac{1}{M}$ 时,恒有 $\left|\dfrac{1}{x-1}\right| > M$,即 $\lim\limits_{x \to 1}\dfrac{1}{x-1} = \infty$. 请读者画图观察这一结果.

由定义 2.11 和 2.12 可知无穷小与无穷大有如下关系:

定理 2.11 在自变量的同一变化过程中,若 $f(x)$ 为无穷大,则 $\dfrac{1}{f(x)}$ 为无穷小;反之,若 $f(x)$ 为无穷小,且 $f(x) \neq 0$,则 $\dfrac{1}{f(x)}$ 为无穷大.

简言之,无穷大的倒数是无穷小,非零无穷小的倒数是无穷大.

证明略.

习 题 2.3

1. 求下列极限:

(1) $\lim\limits_{x \to \infty} \dfrac{\sin x}{x}$;

(2) $\lim\limits_{x \to \infty} \dfrac{\sqrt{1 + \cos x}}{x^2}$;

(3) $\lim\limits_{x \to \infty} \dfrac{\operatorname{arccot} x}{x}$;

(4) $\lim\limits_{x \to 0} x\left(1 - \sin\dfrac{1}{x}\right)$.

2. 函数 $f(x)=x\cos x$ 在 $(-\infty,+\infty)$ 内是否有界？当 $x\to\infty$ 时，函数 $f(x)$ 是否为无穷大？为什么？

3. 借助基本初等函数图形，通过直观观察，讨论下列极限的存在性：

(1) $\lim\limits_{x\to+\infty}\sqrt{x}$；

(2) $\lim\limits_{x\to\infty}x^3$；

(3) $\lim\limits_{x\to\infty}x^2$；

(4) $\lim\limits_{x\to+\infty}\ln x$；

(5) $\lim\limits_{x\to0^+}\ln x$；

(6) $\lim\limits_{x\to0}\arctan\dfrac{1}{x}$；

(7) $\lim\limits_{x\to0}\text{arccot}\dfrac{1}{x}$；

(8) $\lim\limits_{x\to0}e^{\frac{1}{x}}$.

4. 求下列极限并说明理由：

(1) $\lim\limits_{x\to\infty}\dfrac{3x-1}{x}$；

(2) $\lim\limits_{x\to0}\dfrac{1-x^2}{1-x}$.

5. 通过填写下表，猜测 $x\to0$ 时，函数 $y=\sin\dfrac{1}{x}$ 的变化趋势. 再手工或用计算机绘出其图形，检验所得的结果. 在第 2.7 节将对其作进一步讨论.

x	$-\dfrac{2}{\pi}$	$-\dfrac{1}{\pi}$	$-\dfrac{2}{3\pi}$	$-\dfrac{1}{2\pi}$	$-\dfrac{2}{5\pi}$	...	0	...	$\dfrac{2}{5\pi}$	$\dfrac{1}{2\pi}$	$\dfrac{2}{3\pi}$	$\dfrac{1}{\pi}$	$\dfrac{2}{\pi}$
$\sin\dfrac{1}{x}$													

2.4 极限运算法则

2.4.1 极限的四则运算法则

定理 2.12 若 $\lim\limits_{x\to x_0}f(x)=A,\lim\limits_{x\to x_0}g(x)=B$，则

(1) $\lim\limits_{x\to x_0}[f(x)\pm g(x)]=\lim\limits_{x\to x_0}f(x)\pm\lim\limits_{x\to x_0}g(x)=A\pm B$；

(2) $\lim\limits_{x\to x_0}[f(x)\cdot g(x)]=\lim\limits_{x\to x_0}f(x)\cdot\lim\limits_{x\to x_0}g(x)=A\cdot B$；

(3) 当 $B\ne0$ 时，有 $\lim\limits_{x\to x_0}\dfrac{f(x)}{g(x)}=\dfrac{\lim\limits_{x\to x_0}f(x)}{\lim\limits_{x\to x_0}g(x)}=\dfrac{A}{B}$.

证明 由 $\lim\limits_{x\to x_0}f(x)=A,\lim\limits_{x\to x_0}g(x)=B$ 及函数极限与无穷小的关系知

$$f(x)=A+\alpha,\quad g(x)=B+\beta,$$

其中 α,β 均为 $x\to x_0$ 时的无穷小. 于是

(1) $f(x) \pm g(x) = (A+\alpha) \pm (B+\beta) = (A \pm B) + (\alpha \pm \beta)$.

记 $\gamma = \alpha \pm \beta$，则由无穷小的性质知 γ 为 $x \to x_0$ 时的无穷小. 再由函数极限与无穷小的关系知

$$\lim_{x \to x_0} [f(x) \pm g(x)] = A \pm B = \lim_{x \to x_0} f(x) \pm \lim_{x \to x_0} g(x).$$

(2) $f(x) \cdot g(x) = (A+\alpha) \cdot (B+\beta) = A \cdot B + (A \cdot \beta + B \cdot \alpha + \alpha \cdot \beta)$.

记 $\gamma = A \cdot \beta + B \cdot \alpha + \alpha \cdot \beta$，则由无穷小的性质知 γ 为 $x \to x_0$ 时的无穷小. 再由函数极限与无穷小的关系知

$$\lim_{x \to x_0} [f(x) \cdot g(x)] = A \cdot B = \lim_{x \to x_0} f(x) \cdot \lim_{x \to x_0} g(x).$$

(3) $\dfrac{f(x)}{g(x)} = \dfrac{A+\alpha}{B+\beta} = \dfrac{A}{B} + \left(\dfrac{A+\alpha}{B+\beta} - \dfrac{A}{B} \right) = \dfrac{A}{B} + \dfrac{B \cdot \alpha - A \cdot \beta}{B^2 + B \cdot \beta}$.

记 $\gamma = \dfrac{B \cdot \alpha - A \cdot \beta}{B^2 + B \cdot \beta}$，由(1)与(2)知 $\lim_{x \to x_0}(B^2 + B \cdot \beta) = B^2$，从而当 $B \neq 0$ 时，由无穷小的性质知 γ 为 $x \to x_0$ 时的无穷小. 再由函数极限与无穷小的关系知

$$\lim_{x \to x_0} \frac{f(x)}{g(x)} = \frac{A}{B} = \frac{\lim_{x \to x_0} f(x)}{\lim_{x \to x_0} g(x)}.$$

推论 1 定理 2.12 中的(1)与(2)可推广到有限多个函数的情形.

推论 2 若 $\lim_{x \to x_0} f(x)$ 存在，则 $\lim_{x \to x_0} [Cf(x)] = C \lim_{x \to x_0} f(x)$（$C$ 为常数）.

证 由于 $\lim_{x \to x_0} C = C$，故

$$\lim_{x \to x_0} [Cf(x)] = \lim_{x \to x_0} C \cdot \lim_{x \to x_0} f(x) = C \lim_{x \to x_0} f(x).$$

推论 3 若 $\lim_{x \to x_0} f(x) = A$，则 $\lim_{x \to x_0} [f(x)]^n = [\lim_{x \to x_0} f(x)]^n = A^n$，$n \in \mathbf{N}_+$.

今后还可以证明 $\lim_{x \to x_0} [f(x)]^{\frac{1}{n}} = [\lim_{x \to x_0} f(x_0)]^{\frac{1}{n}}$，$n \in \mathbf{N}_+$.

注 对于自变量的其他变化过程(包括数列)，上述定理和推论也成立.

例 2.6 设 $P(x) = a_0 + a_1 x + a_2 x^2 + \cdots + a_n x^n$（$n \in \mathbf{N}_+$）（称为 x 的 n 次多项式函数或有理整式），证明：$\lim_{x \to x_0} P(x) = P(x_0)$，$x_0 \in (-\infty, +\infty)$.

证 由于 $\lim_{x \to x_0} x = x_0$，故由推论 3 知 $\lim_{x \to x_0} x^n = (\lim_{x \to x_0} x)^n = x_0^n$. 于是，对于任意 $x_0 \in (-\infty, +\infty)$，有

$$\begin{aligned}
\lim_{x \to x_0} P(x) &= \lim_{x \to x_0} (a_0 + a_1 x + a_2 x^2 + \cdots + a_n x^n) \\
&= \lim_{x \to x_0} a_0 + \lim_{x \to x_0} a_1 x + \lim_{x \to x_0} a_2 x^2 + \cdots + \lim_{x \to x_0} a_n x^n \\
&= \lim_{x \to x_0} a_0 + a_1 \lim_{x \to x_0} x + a_2 \lim_{x \to x_0} x^2 + \cdots + a_n \lim_{x \to x_0} x^n \\
&= a_0 + a_1 x_0 + a_2 x_0^2 + \cdots + a_n x_0^n = P(x_0).
\end{aligned}$$

由例 2.6 可知:多项式函数 $P(x)$ 的极限 $\lim\limits_{x\to x_0}P(x)$ 就是 $P(x)$ 在 x_0 处的函数值 $P(x_0)$.

例 2.7 求 $\lim\limits_{x\to 2}(2x^2+x+1)$.

解 由例 2.6 的结论知: $\lim\limits_{x\to 2}(2x^2+x+1)=(2x^2+x+1)\big|_{x=2}=11$.

例 2.8 设有理分式(或称有理分式函数)

$$R(x)=\frac{P(x)}{Q(x)}=\frac{a_0+a_1x+a_2x^2+\cdots+a_nx^n}{b_0+b_1x+b_2x^2+\cdots+b_mx^m},$$

证明:

(1) 当 $Q(x_0)\neq 0$ 时,$\lim\limits_{x\to x_0}R(x)=R(x_0)$;

(2) 当 $Q(x_0)=0$,但 $P(x_0)\neq 0$ 时,$\lim\limits_{x\to x_0}R(x)=\infty$.

证 (1) 由定理 2.12 及例 2.6 可知

$$\lim_{x\to x_0}R(x)=\lim_{x\to x_0}\frac{P(x)}{Q(x)}=\frac{\lim\limits_{x\to x_0}P(x)}{\lim\limits_{x\to x_0}Q(x)}=\frac{P(x_0)}{Q(x_0)}=R(x_0).$$

(2) 当 $Q(x_0)=0$ 时,商的极限运算法则不能用了,但由于 $P(x_0)\neq 0$,于是

$$\lim_{x\to x_0}\frac{1}{R(x)}=\lim_{x\to x_0}\frac{Q(x)}{P(x)}=\frac{\lim\limits_{x\to x_0}Q(x)}{\lim\limits_{x\to x_0}P(x)}=\frac{Q(x_0)}{P(x_0)}=0,$$

故由无穷小与无穷大的关系知 $\lim\limits_{x\to x_0}R(x)=\infty$.

注 在有理分式中,当 $Q(x_0)=0$ 且 $P(x_0)=0$ 时,$Q(x)$ 与 $P(x)$ 中含有公因式 $(x-x_0)$,分子、分母约去公因式后所得的有理分式就回到例 2.8 的情形.

例 2.9 求下列极限:

(1) $\lim\limits_{x\to 1}\dfrac{x^5+4x+2}{3x^2+x+1}$; (2) $\lim\limits_{x\to 1}\dfrac{x^2+x+1}{x^2-1}$; (3) $\lim\limits_{x\to -1}\dfrac{x^2-2x-3}{x^2-1}$.

解 (1) 因 $(3x^2+x+1)\big|_{x=1}=5\neq 0$,故由例 2.8 结论(1)可知

$$\lim_{x\to 1}\frac{x^5+4x+2}{3x^2+x+1}=\frac{x^5+4x+2}{3x^2+x+1}\bigg|_{x=1}=\frac{7}{5}.$$

(2) 因 $(x^2-1)\big|_{x=1}=0$,但 $(x^2+x+1)\big|_{x=1}=3\neq 0$,故由例 2.8 结论(2)可知

$$\lim_{x\to 1}\frac{x^2+x+1}{x^2-1}=\infty.$$

(3) 因 $(x^2-1)\big|_{x=-1}=0$ 且 $(x^2-2x-3)\big|_{x=-1}=0$,故

$$\lim_{x\to -1}\frac{x^2-2x-3}{x^2-1}=\lim_{x\to -1}\frac{(x-3)(x+1)}{(x-1)(x+1)}=\lim_{x\to -1}\frac{x-3}{x-1}=\frac{-4}{-2}=2.$$

例 2.10 求 $\lim\limits_{x \to -1}\left(\dfrac{1}{x+1} - \dfrac{3}{x^3+1}\right)$.

解 因 $\lim\limits_{x \to -1}\dfrac{1}{x+1} = \infty$，$\lim\limits_{x \to -1}\dfrac{3}{x^3+1} = \infty$，故不能直接应用极限的差的运算法则，但当 $x \neq -1$ 时，化简得

$$\dfrac{1}{x+1} - \dfrac{3}{x^3+1} = \dfrac{x-2}{x^2-x+1},$$

所以

$$\lim_{x \to -1}\left(\dfrac{1}{x+1} - \dfrac{3}{x^3+1}\right) = \lim_{x \to -1}\dfrac{x-2}{x^2-x+1} = \dfrac{x-2}{x^2-x+1}\bigg|_{x=-1} = -1.$$

由本例可知：两个无穷大的差不一定是无穷大，也不一定是无穷小.

例 2.11 求 $\lim\limits_{x \to \infty}\dfrac{3x^3+4x^2+1}{6x^3-5x^2+3x}$.

解 因当 $x \to \infty$ 时，分子、分母均为无穷大，即分子、分母的极限均不存在，故不能用极限的商的运算法则. 这时可以用分式中的最高次幂 x^3 同时除分子、分母，然后求极限，即

$$\lim_{x \to \infty}\dfrac{3x^3+4x^2+1}{6x^3-5x^2+3x} = \lim_{x \to \infty}\dfrac{3+\dfrac{4}{x}+\dfrac{1}{x^3}}{6-\dfrac{5}{x}+\dfrac{3}{x^2}} = \dfrac{\lim\limits_{x\to\infty}\left(3+\dfrac{4}{x}+\dfrac{1}{x^3}\right)}{\lim\limits_{x\to\infty}\left(6-\dfrac{5}{x}+\dfrac{3}{x^2}\right)} = \dfrac{3}{6} = \dfrac{1}{2}.$$

例 2.12 求 $\lim\limits_{x \to \infty}\dfrac{3x^2+1}{2x^3+x^2-2}$.

解 用分式中的最高次幂 x^3 同时除分子、分母，然后求极限，即

$$\lim_{x \to \infty}\dfrac{3x^2+1}{2x^3+x^2-2} = \lim_{x \to \infty}\dfrac{\dfrac{3}{x}+\dfrac{1}{x^3}}{2+\dfrac{1}{x}-\dfrac{2}{x^3}} = \dfrac{\lim\limits_{x\to\infty}\left(\dfrac{3}{x}+\dfrac{1}{x^3}\right)}{\lim\limits_{x\to\infty}\left(2+\dfrac{1}{x}-\dfrac{2}{x^3}\right)} = \dfrac{0}{2} = 0.$$

例 2.13 求 $\lim\limits_{x \to \infty}\dfrac{x^4-8x+5}{3x^3+5x^2-1}$.

解 用分式中的最高次幂 x^4 同时除分子、分母，并由无穷小与无穷大的关系，得

$$\lim_{x \to \infty}\dfrac{x^4-8x+5}{3x^3+5x^2-1} = \lim_{x \to \infty}\dfrac{1-\dfrac{8}{x^3}+\dfrac{5}{x^4}}{\dfrac{3}{x}+\dfrac{5}{x^2}-\dfrac{1}{x^4}} = \infty.$$

由上述三例，我们可以归纳出以下结论：

当 $m, n \in \mathbf{N}_+$,且 $a_n \neq 0, b_m \neq 0$ 时,有

$$\lim_{x \to \infty} \frac{P(x)}{Q(x)} = \lim_{x \to \infty} \frac{a_n x^n + a_{n-1} x^{n-1} + \cdots + a_1 x + a_0}{b_m x^m + b_{m-1} x^{m-1} + \cdots + b_1 x + b_0} = \begin{cases} 0, & n < m, \\ \dfrac{a_n}{b_m}, & n = m, \\ \infty, & n > m. \end{cases}$$

这一结论也适用于数列. 例如, $\lim\limits_{n \to \infty} \dfrac{3n^2 + 5n + 1}{2n^2 + 1} = \dfrac{3}{2}$.

例 2.14 求 $\lim\limits_{n \to \infty} \left(\dfrac{1}{n^3} + \dfrac{2^2}{n^3} + \dfrac{3^2}{n^3} + \cdots + \dfrac{n^2}{n^3} \right)$.

解 由于当 $n \to \infty$ 时,数列通项 $x_n = \dfrac{1}{n^3} + \dfrac{2^2}{n^3} + \dfrac{3^2}{n^3} + \cdots + \dfrac{n^2}{n^3}$ 的项数无限增大,故不能用极限的和的运算法则. 于是先化简,再求极限,即

$$\lim_{n \to \infty} \left(\frac{1}{n^3} + \frac{2^2}{n^3} + \frac{3^2}{n^3} + \cdots + \frac{n^2}{n^3} \right) = \lim_{n \to \infty} \frac{1 + 2^2 + 3^2 + \cdots + n^2}{n^3}$$
$$= \lim_{n \to \infty} \frac{n(n+1)(2n+1)}{6n^3} = \frac{1}{3}.$$

由本例可知:无穷多个无穷小之和不一定是无穷小.

2.4.2 复合函数的极限运算法则

微视频
复合函数的极限运算法则

定理 2.13 设函数 $y = f[g(x)]$ 是由函数 $y = f(u)$ 及 $u = g(x)$ 复合而成的,且其在 $\mathring{U}(x_0)$ 内有定义. 若 $\lim\limits_{x \to x_0} g(x) = u_0$, $\lim\limits_{u \to u_0} f(u) = A$,且 $\exists \delta > 0$,当 $x \in \mathring{U}(x_0, \delta)$ 时,有 $g(x) \neq u_0$,则

$$\lim_{x \to x_0} f[g(x)] = \lim_{u \to u_0} f(u) = A.$$

证明略.

注 定理 2.13 为用变量代换求极限提供了理论依据,它表明若函数 $f(u)$ 与 $g(x)$ 满足定理 2.13 的条件,则作代换 $u = g(x)$,可将求极限 $\lim\limits_{x \to x_0} f[g(x)]$ 化为求极限 $\lim\limits_{u \to u_0} f(u)$,这里 $u_0 = \lim\limits_{x \to x_0} g(x)$.

在定理 2.13 中,把 $\lim\limits_{x \to x_0} g(x) = u_0$ 换为 $\lim\limits_{x \to x_0} g(x) = \infty$ 或 $\lim\limits_{x \to \infty} g(x) = \infty$,而把 $\lim\limits_{u \to u_0} f(u) = A$ 换为 $\lim\limits_{u \to \infty} f(u) = A$,可得类似的定理.

例 2.15 讨论极限 $\lim\limits_{x \to \infty} (\sqrt{x^2 + x + 1} - \sqrt{x^2 - x + 1})$ 的存在性.

解 由

$$\lim_{x\to+\infty}(\sqrt{x^2+x+1}-\sqrt{x^2-x+1}) = \lim_{x\to+\infty}\frac{2x}{\sqrt{x^2+x+1}+\sqrt{x^2-x+1}}$$

$$= \lim_{x\to+\infty}\frac{2}{\sqrt{1+\frac{1}{x}+\frac{1}{x^2}}+\sqrt{1-\frac{1}{x}+\frac{1}{x^2}}}$$

$$= \frac{2}{2} = 1$$

及

$$\lim_{x\to-\infty}(\sqrt{x^2+x+1}-\sqrt{x^2-x+1}) \xrightarrow{\diamondsuit u=-x} \lim_{u\to+\infty}(\sqrt{u^2-u+1}-\sqrt{u^2+u+1})$$

$$= \lim_{u\to+\infty}\frac{-2u}{\sqrt{u^2-u+1}+\sqrt{u^2+u+1}}$$

$$= -\lim_{u\to+\infty}\frac{2}{\sqrt{1-\frac{1}{u}+\frac{1}{u^2}}+\sqrt{1+\frac{1}{u}+\frac{1}{u^2}}}$$

$$= -\frac{2}{2} = -1,$$

知极限 $\lim\limits_{x\to\infty}(\sqrt{x^2+x+1}-\sqrt{x^2-x+1})$ 不存在.

习 题 2.4

1. 计算下列极限:

(1) $\lim\limits_{x\to 2}(x^2+5x+3)$;

(2) $\lim\limits_{x\to\sqrt{3}}\dfrac{x^2-3}{x^2+9}$;

(3) $\lim\limits_{x\to 1}\dfrac{x^2+x+2}{x^2+1}$;

(4) $\lim\limits_{x\to 1}\dfrac{x^3+2x+3}{x^2-1}$;

(5) $\lim\limits_{x\to 1}\dfrac{x^2-3x+2}{x^2-1}$;

(6) $\lim\limits_{k\to 0}\dfrac{(x+k)^2-x^2}{k}$;

(7) $\lim\limits_{x\to\infty}\dfrac{100x^2+x-1}{x^3+x-2}$;

(8) $\lim\limits_{x\to 1}\dfrac{x^2-1}{x^3-1}$;

(9) $\lim\limits_{n\to\infty}\dfrac{(n-1)^2}{n^2-3}$;

(10) $\lim\limits_{x\to\infty}\dfrac{(2x-1)^{20}(3x+1)^{30}}{(5x+2)^{50}}$;

(11) $\lim\limits_{x\to\infty}x(\sqrt{x^2+1}-x)$;

(12) $\lim\limits_{n\to\infty}\left(1+\dfrac{1}{2}+\dfrac{1}{2^2}+\cdots+\dfrac{1}{2^n}\right)$;

(13) $\lim\limits_{x\to\infty}\left(9-\dfrac{2}{x}+\dfrac{8}{x^3}\right)$;

(14) $\lim\limits_{x\to\infty}\left(1-\dfrac{1}{x}\right)\left(2+\dfrac{6}{x^3}\right)$;

(15) $\lim\limits_{x\to 1}\left(\dfrac{1}{1-x}-\dfrac{1}{1-x^3}\right)$;

(16) $\lim\limits_{x\to 3}\dfrac{x^3+2x^2}{(x-3)^2}$;

(17) $\lim\limits_{x\to\infty}\dfrac{x^2}{9x-10}$; (18) $\lim\limits_{x\to\infty}(2x^3-3x+1)$.

2. 若 $\lim\limits_{x\to 1}\dfrac{x^2+ax+b}{x^2-1}=3$,求 a, b 之值.

3. 设 $f(x)=\dfrac{4x^2+3}{x-1}+ax+b$,按以下条件确定 a, b 之值:

(1) $\lim\limits_{x\to\infty}f(x)=0$; (2) $\lim\limits_{x\to\infty}f(x)=\infty$;

(3) $\lim\limits_{x\to\infty}f(x)=2$; (4) $\lim\limits_{x\to 0}f(x)=1$.

2.5 极限存在准则与两个重要极限

前面我们已经讨论了极限的性质和运算法则,但对于一个给定的函数(包括数列)是否有极限的问题还没有解决.当我们已经计算出函数(包括数列)极限时,这个极限的存在也就相应地肯定了,但当我们难以求出极限时,极限是否存在是应当首先考虑的问题.肯定了极限的存在性,再设法计算才有意义.本节将介绍两个判定极限存在的准则,其与上节的运算法则相比,各有不同的作用.

2.5.1 夹逼准则及重要极限 $\lim\limits_{x\to 0}\dfrac{\sin x}{x}=1$

定理 2.14(准则Ⅰ,夹逼准则) 若三个数列 $\{x_n\}$,$\{y_n\}$,$\{z_n\}$ 满足条件:

(1) 从某项起,即 $\exists N_0\in\mathbf{N}_+$,当 $n>N_0$ 时,有 $y_n\leq x_n\leq z_n$;

(2) $\lim\limits_{n\to\infty}y_n=\lim\limits_{n\to\infty}z_n=A$($A$ 为常数),

则数列 $\{x_n\}$ 的极限存在,且 $\lim\limits_{n\to\infty}x_n=A$.

证 由 $\lim\limits_{n\to\infty}y_n=\lim\limits_{n\to\infty}z_n=A$ 知:对于任意给定的 $\varepsilon>0$,$\exists N_1, N_2\in\mathbf{N}_+$,当 $n>N_1$ 时,有 $|y_n-A|<\varepsilon$,即

$$y_n>A-\varepsilon; \tag{2.2}$$

当 $n>N_2$ 时,有 $|z_n-A|<\varepsilon$,即

$$z_n<A+\varepsilon. \tag{2.3}$$

取 $N=\max\{N_0,N_1,N_2\}$,则当 $n>N$ 时,式(2.2)、(2.3)及条件(1)同时成立,即 $A-\varepsilon<y_n\leq x_n\leq z_n<A+\varepsilon$,从而当 $n>N$ 时,恒有 $|x_n-A|<\varepsilon$,即数列 $\{x_n\}$ 的极限存在,且 $\lim\limits_{n\to\infty}x_n=A$.

对于函数极限,也有相应的夹逼定理.

定理 2.15(准则 I',夹逼准则) 若函数 $f(x),g(x),h(x)$ 满足条件:

(1) $\exists \mathring{U}(x_0)$(或 $X>0$),当 $x \in \mathring{U}(x_0)$(或 $|x|>X$)时,有 $g(x) \leqslant f(x) \leqslant h(x)$;

(2) $\lim\limits_{\substack{x \to x_0 \\ (x \to \infty)}} g(x) = \lim\limits_{\substack{x \to x_0 \\ (x \to \infty)}} h(x) = A$,

则函数 $f(x)$ 当 $x \to x_0$(或 $x \to \infty$)时的极限存在,且 $\lim\limits_{\substack{x \to x_0 \\ (x \to \infty)}} f(x) = A$.

证明过程类似.

例 2.16 证明极限 $\lim\limits_{n \to \infty}\left(\dfrac{1}{\sqrt{n^2+1}} + \dfrac{1}{\sqrt{n^2+2}} + \cdots + \dfrac{1}{\sqrt{n^2+n}}\right)$ 存在,并求其值.

解 令 $x_n = \dfrac{1}{\sqrt{n^2+1}} + \dfrac{1}{\sqrt{n^2+2}} + \cdots + \dfrac{1}{\sqrt{n^2+n}}$.

因当 $n \to \infty$ 时,x_n 的项数也无限增加,故不能用极限的和的运算法则. 但注意到在 x_n 的各项中,首项最大,末项最小,故

$$\frac{n}{\sqrt{n^2+n}} = \frac{1}{\sqrt{n^2+n}} \cdot n \leqslant x_n \leqslant \frac{1}{\sqrt{n^2+1}} \cdot n = \frac{n}{\sqrt{n^2+1}}.$$

又

$$\lim_{n \to \infty} \frac{n}{\sqrt{n^2+n}} = \lim_{n \to \infty} \frac{1}{\sqrt{1+\dfrac{1}{n}}} = 1, \quad \lim_{n \to \infty} \frac{n}{\sqrt{n^2+1}} = \lim_{n \to \infty} \frac{1}{\sqrt{1+\dfrac{1}{n^2}}} = 1,$$

由准则 I 得所求数列的极限存在,且 $\lim\limits_{n \to \infty} x_n = 1$.

注 让我们通过计算机画图,看看其几何意义,如图 2.12 所示.

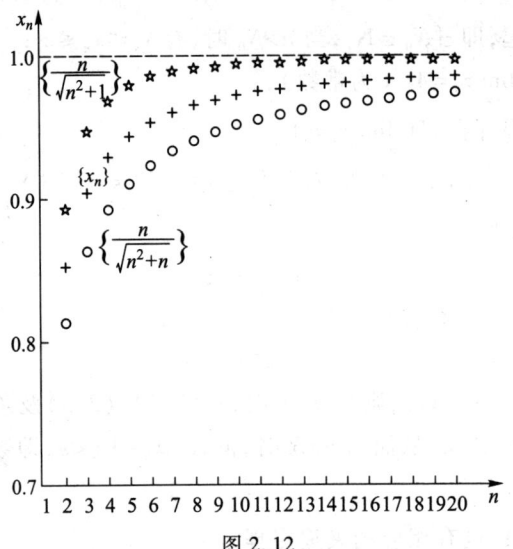

图 2.12

*例 2.17 求 $\lim\limits_{n\to\infty}(1+2^n+3^n)^{\frac{1}{n}}$.

解 因 $3=\sqrt[n]{3^n}\leqslant\sqrt[n]{1+2^n+3^n}\leqslant\sqrt[n]{3^n+3^n+3^n}=3\cdot\sqrt[n]{3}$,且 $\lim\limits_{n\to\infty}(3\cdot 3^{\frac{1}{n}})=3$,故

$$\lim_{n\to\infty}(1+2^n+3^n)^{\frac{1}{n}}=3.$$

注 通过计算机绘出其图形,如图 2.13 所示.

文档
例2.17的推广

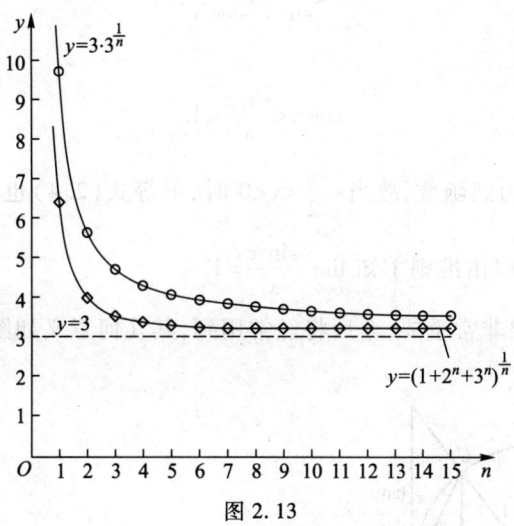

图 2.13

例 2.18 证明: $\lim\limits_{x\to 0}\cos x=1$.

证 因 $x\to 0$,故可以考虑 $0<|x|<\dfrac{\pi}{2}$. 此时有 $|\sin x|<|x|$.

又 $0<|\cos x-1|=1-\cos x=2\sin^2\dfrac{x}{2}<2\cdot\left(\dfrac{x}{2}\right)^2=\dfrac{x^2}{2}$,且 $\lim\limits_{x\to 0}\dfrac{x^2}{2}=0$,故由准则 I' 知 $\lim\limits_{x\to 0}|\cos x-1|=0$,从而 $\lim\limits_{x\to 0}(\cos x-1)=0$. 于是

$$\lim_{x\to 0}\cos x=\lim_{x\to 0}[(\cos x-1)+1]=1.$$

下面我们再以准则 I' 为工具证明**重要极限**: $\lim\limits_{x\to 0}\dfrac{\sin x}{x}=1$.

注意到 $x\to 0$ 及函数 $y=\dfrac{\sin x}{x}$ 为定义在 $(-\infty,0)\cup(0,+\infty)$ 的偶函数,故只需考虑 $0<x<\dfrac{\pi}{2}$. 为了寻求夹逼 $y=\dfrac{\sin x}{x}$ 的两个函数,考察图 2.14 中的单位圆,设圆心角 $\angle BOC=x\left(0<x<\dfrac{\pi}{2}\right)$,点 B 处的切线与 OC 的延长线相交于点 A, $CD\perp OB$.

易见

三角形 BOC 的面积<扇形 BOC 的面积<直角三角形 OBA 的面积,

即

$$\frac{1}{2}\sin x < \frac{1}{2}x < \frac{1}{2}\tan x.$$

从而 $\sin x < x < \tan x$,于是

$$1 < \frac{x}{\sin x} < \frac{1}{\cos x},$$

即

$$\cos x < \frac{\sin x}{x} < 1. \tag{2.4}$$

又 $\cos x$ 与 $\frac{\sin x}{x}$ 均为偶函数,故当 $-\frac{\pi}{2} < x < 0$ 时,不等式(2.4)也成立. 而由例2.18 知 $\lim\limits_{x \to 0} \cos x = 1$,所以由准则 I′ 知 $\lim\limits_{x \to 0} \frac{\sin x}{x} = 1$.

注 这个极限非常重要,今后将经常用到,其几何意义如图 2.15 所示.

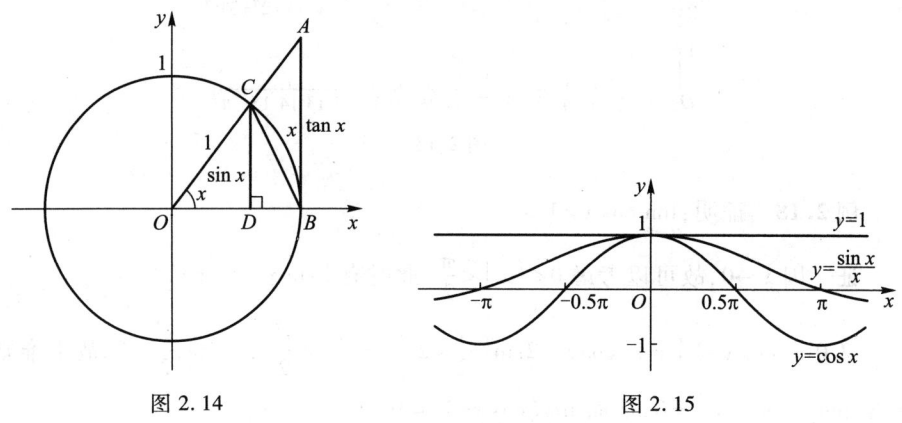

图 2.14　　　　　　　　　图 2.15

例 2.19 求下列极限:

(1) $\lim\limits_{x \to 0} \frac{\tan x}{x}$;　　(2) $\lim\limits_{x \to 0} \frac{1-\cos x}{x^2}$;　　(3) $\lim\limits_{x \to 0} \frac{\arcsin x}{x}$.

解 (1) $\lim\limits_{x \to 0} \frac{\tan x}{x} = \lim\limits_{x \to 0} \left(\frac{\sin x}{x} \cdot \frac{1}{\cos x} \right) = \lim\limits_{x \to 0} \frac{\sin x}{x} \cdot \lim\limits_{x \to 0} \frac{1}{\cos x} = 1.$

(2) $\lim\limits_{x \to 0} \frac{1-\cos x}{x^2} = \lim\limits_{x \to 0} \frac{2\sin^2 \frac{x}{2}}{x^2} = \frac{1}{2} \lim\limits_{x \to 0} \left(\frac{\sin \frac{x}{2}}{\frac{x}{2}} \right)^2 = \frac{1}{2}.$

（3）令 $t = \arcsin x$，则 $x = \sin t$，且当 $x \to 0$ 时，$t \to 0$. 于是

$$\lim_{x \to 0} \frac{\arcsin x}{x} = \lim_{t \to 0} \frac{t}{\sin t} = \lim_{t \to 0} \frac{1}{\frac{\sin t}{t}} = 1.$$

例 2.20 讨论极限 $\lim_{x \to 1} \frac{\sin|x-1|}{x-1}$ 是否存在.

解 由

$$\lim_{x \to 1^+} \frac{\sin|x-1|}{x-1} = \lim_{x \to 1^+} \frac{\sin(x-1)}{x-1} = 1,$$

$$\lim_{x \to 1^-} \frac{\sin|x-1|}{x-1} = \lim_{x \to 1^-} \frac{\sin[-(x-1)]}{x-1} = -\lim_{x \to 1^-} \frac{\sin(x-1)}{x-1} = -1,$$

知极限 $\lim_{x \to 1} \frac{\sin|x-1|}{x-1}$ 不存在.

2.5.2 单调有界收敛准则及重要极限 $\lim_{x \to \infty} \left(1 + \frac{1}{x}\right)^x = e$

我们知道有界是数列收敛的必要但非充分条件. 若再加上单调性条件，则可以得到如下的判别准则：

定理 2.16（准则 Ⅱ，单调有界收敛准则） 单调有界数列必收敛.

证明略.

从几何直观上看（不妨设数列 $\{x_n\}$ 单调增加），其正确性是明显的（如图 2.16）. 由于数列 $\{x_n\}$ 是单调增加的，故点列 $\{x_n\}$ 在数轴上只可能向一个方向移动，从而移动方向只有两种可能情形：或者点列 $\{x_n\}$ 移向无穷远（即 $x_n \to +\infty$）；或者点列 $\{x_n\}$ 无限趋于某一个定点 A，也就是说数列 $\{x_n\}$ 有极限 A. 但现在已知数列 $\{x_n\}$ 有界，而有界数列的点 x_n 都落在数轴上某闭区间 $[-M, M]$ 上，因此上述第一种情形就不可能发生，于是数列 $\{x_n\}$ 必有极限 A，且 $|A| \leqslant M$.

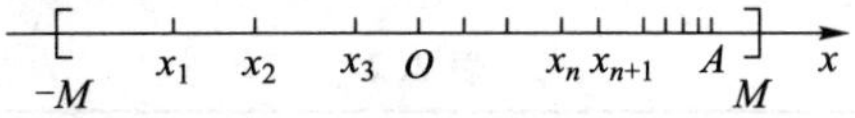

图 2.16

准则 Ⅱ 也可更具体地叙述如下：

单调增加且有上界的数列必收敛；单调减少且有下界的数列必收敛.

下面我们以准则 Ⅱ 为工具讨论极限 $\lim_{n \to \infty} \left(1 + \frac{1}{n}\right)^n$ 的存在性.

记 $x_n = \left(1 + \frac{1}{n}\right)^n$. 先证数列 $\{x_n\}$ 单调增加. 由于

$$\frac{a_1+a_2+\cdots+a_n}{n} \geqslant \sqrt[n]{a_1 a_2 \cdots a_n} \quad (a_1, a_2, \cdots, a_n \text{ 均为正数}),$$

故 $\forall n \in \mathbf{N}_+$, 有

$$x_{n+1} = \left(1+\frac{1}{n+1}\right)^{n+1} = \left(\underbrace{\frac{1}{n}+\frac{1}{n}+\cdots+\frac{1}{n}}_{n\text{个}}+\frac{1}{n+1}\right)^{n+1}$$

$$\geqslant \left[(n+1) \cdot {}^{n+1}\!\!\sqrt{\underbrace{\frac{1}{n} \cdot \frac{1}{n} \cdot \cdots \cdot \frac{1}{n}}_{n\text{个}} \cdot \frac{1}{n+1}}\right]^{n+1}$$

$$= (n+1)^{n+1} \cdot \frac{1}{n^n} \cdot \frac{1}{n+1} = \left(1+\frac{1}{n}\right)^n = x_n,$$

所以数列 $\{x_n\}$ 单调增加.

再证数列 $\{x_n\}$ 有上界. 由于

$$\frac{1}{2}\left(1+\frac{1}{2n}\right)^n = \frac{1}{2}\underbrace{\left(1+\frac{1}{2n}\right)\cdots\left(1+\frac{1}{2n}\right)}_{n\text{个}} < \left[\frac{\frac{1}{2}+\overbrace{\left(1+\frac{1}{2n}\right)+\cdots+\left(1+\frac{1}{2n}\right)}^{n\text{个}}}{n+1}\right]^{n+1} = 1,$$

故

$$\left(1+\frac{1}{2n}\right)^{2n} < 4.$$

文档
极限 $\lim\limits_{n\to\infty}\left(1+\frac{1}{n}\right)^n$
存在的其他
证法

又由单调性可得

$$\left(1+\frac{1}{2n-1}\right)^{2n-1} < \left(1+\frac{1}{2n}\right)^{2n} < 4, \quad n \in \mathbf{N}_+.$$

于是对任意 n, 均有 $\left(1+\frac{1}{n}\right)^n < 4$. 所以数列 $\{x_n\}$ 有上界.

由准则 II 知极限 $\lim\limits_{n\to\infty}\left(1+\frac{1}{n}\right)^n$ 存在. 用数学软件容易求得其部分项的值(保留六个有效数字), 列成表 2.2.

表 2.2

n	10	10^2	10^3	10^4	10^5	10^6	$\cdots$
x_n	2.593 74	2.704 81	2.716 92	2.718 15	2.718 27	2.718 28	$\cdots$

从上表更可以看出变化趋势, 体验上述理论证明方法及所得结论的正确性, 在本节最后, 还会从现实经济意义的角度体验其正确性. 记 $\lim\limits_{n\to\infty}\left(1+\frac{1}{n}\right)^n = e$, 其中 $e = 2.718\,281\,828\,459\,045\cdots$ 是一个无理数, 由欧拉(Euler)首先发现.

更进一步, 可以证明当 x 取实数且 $x\to+\infty$ 或 $x\to-\infty$ 时, 函数 $\left(1+\frac{1}{x}\right)^x$ 的极

限都存在,且等于 e,即有**重要极限**:

$$\lim_{x\to\infty}\left(1+\frac{1}{x}\right)^x = e.$$

若令 $u=\dfrac{1}{x}$,则当 $x\to\infty$ 时,$u\to 0$. 又有另一种常见形式:

$$\lim_{u\to 0}(1+u)^{\frac{1}{u}} = e.$$

文档 $\lim_{x\to\infty}\left(1+\frac{1}{x}\right)^x=e$ 的证明

例 2.21 求下列极限:

(1) $\lim\limits_{x\to\infty}\left(1-\dfrac{1}{x}\right)^x$; (2) $\lim\limits_{x\to\infty}\left(\dfrac{3+x}{2+x}\right)^x$.

解 (1) $\lim\limits_{x\to\infty}\left(1-\dfrac{1}{x}\right)^x = \lim\limits_{x\to\infty}\left[\left(1+\dfrac{1}{-x}\right)^{-x}\right]^{-1} = \lim\limits_{x\to\infty}\dfrac{1}{\left(1+\dfrac{1}{-x}\right)^{-x}} = \dfrac{1}{e}.$

(2) $\lim\limits_{x\to\infty}\left(\dfrac{3+x}{2+x}\right)^x = \lim\limits_{x\to\infty}\left(1+\dfrac{1}{2+x}\right)^x$

$= \lim\limits_{x\to\infty}\left(1+\dfrac{1}{2+x}\right)^{2+x} \cdot \lim\limits_{x\to\infty}\left(1+\dfrac{1}{2+x}\right)^{-2}$

$= e.$

第二个重要极限在经济领域中有着非常广泛的应用,例如**连续复利问题**.

设有某笔贷款 A_0(称为本金),年利率为 r,当每年结算一次时,第 t 年后的本利和为 $A(t)$,则有 $A(t) = A_0(1+r)^t$.

若一年分 n 期计息,每次计息后的利息直接转为本金生息,年利率仍为 r,每期利率为 $\dfrac{r}{n}$,则第 t 年后的本利和为

$$A(t) = A_0\left(1+\frac{r}{n}\right)^{nt}.$$

若计息期数 $n\to\infty$,即每时每刻计算复利,此时 t 可视作连续变量,故称为连续复利(国外有些银行就是采取这种立即产生、立即结算方式),则第 t 年后的本利和为

$$A(t) = \lim_{n\to\infty} A_0\left(1+\frac{r}{n}\right)^{nt} = A_0 \lim_{n\to\infty}\left[\left(1+\frac{r}{n}\right)^{\frac{n}{r}}\right]^{rt} = A_0 e^{rt}.$$

在现实世界中有许多自然现象也可以归结为这种数学模型.例如物体的冷却、镭的衰变、细胞的繁殖、树木的生长,等等,都需要应用此极限.根据这一结论,下面继续讨论现代经济管理理论中关于货币的时间价值的两个重要概念,称**终值**(或**将来值**、**累积值**、**未来值**)是一笔资金在未来时刻的价值;而称**现值**(或**贴现值**)是未来的一笔资金在当前的价值.因此,在年利率为 r 的情形下,若按连续复利计息,则有如下模型:

(1) 若已知有一笔本金,即现值为 A_0 元,则 t 年末的本利和 $A_0 e^{rt}$ 为资金 A_0 在 t 年末的终值,即终值 $A = A_0 e^{rt}$;

(2) 若已知 t 年末希望获得一笔资金,即未来值 A 元,则 t 年前的资金投入 $A e^{-rt}$ 为资金 A 元的现值,即现值 $A_0 = A e^{-rt}$.

总之,求现值的过程与求终值的过程恰好相反. 求现值的过程又称贴现过程.

在金融业有人称 e 为银行家常数,解释为:如果你年初存入银行 1 元,年利率为 10%,那么 10 年后连续复利的本利和恰为 e,即 $A(10) = A_0 e^{rt} = 1 \cdot e^{0.1 \times 10} =$ e. 换种解释:如果你年初存入银行 1 元,即使活期存款年利率为 100%,存款一年,随着一年分期越多,年底得到的本利和也会越多,但不会多得惊人. 实际上,最大可能收益为 e,据此银行家们可以科学地确定活期与各种定期利率差异.

习 题 2.5

1. 应用夹逼准则证明下列极限:

(1) $\lim\limits_{n \to \infty} \left(\dfrac{n}{n^2+1} + \dfrac{n}{n^2+2} + \cdots + \dfrac{n}{n^2+n} \right) = 1$;

(2) $\lim\limits_{x \to 0} \sin x = 0$;

(3) $\lim\limits_{n \to \infty} \left(\dfrac{1}{n^2+n+1} + \dfrac{2}{n^2+n+2} + \cdots + \dfrac{n}{n^2+n+n} \right) = \dfrac{1}{2}$;

(4) $\lim\limits_{n \to \infty} \dfrac{3^n}{n!} = 0$;

*(5) $\lim\limits_{n \to \infty} \sqrt[n]{1 + 2^n + \cdots + 8^n} = 8$;

*(6) $\lim\limits_{x \to 0^+} x \cdot \left[\dfrac{1}{x} \right] = 1$.

2. 利用单调有界收敛准则证明下列数列 $\{x_n\}$ 的极限存在:

(1) $x_n = \dfrac{1}{2+1} + \dfrac{1}{2^2+1} + \cdots + \dfrac{1}{2^n+1}$;

*(2) $x_1 = \sqrt{2}$,且当 $n \geq 1$ 时,$x_{n+1} = \sqrt{2 + x_n}$.

3. 求下列极限:

(1) $\lim\limits_{x \to \infty} x \tan \dfrac{1}{x}$;

(2) $\lim\limits_{x \to 0} \dfrac{x - \sin x}{x + \sin x}$;

(3) $\lim\limits_{n \to \infty} 2^n \sin \dfrac{x}{2^n}$;

(4) $\lim\limits_{x \to 0^+} \dfrac{\sqrt{1 - \cos x}}{x}$;

(5) $\lim\limits_{x \to 0} \dfrac{1 - \sqrt{1 + x^2}}{\sin^2 x}$;

(6) $\lim\limits_{x \to 0} \dfrac{\arctan x}{x}$.

4. 求下列极限:

(1) $\lim\limits_{n \to \infty} \left(1 + \dfrac{2}{n} \right)^{-n}$;

(2) $\lim\limits_{x \to 0} (1 - x^2)^{\frac{1}{x}}$;

(3) $\lim\limits_{x \to \infty} \left(\dfrac{x+2}{x+1} \right)^x$;

(4) $\lim\limits_{x \to 0} (\cos x)^{\frac{1}{\cos x - 1}}$;

(5) $\lim\limits_{x \to 0} (1 + \tan x)^{\cot x}$;

(6) $\lim\limits_{x \to \infty} \left(\dfrac{x}{x+1} \right)^{x+3}$.

5. 现有 100 万元资金,按年利率 5% 作连续复利计算,5 年后价值多少?

6. 设年贴现率为 4%,按连续计息贴现,现投资多少万元,20 年后可得 50 万元?

*7. 任选一款数学软件,都可以通过画图体验到函数 $\left(1+\dfrac{1}{x}\right)^x$ 的单调性,且 $\lim\limits_{x\to\infty}\left(1+\dfrac{1}{x}\right)^x=\mathrm{e}$,而且各数学软件的画图命令是类似的. 例如,Maple,Mathematica 中分别是

```
plot((1+1/x)^x,x=-100..100);
Plot[(1+1/x)^x,{x,-100,100}].
```

另外,在 Maple 中还可以用

```
animatecurve((1+1/x)^x,x=0..100,frames=800);
```

在计算机上演示动画,其中 frames 的值用来设置动画帧数,即控制动画速度,值越大,就越有时间来欣赏这有趣的变化趋势,请读者试试.

2.6 无穷小的比较

我们已经知道在同一变化过程中,两个无穷小的和、差、积仍是无穷小,那么两个无穷小的商的变化趋势是怎样的? 无穷小虽然都是趋于零的变量,但它们趋于零的快慢程度(或说速度)却未必相同,所以其商就有各种各样的变化趋势. 例如:当 $x\to 0$ 时,$x,x^2\sin\dfrac{1}{x},\sin x,1-\cos x,x^2$ 都是无穷小,我们可以从图 2.17 中对它们趋近于零的速度进行对比.

微视频
无穷小的比较

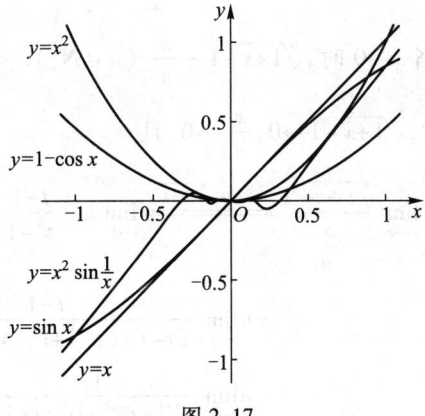

图 2.17

请读者在 Maple 中用

```
animatecurve({x,sin(x),1-cos(x),x^2,(x^2)*sin(1/x)},
              x=0..0.5,frames=200);
```

在计算机上演示动画,效果甚佳.

易求得

$$\lim_{x\to 0}\frac{x^2}{x}=0, \quad \lim_{x\to 0}\frac{1-\cos x}{x^2}=\frac{1}{2}, \quad \lim_{x\to 0}\frac{\sin x}{x}=1, \quad \lim_{x\to 0}\frac{x^2\sin\frac{1}{x}}{x^2}\text{不存在}.$$

由此可见,我们可以用两个无穷小之比(分母不为零)的极限来表示它们趋于零的快慢程度. 在上例中,当 $x\to 0$ 时,$1-\cos x$ 与 x^2 趋于零的速度相当,x^2 比 x 趋于零的速度快得多,而 x^2 与 $x^2\sin\frac{1}{x}$ 趋于零的速度是不可比的.

定义 2.13 设 α,β 是当 $x\to x_0$ 时的无穷小,且 $\alpha\neq 0$.

(1) 若 $\lim\limits_{x\to x_0}\dfrac{\beta}{\alpha}=0$,则称当 $x\to x_0$ 时,β 是**比 α 高阶的无穷小**,或称 α 是**比 β 低阶的无穷小**,记作

$$\beta=o(\alpha) \quad (x\to x_0).$$

(2) 若 $\lim\limits_{x\to x_0}\dfrac{\beta}{\alpha}=A$(常数 $A\neq 0$),则称当 $x\to x_0$ 时,β 与 α 是**同阶无穷小**. 特别地,若 $\lim\limits_{x\to x_0}\dfrac{\beta}{\alpha}=1$,则称当 $x\to x_0$ 时,β 与 α 是**等价无穷小**,记作

$$\beta\sim\alpha \quad (x\to x_0).$$

于是我们可以说:当 $x\to 0$ 时,x^2 是比 x 高阶的无穷小,记作 $x^2=o(x)(x\to 0)$;$\sin x$ 与 x 是等价无穷小,记作 $\sin x \sim x(x\to 0)$;$1-\cos x$ 与 x^2 是同阶无穷小,或称 $1-\cos x$ 与 $\frac{1}{2}x^2$ 是等价无穷小,记作 $1-\cos x \sim \frac{1}{2}x^2 \quad (x\to 0)$.

例 2.22 证明:当 $x\to 0$ 时,$\sqrt[n]{1+x}-1 \sim \dfrac{x}{n}$ ($n\in \mathbf{N}_+$).

证 因当 $x\to 0$ 时,$\sqrt[n]{1+x}-1\to 0$,$\dfrac{x}{n}\to 0$,且

$$\lim_{x\to 0}\frac{\sqrt[n]{1+x}-1}{\dfrac{x}{n}} \xrightarrow{\diamondsuit t=\sqrt[n]{1+x}} \lim_{t\to 1} n\cdot\frac{t-1}{t^n-1}$$

$$= n\lim_{t\to 1}\frac{t-1}{(t-1)(t^{n-1}+t^{n-2}+\cdots+t+1)}$$

$$= n\lim_{t\to 1}\frac{1}{t^{n-1}+t^{n-2}+\cdots+t+1}$$

$$= n\cdot\frac{1}{n}=1.$$

所以当 $x\to 0$ 时,$\sqrt[n]{1+x}-1 \sim \dfrac{x}{n}$ ($n\in \mathbf{N}_+$).

例 2.23 证明:当 $x\to 0$ 时,$x^5 = o(6x\tan^3 x)$.

证 因当 $x\to 0$ 时,$6x\tan^3 x \to 0$,$x^5 \to 0$ 且

$$\lim_{x\to 0} \frac{x^5}{6x\tan^3 x} = \frac{1}{6}\lim_{x\to 0} x\left(\frac{x}{\tan x}\right)^3 = 0,$$

所以当 $x\to 0$ 时,$x^5 = o(6x\tan^3 x)$.

关于等价无穷小,有如下性质:

定理 2.17(等价无穷小因子替换定理) 设当 $x\to x_0$ 时,$\alpha \sim \tilde{\alpha}$,$\beta \sim \tilde{\beta}$,且极限 $\lim\limits_{x\to x_0}\dfrac{\tilde{\beta}}{\tilde{\alpha}}$ 存在(或为 ∞),则极限 $\lim\limits_{x\to x_0}\dfrac{\beta}{\alpha}$ 存在(或为 ∞),且 $\lim\limits_{x\to x_0}\dfrac{\beta}{\alpha} = \lim\limits_{x\to x_0}\dfrac{\tilde{\beta}}{\tilde{\alpha}}$.

证 因当 $x\to x_0$ 时,$\alpha \sim \tilde{\alpha}$,$\beta \sim \tilde{\beta}$,且极限 $\lim\limits_{x\to x_0}\dfrac{\tilde{\beta}}{\tilde{\alpha}}$ 存在,故

$$\lim_{x\to x_0}\frac{\beta}{\alpha} = \lim_{x\to x_0}\left(\frac{\beta}{\tilde{\beta}}\cdot\frac{\tilde{\beta}}{\tilde{\alpha}}\cdot\frac{\tilde{\alpha}}{\alpha}\right) = \lim_{x\to x_0}\frac{\beta}{\tilde{\beta}}\cdot\lim_{x\to x_0}\frac{\tilde{\beta}}{\tilde{\alpha}}\cdot\lim_{x\to x_0}\frac{\tilde{\alpha}}{\alpha} = \lim_{x\to x_0}\frac{\tilde{\beta}}{\tilde{\alpha}}.$$

以上定义与定理对于自变量的其他变化过程也适用.

注 由定理 2.17 可知,等价无穷小替换仅适用于乘积或商中的无穷小因子,对于代数和中的各项无穷小不能替代.

利用等价无穷小替换求极限,要熟知下列常用的重要等价无穷小,当 $x\to 0$ 时,

$$\sin x \sim x,\ \tan x \sim x,\ \arcsin x \sim x,\ \arctan x \sim x,\ 1-\cos x \sim \frac{x^2}{2},\ \sqrt[n]{1+x}-1 \sim \frac{x}{n}.$$

例 2.24 求下列极限:

(1) $\lim\limits_{x\to 0}\dfrac{\tan^2 3x}{1-\cos x}$; (2) $\lim\limits_{x\to 0}\dfrac{\tan x - \sin x}{x^3}$; (3) $\lim\limits_{x\to 0}\dfrac{\sqrt{1+\sin^2 x}-1}{x\arctan x}$.

解 (1) $\lim\limits_{x\to 0}\dfrac{\tan^2 3x}{1-\cos x} = \lim\limits_{x\to 0}\dfrac{9x^2}{\dfrac{x^2}{2}} = 18$.

(2) $\lim\limits_{x\to 0}\dfrac{\tan x - \sin x}{x^3} = \lim\limits_{x\to 0}\dfrac{\tan x(1-\cos x)}{x^3} = \lim\limits_{x\to 0}\dfrac{x\cdot \dfrac{x^2}{2}}{x^3} = \dfrac{1}{2}$.

(3) $\lim\limits_{x\to 0}\dfrac{\sqrt{1+\sin^2 x}-1}{x\arctan x} = \lim\limits_{x\to 0}\dfrac{\dfrac{\sin^2 x}{2}}{x^2} = \dfrac{1}{2}\lim\limits_{x\to 0}\left(\dfrac{\sin x}{x}\right)^2 = \dfrac{1}{2}$.

注 由(2)可知当 $x \to 0$ 时, $\tan x - \sin x \sim \dfrac{1}{2}x^3$. 另外要注意避免以下错误:

$$\lim_{x \to 0} \frac{\tan x - \sin x}{x^3} = \lim_{x \to 0} \frac{x-x}{x^3} = 0.$$

习 题 2.6

1. 说明下列各无穷小之间的关系:

(1) $\sqrt{x \sin x}$ 与 x $(x \to 0^+)$;

(2) $\sqrt{1+x} - \sqrt{1-x}$ 与 x^2 $(x \to 0)$;

(3) $\tan x - \sin x$ 与 $\sin^3 x$ $(x \to 0)$;

(4) $4x^2 + 6x^3$ 与 x^2 $(x \to 0)$;

(5) $(x-1)^2$ 与 $x^2 - 1$ $(x \to 1)$.

2. 利用等价无穷小替换求下列极限:

(1) $\lim\limits_{x \to 1} \dfrac{\sqrt[3]{1+(x-1)^2} - 1}{\sin^2(x-1)}$;

(2) $\lim\limits_{x \to 0} \dfrac{\tan x - \sin x}{\sin^3 2x}$;

(3) $\lim\limits_{x \to 0} \dfrac{\tan 6x - \cos x + 1}{\arcsin 3x}$;

(4) $\lim\limits_{x \to 0} \dfrac{x^2 \arctan^2 x}{(1-\cos x)^2}$.

2.7 函数的连续性与间断点

2.7.1 函数的连续性

自然界中连续变化的现象很多,如空气或水的流动、气温的变化、植物的生长、人造卫星在轨道上的运行、导弹飞行轨迹的形成等,这些现象反映到数学的函数关系上,就是函数的连续性. 连续性是函数的一种重要性态,连续函数是微积分学讨论的基本函数类.

为了用数学公式表达函数的上述特性,先介绍增量的概念.

在函数 $y = f(x)$ 的定义域中,设自变量由 x_0 变到 x,相应的函数值由 $f(x_0)$ 变到 $f(x)$. 我们称差 $x - x_0$ 为**自变量的增量**(或**改变量**),记作 Δx,即 $\Delta x = x - x_0$;相应地,称差 $f(x) - f(x_0)$ 为**函数** $y = f(x)$ **的增量**(或**改变量**),记作 Δy,即 $\Delta y = f(x) - f(x_0)$. 如图 2.18 所示.

注 Δx 与 Δy 均可正、可负,也可以为 0.

由 $\Delta x = x - x_0$ 知 $x = x_0 + \Delta x$,于是函数 $y = f(x)$ 的增量又可写为

$$\Delta y = f(x) - f(x_0) = f(x_0 + \Delta x) - f(x_0).$$

一般地,当自变量的增量 Δx 变化时,函数 $y=f(x)$ 的增量 Δy 也要随之变化,通过对图 2.18 所描述函数的几何直观,可以发现,图 2.18(a) 中的函数 $y=f(x)$ 在点 x_0 处连续,其基本特征是:当 $\Delta x \to 0$ 时,$\Delta y \to 0$;而图 2.18(b) 中的函数 $y=f(x)$ 在点 x_0 处不连续,其基本特征是:当 $\Delta x \to 0$ 时,$\Delta y \not\to 0$. 于是,根据曲线连续的特征,就可给出函数在某点连续的定义.

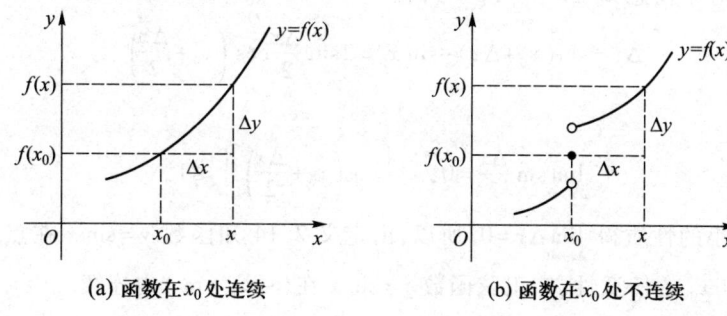

(a) 函数在 x_0 处连续　　　　　(b) 函数在 x_0 处不连续

图 2.18

定义 2.14　设函数 $y=f(x)$ 在点 x_0 的某邻域 $U(x_0)$ 内有定义. 若
$$\lim_{\Delta x \to 0} \Delta y = \lim_{\Delta x \to 0} [f(x_0 + \Delta x) - f(x_0)] = 0,$$
则称函数 $y=f(x)$ **在点 x_0 处连续**.

定义 2.14 刻画了函数在某点连续的本质特征:自变量的细微变化仅引起函数值的细微变化. 当 $\Delta x \to 0$ 时,$x \to x_0$,可知定义 2.14 还有如下等价定义:

定义 2.14′　设函数 $y=f(x)$ 在点 x_0 的某邻域 $U(x_0)$ 内有定义. 若
$$\lim_{x \to x_0} f(x) = f(x_0),$$
则称函数 $y=f(x)$ **在点 x_0 处连续**.

由定义 2.14 与 2.14′可知函数在某点连续是函数的局部性态.

由函数左、右极限的定义,可得到函数在某点左、右连续的定义.

定义 2.15　当 $f(x_0^-) = \lim\limits_{x \to x_0^-} f(x) = f(x_0)$ 时,称函数 $y=f(x)$ **在点 x_0 处左连续**;当 $f(x_0^+) = \lim\limits_{x \to x_0^+} f(x) = f(x_0)$ 时,称函数 $y=f(x)$ **在点 x_0 处右连续**.

左连续与右连续统称为**单侧连续**. 由定义 2.14′与 2.15 可得如下结论:

函数 $y=f(x)$ 在点 x_0 处连续的**充分必要条件**是函数 $y=f(x)$ 在点 x_0 处既左连续又右连续,即
$$\lim_{x \to x_0} f(x) = f(x_0) \Leftrightarrow f(x_0^-) = f(x_0^+) = f(x_0).$$

若函数 $f(x)$ 在开区间 (a,b) 内每一点都连续,则称**函数 $f(x)$ 在开区间 (a,b) 内连续**;若函数 $f(x)$ 在开区间 (a,b) 内连续,且在左端点 a 处右连续,在右端点 b 处左连续,则称**函数 $f(x)$ 在闭区间 $[a,b]$ 上连续**. 类似地,可定义函数

$f(x)$ 在半开半闭区间上的连续性. 它们的几何意义是一笔画出的图形.

例如,由例 2.6、例 2.8 可知多项式函数及有理分式在其定义域内连续. 又如,对于任意 $x_0 \in (0, +\infty)$,有 $\lim\limits_{x \to x_0} \sqrt{x} = \sqrt{x_0}$,故函数 $y = \sqrt{x}$ 在 $(0, +\infty)$ 内连续.

例 2.25 证明:正弦函数 $y = \sin x$ 在 $(-\infty, +\infty)$ 内连续.

证 对于任意 $x_0 \in (-\infty, +\infty)$,有

$$\Delta y = \sin(x_0 + \Delta x) - \sin x_0 = 2\sin\frac{\Delta x}{2}\cos\left(x_0 + \frac{\Delta x}{2}\right),$$

又

$$\lim_{\Delta x \to 0}\sin\frac{\Delta x}{2} = 0, \quad \left|\cos\left(x_0 + \frac{\Delta x}{2}\right)\right| \leq 1,$$

故由无穷小的性质得 $\lim\limits_{\Delta x \to 0}\Delta y = 0$. 所以,由定义 2.14 知函数 $y = \sin x$ 在点 x_0 处连续. 又由点 x_0 的任意性,知正弦函数 $y = \sin x$ 在 $(-\infty, +\infty)$ 内连续.

注 记住 $\sin A - \sin B = 2\sin\frac{A-B}{2}\cos\frac{A+B}{2}$ 等常用三角公式.

类似地,不难证明,余弦函数 $y = \cos x$,指数函数 $y = a^x$ $(a > 0, a \neq 1)$ 在它们的定义域内均连续.

例 2.26 讨论函数 $f(x) = |x| = \begin{cases} x, & x \geq 0 \\ -x, & x < 0 \end{cases}$,在 $x = 0$ 处的连续性.

解 因 $\lim\limits_{x \to 0}f(x) = \lim\limits_{x \to 0}|x| = 0 = f(0)$,故由定义 2.14′ 知函数 $f(x)$ 在 $x = 0$ 处连续,如 1.2 节图 1.3 所示.

例 2.27 设函数 $f(x) = \begin{cases} x^2, & -1 < x \leq 1 \\ ax + 4, & 1 < x \leq 2 \end{cases}$,在 $x = 1$ 处连续,求常数 a 的值.

解 由于函数 $f(x)$ 在 $x = 1$ 处连续,故 $f(1^-) = f(1^+) = f(1) = 1$,又

$$f(1^-) = \lim_{x \to 1^-} x^2 = 1, \quad f(1^+) = \lim_{x \to 1^+}(ax+4) = a+4,$$

故有 $a + 4 = 1$,即当 $a = -3$ 时,函数 $f(x)$ 在 $x = 1$ 处连续.

2.7.2 函数的间断点

事物的发展除有渐变(即连续变化)外,还有突变(即不连续变化),如断裂、恶性通货膨胀等. 如图 2.18(b) 中的函数 $f(x)$ 在 $x = x_0$ 处间断.

定义 2.16 若函数 $f(x)$ 在点 x_0 处不连续,则称点 x_0 是函数 $f(x)$ 的**间断点**.

由定义 2.14′ 知函数 $f(x)$ 在点 x_0 处间断分为以下三种情形:

(1) $f(x)$ 在 $x=x_0$ 处无定义；

(2) $f(x)$ 在 $x=x_0$ 处有定义，但极限 $\lim\limits_{x \to x_0} f(x)$ 不存在；

(3) $f(x)$ 在 $x=x_0$ 处有定义且极限 $\lim\limits_{x \to x_0} f(x)$ 存在，但 $\lim\limits_{x \to x_0} f(x) \neq f(x_0)$.

由此，我们将函数 $f(x)$ 的间断点 x_0 按其在点 x_0 处的左极限 $f(x_0^-)$ 与右极限 $f(x_0^+)$ 的存在性进行分类，其定义如下：

定义 2.17   设函数 $f(x)$ 在点 x_0 处间断. 若函数 $f(x)$ 在点 x_0 处的左极限 $f(x_0^-)$ 与右极限 $f(x_0^+)$ 均存在，则称点 x_0 是函数 $f(x)$ 的**第一类间断点**；若 $f(x_0^-)$ 与 $f(x_0^+)$ 中至少有一个不存在，则称点 x_0 是函数 $f(x)$ 的**第二类间断点**.

例 2.28   对于函数 $f(x) = \begin{cases} \dfrac{|x|}{x}, & x \neq 0, \\ 0, & x = 0, \end{cases}$ 有 $f(0^-) = -1$，$f(0^+) = 1$，即函数 $f(x)$ 在点 $x=0$ 处的左、右极限均存在，但不相等，出现跳跃度为 2 的"缺口"，故 $x=0$ 是函数 $f(x)$ 的第一类（跳跃）间断点. 其实 $f(x)$ 就是符号函数，如 1.2 节图 1.4 所示.

微视频
函数的间断点

例 2.29   对于函数 $f(x) = \begin{cases} \dfrac{\sin x}{x}, & x \neq 0, \\ 0, & x = 0, \end{cases}$ 有 $f(0^-) = f(0^+) = 1 \neq f(0) = 0$，即函数 $f(x)$ 在点 $x=0$ 处的左、右极限存在且相等，但不等于该点的函数值，故 $x=0$ 是函数 $f(x)$ 的第一类间断点，参考图 2.15. 此时，若更改函数 $f(x)$ 在 $x=0$ 处的定义为 $f(0)=1$，则函数 $f(x)$ 在 $x=0$ 处连续，故又称 $x=0$ 是函数 $f(x)$ 的可去间断点.

例 2.30   对于函数 $f(x) = \dfrac{x^2-1}{x-1}$，有 $f(1^-) = f(1^+) = 2$，但 $f(x)$ 在 $x=1$ 处无定义，即函数 $f(x)$ 在点 $x=1$ 处的左、右极限存在且相等，但函数在该点无定义，故 $x=1$ 是函数 $f(x)$ 的第一类间断点，如图 2.8 所示. 此时，若补充函数 $f(x)$ 在 $x=1$ 处的定义为 $f(1)=2$，则函数 $f(x)$ 在 $x=1$ 处连续，故又称 $x=1$ 是函数 $f(x)$ 的可去间断点.

例 2.31   函数 $f(x) = \sin \dfrac{1}{x}$ 在 $x=0$ 处无定义，且 $f(0^-)$ 与 $f(0^+)$ 均不存在，故 $x=0$ 是函数 $f(x)$ 的第二类间断点. 又由于当 $x \to 0$ 时，函数值始终在 -1 与 1 之间振荡. 如图 2.19 所示. 请读者在计算机上再缩小作图区间，把图放大，或用动画演示，可以体验 x 越接近 0，曲线振荡得越厉害，故又称 $x=0$ 是函数 $f(x)$ 的振荡间断点.

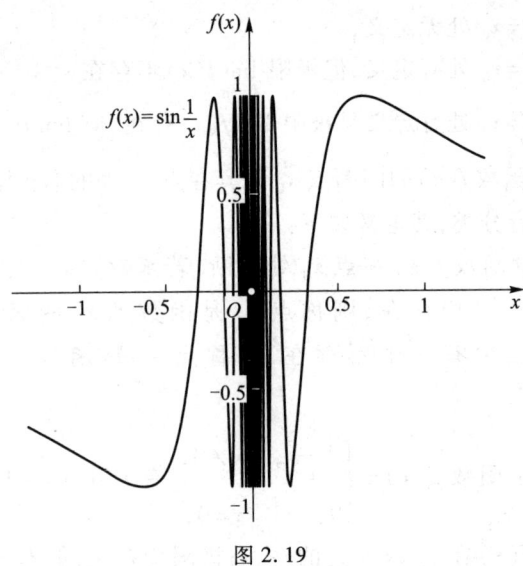

图 2.19

例 2.32 函数 $f(x)=\dfrac{1}{x}$ 在 $x=0$ 处无定义,且 $\lim\limits_{x\to 0}\dfrac{1}{x}=\infty$,即当 $x\to 0$ 时,曲线向上(或向下)无限延伸,故 $x=0$ 是函数 $f(x)$ 的第二类间断点,又称为**无穷间断点**,如图 2.20 所示.

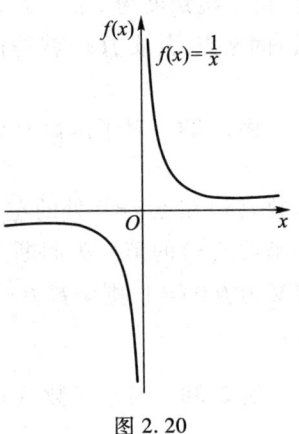

图 2.20

总之,在第一类间断点中,若 $f(x_0^-)\ne f(x_0^+)$,则点 x_0 又称为**跳跃间断点**;若 $f(x_0^-)=f(x_0^+)\ne f(x_0)$(或 $f(x_0^-)=f(x_0^+)$,但 $f(x_0)$ 不存在),则点 x_0 又称为**可去间断点**,此时修改或补充 $f(x)$ 在点 x_0 处的函数值,可使得新定义的函数在点 x_0 处连续,"可去"的意义就在于此. 振荡间断点和无穷间断点(即 $\lim\limits_{x\to x_0}f(x)=\infty$)属于第二类间断点.

习 题 2.7

1. 讨论下列函数在 $x=0$ 处的连续性:

(1) $f(x)=\begin{cases}\dfrac{\sin x}{|x|}, & x\ne 0,\\ 1, & x=0;\end{cases}$

(2) $f(x)=\begin{cases}\left|\dfrac{\sin x}{x}\right|, & x\ne 0,\\ 1, & x=0;\end{cases}$

(3) $f(x)=\begin{cases}\dfrac{\arctan x}{x}, & -1<x<0,\\ 2-x, & 0<x<1;\end{cases}$

(4) $f(x)=\begin{cases}x^2\sin\dfrac{1}{x}, & x\ne 0,\\ 0, & x=0.\end{cases}$

2. 求下列函数的间断点,并指出其类型:

(1) $f(x) = \dfrac{x^2-x-2}{x^2-3x+2}$;

(2) $f(x) = \dfrac{x-1}{|x-1|}$;

(3) $f(x) = \dfrac{x}{\sin x}$;

(4) $f(x) = \tan x$;

(5) $f(x) = e^{\frac{1}{x}}$;

(6) $f(x) = (1+|x|)^{\frac{1}{x}}$;

(7) $f(x) = \begin{cases} \dfrac{1}{x}, & x<1, x\neq 0, \\ x+1, & 1<x<2, \\ 1, & x\geqslant 2; \end{cases}$

(8) $f(x) = \begin{cases} \dfrac{x^2+x}{|x|(x^2-1)}, & x\neq \pm 1, x\neq 0, \\ 0, & x=\pm 1. \end{cases}$

3. 设 $f(x) = \begin{cases} e^x, & -1\leqslant x\leqslant 0, \\ a+x, & 0<x\leqslant 2, \end{cases}$ 试问 a 为何值时函数连续?

2.8 连续函数的运算和初等函数的连续性

2.8.1 连续函数的运算

由函数连续性的定义及函数极限的四则运算法则,立即可得下面结论:

定理 2.18(连续函数的和、差、积、商的连续性) 若函数 $f(x)$ 与 $g(x)$ 均为连续函数,则 $f(x)\pm g(x)$, $f(x)\cdot g(x)$, $\dfrac{f(x)}{g(x)}$ $(g(x)\neq 0)$ 均为连续函数.

例如,因正弦函数 $\sin x$ 与余弦函数 $\cos x$ 在 $(-\infty, +\infty)$ 内连续,故由定理 2.18 知正切函数 $\tan x = \dfrac{\sin x}{\cos x}$,余切函数 $\cot x = \dfrac{\cos x}{\sin x}$,正割函数 $\sec x = \dfrac{1}{\cos x}$ 和余割函数 $\csc x = \dfrac{1}{\sin x}$ 在其定义域内均连续.

定理 2.19(反函数的连续性) 若函数 $y=f(x)$ 在区间 I_x 上单调、连续,则它的反函数 $x=f^{-1}(y)$ 在对应的区间 $I_y = \{y \mid y=f(x), x\in I_x\}$ 上单调、连续.

证明略. 其几何意义明显,如第 1 章的图 1.7 所示.

例如,因函数 $y=\sin x$ 在 $\left[-\dfrac{\pi}{2}, \dfrac{\pi}{2}\right]$ 上单调增加且连续,故由定理 2.19 知

其反函数 $y=\arcsin x$ 在 $[-1,1]$ 上也单调增加且连续. 同理可得:反余弦函数 $y=\arccos x$ 在 $[-1,1]$ 上单调减少且连续;反正切函数 $y=\arctan x$ 在 $(-\infty,+\infty)$ 内单调增加且连续;反余切函数 $y=\operatorname{arccot} x$ 在 $(-\infty,+\infty)$ 内单调减少且连续.

总之,反三角函数在它们各自的定义域内均连续. 另外,由指数函数 $y=a^x$ ($a>0, a\neq 1$) 在 $(-\infty,+\infty)$ 内连续且单调,可知对数函数 $y=\log_a x$ ($a>0, a\neq 1$) 在 $(0,+\infty)$ 内连续且单调.

由复合函数极限运算法则及连续定义立即可得如下结论:

定理 2.20 设函数 $y=f[g(x)]$ 由函数 $y=f(u)$ 与 $u=g(x)$ 复合而成,且在 $\mathring{U}(x_0)$ 内有定义. 若 $\lim\limits_{x\to x_0} g(x)=u_0$,函数 $y=f(u)$ 在点 u_0 处连续,则

$$\lim_{x\to x_0} f[g(x)] = \lim_{u\to u_0} f(u) = f(u_0). \tag{2.5}$$

因 $\lim\limits_{x\to x_0} g(x)=u_0$,故式(2.5)又可改写成

$$\lim_{x\to x_0} f[g(x)] = f(u_0) = f\left[\lim_{x\to x_0} g(x)\right].$$

这说明在定理 2.20 的条件下,极限符号与外函数符号 f 可以交换计算顺序.

以上结论对自变量的其他变化过程也成立.

例 2.33 求 $\lim\limits_{x\to 1}\sqrt{\dfrac{x^2-1}{x-1}}$.

解 函数 $y=\sqrt{\dfrac{x^2-1}{x-1}}$ 可看成由 $y=\sqrt{u}$ 与 $u=\dfrac{x^2-1}{x-1}$ 复合而成. 又因为 $\lim\limits_{x\to 1}\dfrac{x^2-1}{x-1}=2$,而函数 $y=\sqrt{u}$ 在 $u=2$ 处连续,所以

$$\lim_{x\to 1}\sqrt{\frac{x^2-1}{x-1}} = \sqrt{\lim_{x\to 1}\frac{x^2-1}{x-1}} = \sqrt{2}.$$

由定理 2.20 立即可得如下结论:

定理 2.21(复合函数的连续性) 设函数 $y=f[g(x)]$ 由函数 $y=f(u)$ 与 $u=g(x)$ 复合而成. 若函数 $u=g(x)$ 在点 x_0 处连续,且 $g(x_0)=u_0$,而函数 $y=f(u)$ 在点 u_0 处连续,则复合函数 $y=f[g(x)]$ 在点 x_0 处连续. 简言之,连续函数的复合函数仍然是连续函数.

因当 $x>0$ 时,有 $x^\mu = e^{\mu\ln x}$ ($\mu\in\mathbf{R}$),故由定理 2.21 知幂函数 $y=x^\mu$ 在 $(0,+\infty)$ 内连续,进一步可证明幂函数在其定义域内连续.

2.8.2 初等函数的连续性

通过前面的讨论,我们已经知道:**基本初等函数在其定义域内均连续**. 又由

初等函数的概念及连续函数的运算定理可得:**一切初等函数在其定义区间内均连续**.这里所指的**定义区间**,即为包含在定义域内的区间.

注 并不是所有的初等函数都存在定义区间.例如函数 $y=\sqrt{\sin x-1}$ 的定义域为 $\left\{x \mid x=2k\pi+\dfrac{\pi}{2}, k\in \mathbf{Z}\right\}$,故其不存在定义区间.显然,其在定义域中的各点均不连续.

由上可知:若 $f(x)$ 为初等函数,x_0 为其定义区间内一点,则有
$$\lim_{x\to x_0} f(x) = f(x_0).$$
这就为我们提供了一个求其极限的更好方法,即求其函数值.至此,我们从理论上说明了对于简单的初等函数,结合图形直观地观察极限存在性这一做法的合理性.

例 2.34 求 $\lim\limits_{x\to 1} \dfrac{x^2+\ln(2-x)}{2\arcsin x}$.

解 函数 $y=\dfrac{x^2+\ln(2-x)}{2\arcsin x}$ 是初等函数,$x=1$ 为其定义区间内一点,故有
$$\lim_{x\to 1} \dfrac{x^2+\ln(2-x)}{2\arcsin x} = \dfrac{x^2+\ln(2-x)}{2\arcsin x}\bigg|_{x=1} = \dfrac{1}{\pi}.$$

例 2.35 求 $\lim\limits_{x\to 0} \dfrac{\ln(1+x)}{x}$.

解 函数 $\dfrac{\ln(1+x)}{x}$ 是初等函数,但 $x=0$ 不为其定义区间内一点,故不能用初等函数的连续性求解,但可用定理 2.20 提供的方法求解如下:
$$\lim_{x\to 0} \dfrac{\ln(1+x)}{x} = \lim_{x\to 0}\ln(1+x)^{\frac{1}{x}} = \ln\left[\lim_{x\to 0}(1+x)^{\frac{1}{x}}\right] = \ln e = 1.$$

例 2.36 求 $\lim\limits_{x\to 0} \dfrac{e^x-1}{x}$.

解 令 $e^x-1=t$,则 $x=\ln(1+t)$,且当 $x\to 0$ 时,$t\to 0$.于是
$$\lim_{x\to 0} \dfrac{e^x-1}{x} = \lim_{t\to 0} \dfrac{t}{\ln(1+t)} = \lim_{t\to 0} \dfrac{1}{\ln(1+t)^{\frac{1}{t}}} = \dfrac{1}{\ln e} = 1.$$

注 由这两例可知当 $x\to 0$ 时,$\ln(1+x)\sim x$,$e^x-1\sim x$.请读者熟记.

习 题 2.8

求下列极限:

(1) $\lim\limits_{x\to 0}\sqrt{x^2-2x+5}$;

(2) $\lim\limits_{x\to \frac{\pi}{4}}\ln\sin^2 2x$;

(3) $\lim\limits_{h\to 0^+} \dfrac{\sqrt{x+h}-\sqrt{x}}{h}$;

(4) $\lim\limits_{x\to 0} \dfrac{\ln(1+2x)}{x}$;

(5) $\lim\limits_{x\to\infty} e^{\frac{1}{x}}$;

(6) $\lim\limits_{x\to 0} \ln\dfrac{\sin 2x}{x}$;

(7) $\lim\limits_{x\to 0} \cos\left[(1+x)^{\frac{1}{x}}\right]$;

(8) $\lim\limits_{x\to 0} \dfrac{a^x-1}{x}$ $(a>0, a\neq 1)$;

(9) $\lim\limits_{x\to 8} \dfrac{\sqrt{x+1}-3}{\sqrt[3]{x}-2}$;

(10) $\lim\limits_{x\to 0} \dfrac{\sqrt{x^2+1}-1}{x}$;

(11) $\lim\limits_{x\to a} \dfrac{\sin x-\sin a}{x-a}$;

(12) $\lim\limits_{x\to e} \dfrac{\ln x-\ln e}{x-e}$.

2.9 闭区间上连续函数的性质

闭区间上的连续函数有几个在理论和应用上都很重要的性质. 有一些性质的几何直观很明显, 但其严格证明已超出本书的讨论范围, 于是我们以定理的形式对这些性质进行叙述, 并给出相应的几何解释.

定理 2.22(有界性) 若函数 $f(x)$ 在闭区间 $[a,b]$ 上连续, 则它在闭区间 $[a,b]$ 上有界.

一般地, 开区间(或半开半闭区间)内的连续函数不一定有界. 例如, 函数 $f(x)=\dfrac{1}{x}$ 在 $(0,1]$ 上连续, 但对充分接近于 0 的点 x, $\dfrac{1}{x}$ 的值可以任意大, 故 $f(x)=\dfrac{1}{x}$ 在 $(0,1]$ 上无界, 参考 2.7 节图 2.20.

若函数 $f(x)$ 在闭区间 $[a,b]$ 上有间断点, 则其在闭区间 $[a,b]$ 上不一定有界. 例如函数 $f(x)=\dfrac{1}{x}$ 或 $f(x)=\begin{cases}\dfrac{1}{x}, & x\neq 0 \\ 0, & x=0\end{cases}$, 在 $[-1,1]$ 上除 $x=0$ 处间断外均连续, 但此函数在 $[-1,1]$ 上无界, 参考 2.7 节图 2.20.

定理 2.23(最值性) 若函数 $f(x)$ 在闭区间 $[a,b]$ 上连续, 则它在闭区间 $[a,b]$ 上必可取得最小值和最大值, 即 $\exists x_1, x_2 \in [a,b]$, $\forall x \in [a,b]$, 有

$$f(x_1) \leqslant f(x) \leqslant f(x_2),$$

这里 $f(x_1)$ 和 $f(x_2)$ 分别为函数 $f(x)$ 在闭区间 $[a,b]$ 上的最小值和最大值. 如图 2.21 所示.

一般地, 在开区间(或半开半闭区间)内的连

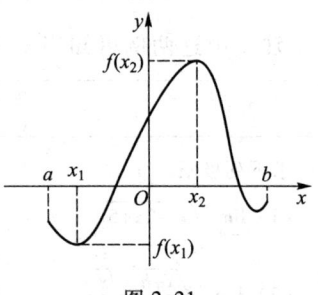

图 2.21

续函数不一定有此性质.例如,函数 $f(x)=x$ 在开区间(0,1)内连续,但它在开区间(0,1)内无最小值和最大值.

若函数 $f(x)$ 在闭区间 $[a,b]$ 上有间断点,则其在闭区间 $[a,b]$ 上不一定有最小值和最大值.例如函数 $f(x)=\begin{cases}\dfrac{1}{x}, & x\neq 0,\\ 0, & x=0,\end{cases}$ 在 $[-1,1]$ 上除 $x=0$ 处间断外均连续,但此函数在 $[-1,1]$ 上无最小值和最大值,参考 2.7 节图 2.20.

定理 2.24(零点定理) 若函数 $f(x)$ 在闭区间 $[a,b]$ 上连续,且 $f(a)\cdot f(b)<0$,则在开区间 (a,b) 内至少存在一点 ξ,使 $f(\xi)=0$.

定理 2.24 的几何意义:若在闭区间 $[a,b]$ 上定义的连续曲线 $y=f(x)$ 的两个端点分别位于 x 轴的上、下两侧,则此连续曲线与 x 轴至少有一个交点,且交点的横坐标即为 ξ.如图 2.22 所示.

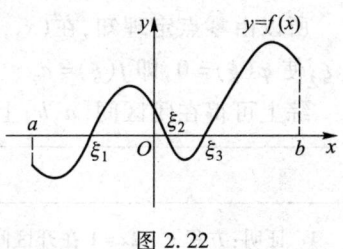

图 2.22

这说明,若函数 $f(x)$ 在闭区间 $[a,b]$ 上连续,且 $f(a)\cdot f(b)<0$,则方程 $f(x)=0$ 在开区间 (a,b) 内至少有一个根.因此,该定理可以估计方程的根的存在范围,也是用二分法求方程的根的理论依据.

一般地,仅在开区间 (a,b) (或半开半闭区间)内连续,而 $f(a)\cdot f(b)<0$ 仍成立的函数不一定有此性质.例如,函数 $f(x)=\begin{cases}e^x, & 0<x\leq 1,\\ -1, & x=0,\end{cases}$ 在 $(0,1]$ 内连续,且 $f(0)\cdot f(1)=-e<0$,但曲线 $f(x)$ 却与 x 轴无交点(如图 2.23).

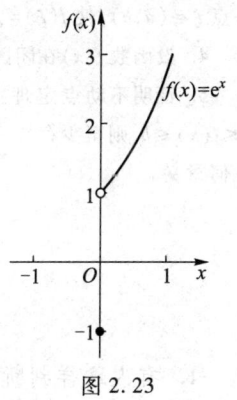

图 2.23

例 2.37 证明:方程 $e^x-4x=0$ 至少有一个小于 1 的正实根.

解 设 $f(x)=e^x-4x$,则 $f(x)$ 在闭区间 $[0,1]$ 上连续,且
$$f(0)=1>0,\quad f(1)=e-4<0,$$
于是根据定理 2.24 知方程 $f(x)=e^x-4x=0$ 在开区间 $(0,1)$ 内至少有一个实根 x_0,即至少有一个小于 1 的正实根.

定理 2.25(介值定理) 若函数 $f(x)$ 在闭区间 $[a,b]$ 上连续,M 与 m 分别是函数 $f(x)$ 在闭区间 $[a,b]$ 上的最大值和最小值,c 是介于 M 与 m 之间的任意数(即 $m<c<M$),则在闭区间 $[a,b]$ 上至少存在一点 ξ,使 $f(\xi)=c$.

证 若 $m=M$，则函数 $f(x)$ 在闭区间 $[a,b]$ 上是常数，定理结论显然成立。

若 $m<M$，则由定理 2.23 知在闭区间 $[a,b]$ 上必存在 x_1,x_2，使 $f(x_1)=M$，$f(x_2)=m$（如图 2.24）。作函数 $\varphi(x)=f(x)-c$，则函数 $\varphi(x)$ 在闭区间 $[x_2,x_1]$ 或 $[x_1,x_2]$ 上连续，且
$$\varphi(x_1) \cdot \varphi(x_2) = [f(x_1)-c] \cdot [f(x_2)-c]$$
$$= (M-c)(m-c) < 0.$$

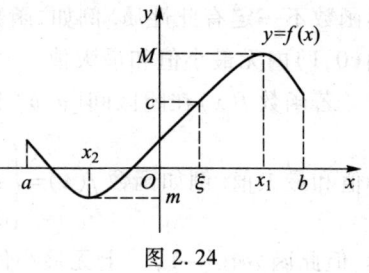

图 2.24

所以由零点定理知，在 $(x_2,x_1) \subset (a,b)$（或 $(x_1,x_2) \subset (a,b)$）内至少存在一点 ξ，使 $\varphi(\xi)=0$，即 $f(\xi)=c$。

综上可得在闭区间 $[a,b]$ 上至少存在一点 ξ，使 $f(\xi)=c$。

习 题 2.9

1. 证明：方程 $x^3-2x=1$ 在开区间 $(1,2)$ 内至少有一个实根。
2. 估计方程 $x^3-6x+2=0$ 的根的位置。
3. 设函数 $f(x),g(x)$ 在闭区间 $[a,b]$ 上连续，且 $f(a)<g(a)$，$f(b)>g(b)$，证明：至少存在一点 $\xi\in(a,b)$，使 $f(\xi)=g(\xi)$。
4. 设函数 $f(x)$ 在闭区间 $[a,b]$ 上连续，且无零点，证明：函数 $f(x)$ 在闭区间 $[a,b]$ 上不变号。
5. 证明不动点定理：若函数 $f(x)$ 在闭区间 $[a,b]$ 上连续，且对任意 $x\in[a,b]$，恒有 $a\leqslant f(x)\leqslant b$，则至少存在一点 $x_0\in[a,b]$，使得 $f(x_0)=x_0$，通常称 x_0 为 $f(x)$ 的不动点。解释其几何意义。

总 习 题 二

1. 有人这样判断 $f(x)=\begin{cases} e^{\frac{1}{x}}, & x\neq 0 \\ 0, & x=0 \end{cases}$ 在 $x=0$ 处的连续性：

因为 $\lim\limits_{x\to 0^-} e^{\frac{1}{x}}=0=f(0)$，所以 $f(x)$ 在 $x=0$ 处连续。

你认为他的说法正确吗？如果不正确，该如何改正？更进一步，在其他点的连续性又如何呢？

2. 判断题（举例或图表说明）：

（1）若对于任意给定的无论多么小的正数 ε，总存在正整数 N，当 $n>N$ 时，有无穷多项 x_n，使得不等式 $|x_n-A|<\varepsilon$ 成立，则 $\lim\limits_{n\to\infty} x_n=A$；

（2）如果 $\lim\limits_{x\to\infty} f(x)$ 和 $\lim\limits_{x\to\infty} g(x)$ 都不存在，那么 $\lim\limits_{x\to\infty}[f(x)+g(x)]$ 也不存在；

(3) 设函数 $f(x)$ 在闭区间 $[a,b]$ 上有定义,在开区间 (a,b) 内连续且 $f(a) \cdot f(b) < 0$,则在开区间 (a,b) 内至少存在一点 ξ,使得 $f(\xi) = 0$;

(4) 若 $\lim\limits_{x \to x_0} f(x) = A$ 且存在正数 δ,当 $x \in \dot{U}(x_0, \delta)$ 时,有 $f(x) > 0$(或 $f(x) < 0$),则 $A > 0$(或 $A < 0$);

(5) 补充定义 $f_n(0) = 0$,可以使得 $f_n(x) = x^n \sin \dfrac{1}{x}$ $(n = 0, 1, 2)$ 这三个函数均连续.

3. 证明两个无穷小 α 与 β 是等价无穷小的充分必要条件为 $\beta = \alpha + o(\alpha)$,并用实例解释其含义.

4. 选择题:

(1) 下列式子中正确的是(　　);

A. $\lim\limits_{x \to 0} \sin \dfrac{1}{x} = 1$　　　　B. $\lim\limits_{x \to \infty} x \sin \dfrac{1}{x} = 1$

C. $\lim\limits_{x \to 0} \dfrac{1}{x} \sin \dfrac{1}{x} = 1$　　　D. $\lim\limits_{x \to \infty} \dfrac{1}{x} \sin \dfrac{1}{x} = 1$

(2) $\lim\limits_{n \to \infty} \left[\dfrac{1}{(n-1)^2} + \dfrac{2}{(n-1)^2} + \cdots + \dfrac{n}{(n-1)^2} \right] = ($　　$)$;

A. 0　　　　　　　　　　B. 1

C. $\dfrac{1}{2}$　　　　　　　　　D. ∞

(3) $\lim\limits_{n \to \infty} \dfrac{3^n + 2^n}{3^{n+1} - 2^{n+1}} = ($　　$)$;

A. $\dfrac{1}{3}$　　　　　　　　　B. $\dfrac{2}{3}$

C. 0　　　　　　　　　D. 1

(4) $\lim\limits_{n \to \infty} \dfrac{(-1)^n + 3^n}{(-2)^n + 3^{n+1}} = ($　　$)$;

A. $\dfrac{1}{3}$　　　　　　　　　B. $\dfrac{1}{2}$

C. $-\dfrac{1}{2}$　　　　　　　　D. 0

(5) $\lim\limits_{x \to 0^+} \sin \left(\arctan \dfrac{1}{x} \right) = ($　　$)$;

A. 0　　　　　　　　　B. 1

C. -1　　　　　　　　D. ∞

(6) $\lim\limits_{x \to 0} \dfrac{\cos 2x - \cos 3x}{x \sin x} = ($　　$)$;

A. 0   B. 1

C. $\dfrac{5}{2}$ D. ∞

(7) $\lim\limits_{x\to 1}\dfrac{x^2-1}{x-1}e^{\frac{1}{x-1}}=(\quad)$；

A. 2   B. 0

C. ∞ D. 不存在但不为 ∞

(8) 设对任意的 x，总有 $h(x)\leqslant f(x)\leqslant g(x)$，且 $\lim\limits_{x\to\infty}[g(x)-h(x)]=0$，则 $\lim\limits_{x\to\infty}f(x)(\quad)$；

A. 存在且等于 0   B. 存在但不一定为 0

C. 一定不存在   D. 不一定存在

(9) 设 $f(x)$ 在 $(-\infty,+\infty)$ 内有定义，且

$$\lim\limits_{x\to\infty}f(x)=a,\quad g(x)=\begin{cases}f\left(\dfrac{1}{x}\right), & x\neq 0,\\ 0, & x=0,\end{cases}$$

则（   ）；

A. $x=0$ 必为 $g(x)$ 的第一类间断点

B. $x=0$ 必为 $g(x)$ 的第二类间断点

C. $x=0$ 必为 $g(x)$ 的连续点

D. $g(x)$ 在 $x=0$ 处的连续性与 a 的取值有关

(10) 点 $x=0$ 是函数 $f(x)=\dfrac{e^{\frac{1}{x}}-1}{e^{\frac{1}{x}}+1}$ 的（   ）.

A. 可去间断点   B. 跳跃间断点

C. 第二类间断点   D. 连续点

5. 填空题：

(1) $\lim\limits_{x\to -\infty}\dfrac{\sqrt{9x^2+3x+1}+x+1}{\sqrt{x^2+\sin x}}=$ _____；

(2) $\lim\limits_{x\to 0}\left(2-\dfrac{\tan x}{\sin x}\right)^{1/x^2}=$ _____；

(3) 若 $\lim\limits_{x\to 0}\left[\dfrac{1}{x}-\left(\dfrac{1}{x}-a\right)e^{2x}\right]=0$，则 $a=$ _____；

(4) 设函数 $f(x)=a^x(a>0,a\neq 1)$，则 $\lim\limits_{n\to\infty}\dfrac{1}{n^2}\ln[f(1)f(2)\cdots f(n)]=$ _____；

(5) 当 $x\to\infty$ 时，$f(x)$ 与 $\dfrac{1}{x^2}$ 是等价无穷小，则 $\lim\limits_{x\to\infty}3x^2f(x)=$ _____；

(6) $\lim\limits_{n\to\infty}[\sqrt{1+2+\cdots+n}-\sqrt{1+2+\cdots+(n-1)}]=$ _____ ;

(7) 设当 $x\to 0$ 时, $\sqrt[3]{1+ax^2}-1$ 与 $\cos x-1$ 是等价无穷小,则常数 $a=$ _____ .

6. 求下列极限:

(1) $\lim\limits_{x\to\infty}\dfrac{2x^2+1}{x+2}\sin\dfrac{3}{x}$；　　　　(2) $\lim\limits_{x\to+\infty}\dfrac{\cos x}{e^x+e^{-x}}$；

(3) $\lim\limits_{x\to 0}\dfrac{3\sin x+x^2\cos\dfrac{1}{x}}{(1+\cos x)\ln(1+x)}$；　　(4) $\lim\limits_{x\to+\infty}\ln(1+2^x)\ln\left(1+\dfrac{1}{x}\right)$.

7. 设清除费用 $C(x)$ 与清除污染成分的 $x\%$ 之间的函数模型为

$$C(x)=\dfrac{7\,300x}{100-x}.$$

(1) 求 $\lim\limits_{x\to 60}C(x)$；

(2) 求 $\lim\limits_{x\to 100^-}C(x)$；

(3) 能否 100% 地清除污染?

8. 某城市居民每月用水费用的函数模型是

$$C(x)=\begin{cases}3.64x, & 0\leqslant x\leqslant 4.5,\\ 12.88+5\times 3.64(x-4.5), & x>4.5,\end{cases}$$

其中 x 为用水量(单位:t), $C(x)$ 为水费(单位:元).

(1) 求 $\lim\limits_{x\to 4.5}C(x)$；

(2) $C(x)$ 是连续函数吗?

(3) 描绘 $C(x)$ 的图形.

9. 若某商品需求函数 $Q=f(P)$ 及供给函数 $Q=g(P)$ 均为连续函数,且满足

(1) 当商品的售价为某个较低价格 P_0 时,需求超过供给;

(2) 当商品的售价为某个较高价格 P^* 时,供给超过需求,

证明一定存在一个均衡价格 P_e,使得 $f(P_e)=g(P_e)$,并解释其经济意义.

*10. 设 $x_1=10, x_{n+1}=\sqrt{6+x_n}$ ($n=1,2,\cdots$),试证数列 $\{x_n\}$ 的极限存在,并求此极限.

11. 证明:方程 $\dfrac{5}{x-1}+\dfrac{7}{x-2}+\dfrac{16}{x-3}=0$ 在 $(1,2)$ 与 $(2,3)$ 内至少有一个实根.

12. 设函数 $f(x)$ 在闭区间 $[0,a]$ 上连续,且 $f(0)=f(a)$,证明:方程 $f(x)=f\left(x+\dfrac{a}{2}\right)$ 在开区间 $(0,a)$ 内至少有一个实根.

*13. 零点定理表明满足定理条件的方程 $f(x)=0$ 在区间 (a,b) 内必有实根. 更进一步,可用对分区间法(或称二分法)求这个根的近似值. 其流程是:将区间

(a,b) 从中点处一分为二,即对分区间,先检查中点是否是根,若是,则结束流程;若不是,则在对分区间中取出端点函数值异号的区间,该区间一定包含方程的根,再将该区间对分,检查其中点是否为根……如此循环往复,每次对分,包含根的区间长度都会缩短一半,直到其长度小于给定的误差(达到满意的精度),此时结束流程,取该区间中点作为精度满意的近似根.显然精度越高手工计算就越吃力,但像如此程序化的工作完全可用数学软件编程交给计算机自动完成,请写出上述流程的算法,任选一款数学软件编程,用计算机求例 2.37 中误差小于 10^{-3} 的近似根.

14. 计算 $\lim\limits_{x\to 1}\dfrac{x^2-1}{x-1}, \lim\limits_{x\to 1}\dfrac{x^3-1}{x-1}$.

由此得到启发,进一步推广,计算

$$\lim_{x\to 1}\frac{x^n-1}{x-1} \ (n\in \mathbf{N}_+).$$

再思考:当 $x\to 1$ 时,试比较 x^n-1 与 $x-1$ 的阶数.

以 $n=2,3,4$ 为例,画出图形,从直观上感知你的结果. 在数学学习中,有许多地方需要创新思维能力,比如从特殊到一般,举一反三等. 请读者在今后学习中逐渐体会.

第 3 章

导数与微分

> 导数与微分是微分学的两个重要概念.导数反映的是因变量相对于自变量的变化而变化的快慢程度,即函数的变化率;而微分则表示在自变量有微小变化时,函数变化的线性近似的可能性.导数与微分不仅是研究函数性态以及函数的线性近似的有效工具,也是解决许多实际问题的有力工具.本章主要讨论导数与微分的概念、计算方法及其在实际问题中的初步应用.

3.1 导数的概念

3.1.1 变化率问题举例

例 3.1 如图 3.1.设有一质点 M 在直线上自点 O 开始做变速运动,经过时间 t 后,该点离点 O 的距离 s 是时间 t 的函数,记作 $s=f(t)$.求在时刻 t_0 的瞬时速度.

解 设从 t_0 到 $t_0+\Delta t$ 这段时间内距离从 s_0 变到 $s_0+\Delta s$,在 Δt 内质点 M 所走的路程为 $\Delta s = f(t_0+\Delta t)-f(t_0)$,故在 Δt 内质点 M 的平均速度为

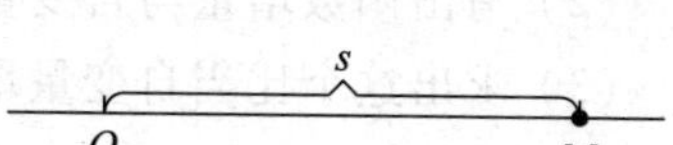

$$\bar{v} = \frac{\Delta s}{\Delta t} = \frac{f(t_0+\Delta t)-f(t_0)}{\Delta t}.$$

图 3.1

若质点做匀速运动,则平均速度 $\bar{v}$ 就是质点 M 在任何时刻的速度 v;若质点做变速运动,则 $\bar{v}$ 一般不会正好是质点 M 在 t_0 时刻的瞬时速度 v,但 Δt 愈小,$\bar{v}$ 就愈接近质点 M 在时刻 t_0 的瞬时速度 v.因此当 $\Delta t \to 0$ 时,若平均速度 $\bar{v}$ 的极限存在,则称该极限为质点 M 在时刻 t_0 的瞬时速度,即

$$v = \lim_{\Delta t \to 0} \frac{\Delta s}{\Delta t} = \lim_{\Delta t \to 0} \frac{f(t_0 + \Delta t) - f(t_0)}{\Delta t}.$$

瞬时速度 v 反映了路程函数 $s(t)$ 相对于时间 t 的改变快慢,称为路程函数 $s(t)$ 对于自变量 t 的变化率.

例 3.2 如图 3.2,设平面曲线 C 是函数 $y = f(x)$ 的图形,求曲线 C 上点 $P_0(x_0, f(x_0))$ 处的切线的斜率.

解 在点 P_0 附近另取曲线 C 上一点 $P(x_0 + \Delta x, f(x_0 + \Delta x))$,连接 $P_0 P$,则直线 $P_0 P$ 为曲线 C 的一条割线. 设它与 x 轴的倾角为 φ,则割线 $P_0 P$ 的斜率为

$$\tan \varphi = \frac{\Delta y}{\Delta x} = \frac{f(x_0 + \Delta x) - f(x_0)}{\Delta x}.$$

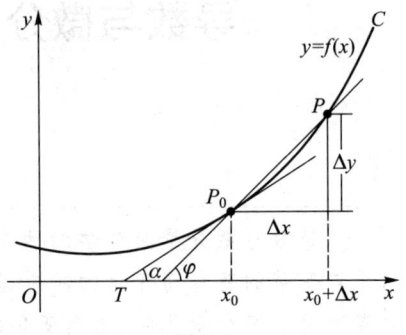

图 3.2

当点 P 沿曲线 C 趋于点 P_0(即 $\Delta x \to 0$)时,割线 $P_0 P$ 就绕点 P_0 旋转,若其极限位置存在,设为直线 $P_0 T$,则称直线 $P_0 T$ 为曲线 C 在点 P_0 处的切线,其斜率就是割线 $P_0 P$ 的斜率的极限. 设切线 $P_0 T$ 对 x 轴的倾角为 α,则切线 $P_0 T$ 的斜率为

$$k = \tan \alpha = \lim_{\Delta x \to 0} \frac{\Delta y}{\Delta x} = \lim_{\Delta x \to 0} \frac{f(x_0 + \Delta x) - f(x_0)}{\Delta x}.$$

3.1.2 导数的概念

上面两个问题,虽然实际意义不同,但解决问题的数学方法完全相同,即
(1) 对应自变量的增量算出函数的增量;
(2) 写出函数增量与自变量增量之比(称为函数的平均变化率);
(3) 求出这个比当自变量增量趋于 0 时的极限(称为函数在这一点的瞬时变化率).

经过这样的抽象,我们就可以引入导数的概念.

定义 3.1 设函数 $y = f(x)$ 在点 x_0 的 δ 邻域 $U(x_0, \delta)$ 内有定义. 当自变量 x 有改变量 $\Delta x \neq 0$(且 $(x_0 + \Delta x) \in U(x_0, \delta)$)时,函数有相应的改变量

$$\Delta y = f(x_0 + \Delta x) - f(x_0).$$

若极限

$$\lim_{\Delta x \to 0} \frac{\Delta y}{\Delta x} = \lim_{\Delta x \to 0} \frac{f(x_0 + \Delta x) - f(x_0)}{\Delta x}$$

第3章
导数与微分

> 导数与微分是微分学的两个重要概念.导数反映的是因变量相对于自变量的变化而变化的快慢程度,即函数的变化率;而微分则表示在自变量有微小变化时,函数变化的线性近似的可能性.导数与微分不仅是研究函数性态以及函数的线性近似的有效工具,也是解决许多实际问题的有力工具.本章主要讨论导数与微分的概念、计算方法及其在实际问题中的初步应用.

3.1 导数的概念

3.1.1 变化率问题举例

例 3.1 如图 3.1.设有一质点 M 在直线上自点 O 开始做变速运动,经过时间 t 后,该点离点 O 的距离 s 是时间 t 的函数,记作 $s = f(t)$.求在时刻 t_0 的瞬时速度.

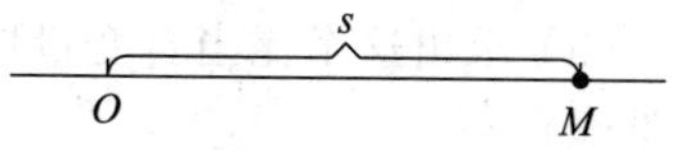

解 设从 t_0 到 $t_0 + \Delta t$ 这段时间内距离从 s_0 变到 $s_0 + \Delta s$,在 Δt 内质点 M 所走的路程为 $\Delta s = f(t_0 + \Delta t) - f(t_0)$,故在 Δt 内质点 M 的平均速度为

图 3.1

$$\bar{v} = \frac{\Delta s}{\Delta t} = \frac{f(t_0 + \Delta t) - f(t_0)}{\Delta t}.$$

若质点做匀速运动,则平均速度 $\bar{v}$ 就是质点 M 在任何时刻的速度 v;若质点做变速运动,则 $\bar{v}$ 一般不会正好是质点 M 在 t_0 时刻的瞬时速度 v,但 Δt 愈小, $\bar{v}$ 就愈接近质点 M 在时刻 t_0 的瞬时速度 v.因此当 $\Delta t \to 0$ 时,若平均速度 $\bar{v}$ 的极限存在,则称该极限为质点 M 在时刻 t_0 的瞬时速度,即

$$v = \lim_{\Delta t \to 0} \frac{\Delta s}{\Delta t} = \lim_{\Delta t \to 0} \frac{f(t_0 + \Delta t) - f(t_0)}{\Delta t}.$$

瞬时速度 v 反映了路程函数 $s(t)$ 相对于时间 t 的改变快慢,称为路程函数 $s(t)$ 对于自变量 t 的变化率.

例 3.2 如图 3.2,设平面曲线 C 是函数 $y = f(x)$ 的图形,求曲线 C 上点 $P_0(x_0, f(x_0))$ 处的切线的斜率.

解 在点 P_0 附近另取曲线 C 上一点 $P(x_0 + \Delta x, f(x_0 + \Delta x))$,连接 $P_0 P$,则直线 $P_0 P$ 为曲线 C 的一条割线.设它与 x 轴的倾角为 φ,则割线 $P_0 P$ 的斜率为

$$\tan \varphi = \frac{\Delta y}{\Delta x} = \frac{f(x_0 + \Delta x) - f(x_0)}{\Delta x}.$$

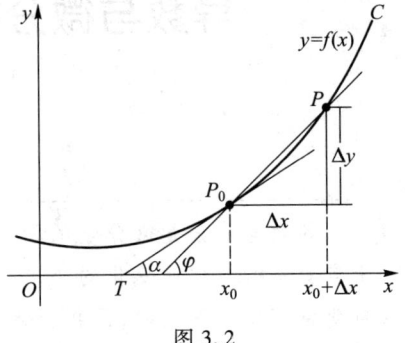

图 3.2

当点 P 沿曲线 C 趋于点 P_0(即 $\Delta x \to 0$)时,割线 $P_0 P$ 就绕点 P_0 旋转,若其极限位置存在,设为直线 $P_0 T$,则称直线 $P_0 T$ 为曲线 C 在点 P_0 处的切线,其斜率就是割线 $P_0 P$ 的斜率的极限.设切线 $P_0 T$ 对 x 轴的倾角为 α,则切线 $P_0 T$ 的斜率为

$$k = \tan \alpha = \lim_{\Delta x \to 0} \frac{\Delta y}{\Delta x} = \lim_{\Delta x \to 0} \frac{f(x_0 + \Delta x) - f(x_0)}{\Delta x}.$$

3.1.2 导数的概念

上面两个问题,虽然实际意义不同,但解决问题的数学方法完全相同,即

(1) 对应自变量的增量算出函数的增量;

(2) 写出函数增量与自变量增量之比(称为函数的平均变化率);

(3) 求出这个比当自变量增量趋于 0 时的极限(称为函数在这一点的瞬时变化率).

经过这样的抽象,我们就可以引入导数的概念.

定义 3.1 设函数 $y = f(x)$ 在点 x_0 的 δ 邻域 $U(x_0, \delta)$ 内有定义.当自变量 x 有改变量 $\Delta x \neq 0$(且 $(x_0 + \Delta x) \in U(x_0, \delta)$)时,函数有相应的改变量

$$\Delta y = f(x_0 + \Delta x) - f(x_0).$$

若极限

$$\lim_{\Delta x \to 0} \frac{\Delta y}{\Delta x} = \lim_{\Delta x \to 0} \frac{f(x_0 + \Delta x) - f(x_0)}{\Delta x}$$

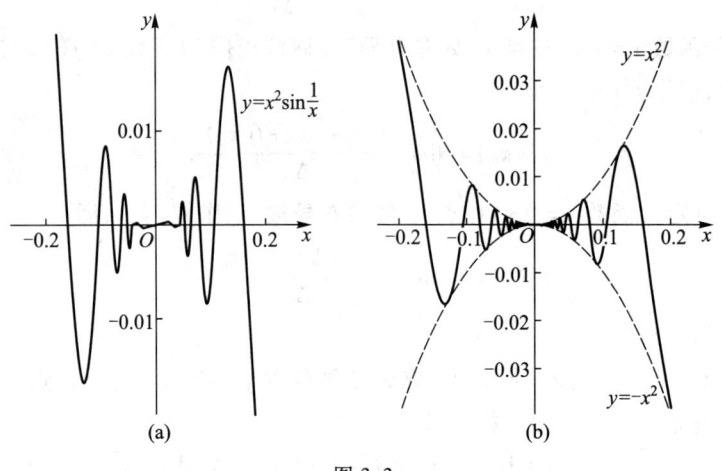

存在,则称**函数** $y=f(x)$ **在点** x_0 **处可导**,并称该极限为函数 $y=f(x)$ 在点 x_0 处的**导数**,记作

$$f'(x_0), \quad y'|_{x=x_0}, \quad \frac{\mathrm{d}y}{\mathrm{d}x}\bigg|_{x=x_0}, \quad \frac{\mathrm{d}f(x)}{\mathrm{d}x}\bigg|_{x=x_0},$$

即

$$f'(x_0) = \lim_{\Delta x \to 0} \frac{f(x_0+\Delta x)-f(x_0)}{\Delta x}. \tag{3.1}$$

有时采用 $\Delta x = x - x_0$ 或 $\Delta x = h$ 等其他记法,公式(3.1)又有以下常见形式:

$$f'(x_0) = \lim_{x \to x_0} \frac{f(x)-f(x_0)}{x-x_0}, \quad f'(x_0) = \lim_{h \to 0} \frac{f(x_0+h)-f(x_0)}{h}.$$

若极限 $\lim\limits_{\Delta x \to 0} \dfrac{\Delta y}{\Delta x}$ 不存在,则称**函数** $y=f(x)$ **在点** x_0 **处不可导**. 特别地,若 $\lim\limits_{\Delta x \to 0} \dfrac{\Delta y}{\Delta x} = \infty$,为了方便起见,也称函数 $y=f(x)$ 在点 x_0 处的导数为无穷大,记作 $f'(x_0) = \infty$.

类似于单侧极限,也有单侧导数的概念.

定义 3.2 设函数 $y=f(x)$ 在点 x_0 的某左邻域内有定义,且极限

$$\lim_{\Delta x \to 0^-} \frac{\Delta y}{\Delta x} = \lim_{\Delta x \to 0^-} \frac{f(x_0+\Delta x)-f(x_0)}{\Delta x}$$

存在,则称**函数** $y=f(x)$ **在点** x_0 **处左可导**,并称该极限为函数 $y=f(x)$ 在点 x_0 处的**左导数**,记作 $f'_-(x_0)$,即

$$f'_-(x_0) = \lim_{\Delta x \to 0^-} \frac{f(x_0+\Delta x)-f(x_0)}{\Delta x}.$$

类似可定义函数 $y=f(x)$ 在点 x_0 处的**右导数**,记作 $f'_+(x_0)$,即

$$f'_+(x_0) = \lim_{\Delta x \to 0^+} \frac{f(x_0+\Delta x)-f(x_0)}{\Delta x}.$$

易得如下结论:

函数 $y=f(x)$ 在点 x_0 处可导的**充分必要条件**是函数 $y=f(x)$ 在点 x_0 处既左可导又右可导,且左、右导数相等. 即

$$f'(x_0) = A \Leftrightarrow f'_-(x_0) = f'_+(x_0) = A \ (A \text{ 为常数}).$$

若函数 $f(x)$ 在开区间 (a,b) 内每一点都可导,则称**函数** $f(x)$ **在开区间** (a,b) **内可导**;若函数 $f(x)$ 在开区间 (a,b) 内可导,且在左端点 a 处右可导,右端点 b 处左可导,则称**函数** $f(x)$ **在闭区间** $[a,b]$ **上可导**. 类似地,可定义函数在半开半闭区间上的可导性.

若函数 $f(x)$ 在某区间 I 上可导,我们也称其为区间 I 上的**可导函数**.

显然,若函数 $f(x)$ 在区间 I 上可导,则对于任意 $x \in I$,有且仅有一个实数 $f'(x)$ 与之对应,从而在区间 I 上定义了一个新的函数,称其为函数 $f(x)$ 的**导函数**,简称**导数**,记作

$$f'(x), \quad y', \quad \frac{\mathrm{d}y}{\mathrm{d}x}, \quad \frac{\mathrm{d}f(x)}{\mathrm{d}x}.$$

显然,函数 $y=f(x)$ 在点 x_0 处的导数 $f'(x_0)$ 就是其导函数 $f'(x)$ 在点 x_0 处的函数值,即 $f'(x_0) = f'(x)\big|_{x=x_0}$.

例 3.3 讨论函数 $f(x) = \begin{cases} x^2 \sin \dfrac{1}{x}, & x \neq 0 \\ 0, & x = 0 \end{cases}$ 在 $x=0$ 处的可导性.

解 因极限

$$\lim_{\Delta x \to 0} \frac{f(0+\Delta x) - f(0)}{\Delta x} = \lim_{\Delta x \to 0} \frac{(\Delta x)^2 \sin \dfrac{1}{\Delta x} - 0}{\Delta x} = \lim_{\Delta x \to 0} \Delta x \sin \frac{1}{\Delta x} = 0,$$

故该函数在 $x=0$ 处可导且 $f'(0) = 0$.

注 用计算机画出其在 $x=0$ 处附近的图形并放大(得到手工画图无法达到的效果),还可以用 $y = x^2$ 及 $y = -x^2$ 去夹逼它,都可以看出该曲线在 $x=0$ 处有水平切线,如图 3.3 所示.

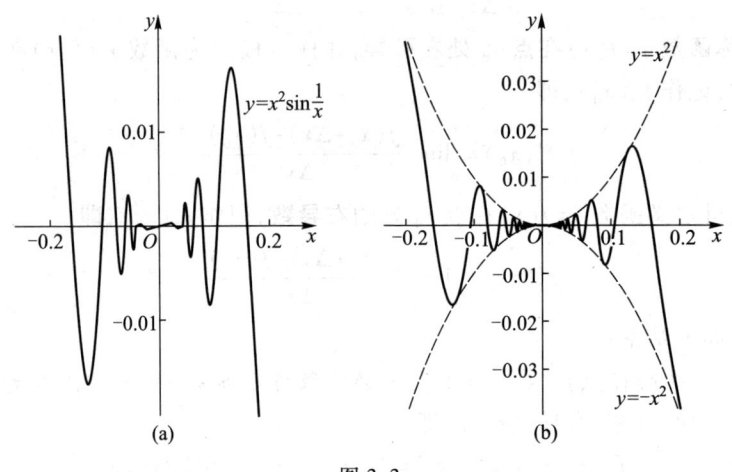

图 3.3

例 3.4 讨论函数 $y = f(x) = |x|$ 在 $x=0$ 处的可导性.

解 因

$$f'_-(0) = \lim_{\Delta x \to 0^-} \frac{f(0+\Delta x) - f(0)}{\Delta x} = \lim_{\Delta x \to 0^-} \frac{|0+\Delta x| - 0}{\Delta x} = \lim_{\Delta x \to 0^-} \frac{-\Delta x}{\Delta x} = -1,$$

$$f'_+(0) = \lim_{\Delta x \to 0^+} \frac{f(0+\Delta x)-f(0)}{\Delta x} = \lim_{\Delta x \to 0^+} \frac{|0+\Delta x|-0}{\Delta x} = \lim_{\Delta x \to 0^+} \frac{\Delta x}{\Delta x} = 1,$$

即该函数在 $x=0$ 处的左、右导数虽然存在,但不相等,故该函数在 $x=0$ 处不可导. 其图形如 1.2 节图 1.3 所示,在 $x=0$ 处该曲线无切线. 一般地,若函数图形在某点出现"尖角",则此时曲线在该点无切线,函数在该点不可导.

例 3.5 讨论函数 $y=f(x)=\sqrt[3]{x}$ 在 $x=0$ 处的可导性.

解 因

$$\lim_{\Delta x \to 0} \frac{\Delta y}{\Delta x} = \lim_{\Delta x \to 0} \frac{f(0+\Delta x)-f(0)}{\Delta x} = \lim_{\Delta x \to 0} \frac{\sqrt[3]{0+\Delta x}-0}{\Delta x} = \lim_{\Delta x \to 0} \frac{1}{\sqrt[3]{(\Delta x)^2}} = \infty,$$

即极限 $\lim_{\Delta x \to 0} \frac{\Delta y}{\Delta x}$ 不存在,故该函数在 $x=0$ 处不可导,但记 $f'(0) = \infty$. 其图形见附录,该曲线在 $x=0$ 处虽有切线 $x=0$,即 y 轴,但斜率为无穷大(不存在).

下面用导数定义求一些简单函数的导数.

例 3.6 求函数 $f(x) = C$(C 为常数)的导数.

解
$$(C)' = \lim_{\Delta x \to 0} \frac{f(x+\Delta x)-f(x)}{\Delta x} = \lim_{\Delta x \to 0} \frac{C-C}{\Delta x} = 0,$$

即
$$(C)' = 0.$$

例 3.7 求函数 $f(x) = \sin x$ 的导数.

解
$$(\sin x)' = \lim_{\Delta x \to 0} \frac{\sin(x+\Delta x)-\sin x}{\Delta x} = \lim_{\Delta x \to 0} \frac{2\sin\frac{\Delta x}{2}\cos\left(x+\frac{\Delta x}{2}\right)}{\Delta x} = \cos x,$$

即
$$(\sin x)' = \cos x.$$

注 类似可求得 $(\cos x)' = -\sin x$.

例 3.8 求函数 $f(x) = x^n$ ($n \in \mathbf{N}_+$)的导数.

解 当 $x=0$ 时,$f'(0) = \lim_{\Delta x \to 0} \frac{(0+\Delta x)^n - 0}{\Delta x} = \lim_{\Delta x \to 0} (\Delta x)^{n-1} = 0$;

当 $x \neq 0$ 时,$(x^n)' = \lim_{\Delta x \to 0} \frac{(x+\Delta x)^n - x^n}{\Delta x} = x^n \lim_{\Delta x \to 0} \frac{\left(1+\frac{\Delta x}{x}\right)^n - 1}{\Delta x}$

$$= x^n \lim_{\Delta x \to 0} \frac{\frac{\Delta x}{x}\left[\left(1+\frac{\Delta x}{x}\right)^{n-1} + \left(1+\frac{\Delta x}{x}\right)^{n-2} + \cdots + \left(1+\frac{\Delta x}{x}\right) + 1\right]}{\Delta x} = nx^{n-1}.$$

总之 $(x^n)' = nx^{n-1}$ ($n \in \mathbf{N}_+$).

注 事实上,对于任意 $\mu \in \mathbf{R}$,都有 $(x^\mu)' = \mu x^{\mu-1}$.

例 3.9 求函数 $f(x)=a^x$ ($a>0$,且 $a\neq 1$)的导数.

解 $(a^x)'=\lim\limits_{\Delta x\to 0}\dfrac{a^{(x+\Delta x)}-a^x}{\Delta x}=a^x\lim\limits_{\Delta x\to 0}\dfrac{a^{\Delta x}-1}{\Delta x}=a^x\ln a.$

即 $$(a^x)'=a^x\ln a.$$

特别地, $$(e^x)'=e^x.$$

3.1.3 函数的可导性与连续性的关系

定理 3.1 若函数 $f(x)$ 在点 x_0 处可导,则函数 $f(x)$ 在点 x_0 处连续.

证 由函数 $f(x)$ 在点 x_0 处可导,可知
$$\lim_{\Delta x\to 0}\frac{\Delta y}{\Delta x}=f'(x_0).$$
又由函数极限与无穷小的关系知
$$\frac{\Delta y}{\Delta x}=f'(x_0)+\alpha,$$
其中 α 为当 $\Delta x\to 0$ 时的无穷小,即
$$\Delta y=f'(x_0)\cdot\Delta x+\alpha\cdot\Delta x.$$
于是 $\lim\limits_{\Delta x\to 0}\Delta y=\lim\limits_{\Delta x\to 0}[f'(x_0)\cdot\Delta x+\alpha\cdot\Delta x]=0$,即函数 $f(x)$ 在点 x_0 处连续.

注 该定理的逆命题不成立. 如例 3.4 与 3.5 中的函数在 $x=0$ 处均连续,但不可导. 故函数连续是其可导的必要条件,不是充分条件. 简言之,可导必连续,连续不一定可导.

例 3.10 设函数
$$f(x)=\begin{cases}e^x, & x\leqslant 0,\\ x^2+ax+b, & x>0,\end{cases}$$
试问 a,b 取何值时,函数 $f(x)$ 在 $x=0$ 处可导?

解 函数 $f(x)$ 在 $x=0$ 处可导的必要条件是其在 $x=0$ 处连续,即
$$f(0^-)=f(0^+)=f(0).$$
又 $f(0)=1$, $f(0^-)=1$, $f(0^+)=\lim\limits_{x\to 0^+}(x^2+ax+b)=b$,故 $b=1$. 于是

当 $x>0$ 时, $$f(x)=x^2+ax+1.$$

又有
$$f'_-(0)=\lim_{x\to 0^-}\frac{f(x)-f(0)}{x-0}=\lim_{x\to 0^-}\frac{e^x-1}{x}=1,$$
$$f'_+(0)=\lim_{x\to 0^+}\frac{f(x)-f(0)}{x-0}=\lim_{x\to 0^+}\frac{(x^2+ax+1)-1}{x}=a.$$

$$f'_+(0) = \lim_{\Delta x \to 0^+} \frac{f(0+\Delta x) - f(0)}{\Delta x} = \lim_{\Delta x \to 0^+} \frac{|0+\Delta x| - 0}{\Delta x} = \lim_{\Delta x \to 0^+} \frac{\Delta x}{\Delta x} = 1,$$

即该函数在 $x=0$ 处的左、右导数虽然存在,但不相等,故该函数在 $x=0$ 处不可导. 其图形如 1.2 节图 1.3 所示,在 $x=0$ 处该曲线无切线. 一般地,若函数图形在某点出现"尖角",则此时曲线在该点无切线,函数在该点不可导.

例 3.5 讨论函数 $y = f(x) = \sqrt[3]{x}$ 在 $x=0$ 处的可导性.

解 因

$$\lim_{\Delta x \to 0} \frac{\Delta y}{\Delta x} = \lim_{\Delta x \to 0} \frac{f(0+\Delta x) - f(0)}{\Delta x} = \lim_{\Delta x \to 0} \frac{\sqrt[3]{0+\Delta x} - 0}{\Delta x} = \lim_{\Delta x \to 0} \frac{1}{\sqrt[3]{(\Delta x)^2}} = \infty,$$

即极限 $\lim\limits_{\Delta x \to 0} \dfrac{\Delta y}{\Delta x}$ 不存在,故该函数在 $x=0$ 处不可导,但记 $f'(0) = \infty$. 其图形见附录,该曲线在 $x=0$ 处虽有切线 $x=0$,即 y 轴,但斜率为无穷大(不存在).

下面用导数定义求一些简单函数的导数.

例 3.6 求函数 $f(x) = C$(C 为常数)的导数.

解
$$(C)' = \lim_{\Delta x \to 0} \frac{f(x+\Delta x) - f(x)}{\Delta x} = \lim_{\Delta x \to 0} \frac{C-C}{\Delta x} = 0,$$

即 $(C)' = 0.$

例 3.7 求函数 $f(x) = \sin x$ 的导数.

解
$$(\sin x)' = \lim_{\Delta x \to 0} \frac{\sin(x+\Delta x) - \sin x}{\Delta x} = \lim_{\Delta x \to 0} \frac{2\sin\dfrac{\Delta x}{2}\cos\left(x+\dfrac{\Delta x}{2}\right)}{\Delta x} = \cos x,$$

即 $(\sin x)' = \cos x.$

注 类似可求得 $(\cos x)' = -\sin x.$

例 3.8 求函数 $f(x) = x^n$ ($n \in \mathbf{N}_+$) 的导数.

解 当 $x=0$ 时,$f'(0) = \lim\limits_{\Delta x \to 0} \dfrac{(0+\Delta x)^n - 0}{\Delta x} = \lim\limits_{\Delta x \to 0} (\Delta x)^{n-1} = 0$;

当 $x \neq 0$ 时,$(x^n)' = \lim\limits_{\Delta x \to 0} \dfrac{(x+\Delta x)^n - x^n}{\Delta x} = x^n \lim\limits_{\Delta x \to 0} \dfrac{\left(1+\dfrac{\Delta x}{x}\right)^n - 1}{\Delta x}$

$$= x^n \lim_{\Delta x \to 0} \frac{\dfrac{\Delta x}{x}\left[\left(1+\dfrac{\Delta x}{x}\right)^{n-1} + \left(1+\dfrac{\Delta x}{x}\right)^{n-2} + \cdots + \left(1+\dfrac{\Delta x}{x}\right) + 1\right]}{\Delta x} = nx^{n-1}.$$

总之 $(x^n)' = nx^{n-1}$ ($n \in \mathbf{N}_+$).

注 事实上,对于任意 $\mu \in \mathbf{R}$,都有 $(x^\mu)' = \mu x^{\mu-1}.$

例 3.9 求函数 $f(x)=a^x(a>0,且\ a\neq 1)$ 的导数.

解 $(a^x)'=\lim\limits_{\Delta x\to 0}\dfrac{a^{(x+\Delta x)}-a^x}{\Delta x}=a^x\lim\limits_{\Delta x\to 0}\dfrac{a^{\Delta x}-1}{\Delta x}=a^x\ln a.$

即 $$(a^x)'=a^x\ln a.$$

特别地, $$(\mathrm{e}^x)'=\mathrm{e}^x.$$

3.1.3 函数的可导性与连续性的关系

定理 3.1 若函数 $f(x)$ 在点 x_0 处可导,则函数 $f(x)$ 在点 x_0 处连续.

证 由函数 $f(x)$ 在点 x_0 处可导,可知
$$\lim\limits_{\Delta x\to 0}\dfrac{\Delta y}{\Delta x}=f'(x_0).$$

又由函数极限与无穷小的关系知
$$\dfrac{\Delta y}{\Delta x}=f'(x_0)+\alpha,$$

其中 α 为当 $\Delta x\to 0$ 时的无穷小,即
$$\Delta y=f'(x_0)\cdot\Delta x+\alpha\cdot\Delta x.$$

于是 $\lim\limits_{\Delta x\to 0}\Delta y=\lim\limits_{\Delta x\to 0}[f'(x_0)\cdot\Delta x+\alpha\cdot\Delta x]=0$,即函数 $f(x)$ 在点 x_0 处连续.

注 该定理的逆命题不成立. 如例 3.4 与 3.5 中的函数在 $x=0$ 处均连续,但不可导. 故函数连续是其可导的必要条件,不是充分条件. 简言之,可导必连续,连续不一定可导.

例 3.10 设函数
$$f(x)=\begin{cases}\mathrm{e}^x, & x\leq 0,\\ x^2+ax+b, & x>0,\end{cases}$$

试问 a,b 取何值时,函数 $f(x)$ 在 $x=0$ 处可导?

解 函数 $f(x)$ 在 $x=0$ 处可导的必要条件是其在 $x=0$ 处连续,即
$$f(0^-)=f(0^+)=f(0).$$

又 $f(0)=1,f(0^-)=1,f(0^+)=\lim\limits_{x\to 0^+}(x^2+ax+b)=b$,故 $b=1$. 于是

当 $x>0$ 时, $$f(x)=x^2+ax+1.$$

又有
$$f'_-(0)=\lim\limits_{x\to 0^-}\dfrac{f(x)-f(0)}{x-0}=\lim\limits_{x\to 0^-}\dfrac{\mathrm{e}^x-1}{x}=1,$$

$$f'_+(0)=\lim\limits_{x\to 0^+}\dfrac{f(x)-f(0)}{x-0}=\lim\limits_{x\to 0^+}\dfrac{(x^2+ax+1)-1}{x}=a.$$

于是,由函数 $f(x)$ 在点 x_0 处可导的充要条件知 $a=1$.

所以当 $a=1, b=1$ 时,函数 $f(x)$ 在 $x=0$ 处可导.

3.1.4 导数的几何意义

由例 3.2 及导数的定义知:函数 $f(x)$ 在点 x_0 处的导数 $f'(x_0)$ 的几何意义是平面曲线 $y=f(x)$ 上点 $P_0(x_0, y_0)$ 处的切线的斜率,即

$$k = \tan \alpha = f'(x_0),$$

其中 α 为切线对 x 轴的倾角.

因此,曲线 $y=f(x)$ 上点 $P_0(x_0, y_0)$ 处的切线方程为

$$y - y_0 = f'(x_0)(x - x_0).$$

过切点 $P_0(x_0, y_0)$ 且与切线垂直的直线,称为曲线 $y=f(x)$ 在点 $P_0(x_0, y_0)$ 处的**法线**. 若 $f'(x_0) \neq 0$,则法线方程为

$$y - y_0 = -\frac{1}{f'(x_0)}(x - x_0).$$

特别地,当 $f'(x_0) = 0$ 时,切线平行于 x 轴,即 $y = y_0$,法线垂直于 x 轴,即 $x = x_0$;当 $f'(x_0) = \infty$ 时,切线垂直于 x 轴,即 $x = x_0$,法线平行于 x 轴,即 $y = y_0$.

例 3.11 求曲线 $y = x^3$ 在点 $(1,1)$ 处的切线方程和法线方程.

解 因 $y'|_{x=1} = 3x^2|_{x=1} = 3$,故所求的切线方程为

$$y - 1 = 3(x - 1),$$

即

$$3x - y - 2 = 0.$$

法线方程为

$$y - 1 = -\frac{1}{3}(x - 1),$$

即

$$x + 3y - 4 = 0.$$

习 题 3.1

1. 设函数 $f(x)$ 在点 x_0 或 0 处可导,求:

(1) $\lim\limits_{\Delta x \to 0} \dfrac{f(x_0 - \Delta x) - f(x_0)}{\Delta x}$;

(2) $\lim\limits_{h \to 0} \dfrac{f(x_0 + h) - f(x_0 - h)}{h}$;

(3) $\lim\limits_{\Delta x \to 0^+} \dfrac{f(x_0 - \Delta x) - f(x_0)}{\Delta x}$;

(4) $\lim\limits_{x \to 0} \dfrac{f(x)}{x}$(其中 $f(0) = 0$).

2. 求下列函数的导数:

(1) $y = \dfrac{x^2}{\sqrt[3]{x}}$;

(2) $y = x^3 \sqrt{x}$.

3. 求曲线 $y=e^x$ 在点 $(1,e)$ 处的切线方程和法线方程.

4. 讨论下列函数在 $x=0$ 处是否连续,是否可导:

(1) $y=\sqrt{x}$;

(2) $y=\sqrt[3]{x^2}$;

(3) $f(x)=\begin{cases} x\sin\dfrac{1}{x}, & x\neq 0, \\ 0, & x=0; \end{cases}$

(4) $f(x)=|\sin x|$.

再用计算机或手工画出它们的图形,与图 3.3、抛物线、绝对值函数图形及正弦曲线进行对比,有什么联系与区别? 它们是否具有奇偶性、周期性等性质?

进一步思考:通过图形,你直观地感觉

$$\text{当 } x\to\infty \text{ 时}, x\sin\dfrac{1}{x}\to? \quad x^2\sin\dfrac{1}{x}\to?$$

再计算 $\lim\limits_{x\to\infty} x\sin\dfrac{1}{x}$ 和 $\lim\limits_{x\to\infty} x^2\sin\dfrac{1}{x}$,这与你通过图形得到的直观感受一样吗?结合图形来学习数学知识时要注意什么? 在与本书配套的微积分数字课程中,我们进行了计算机数学实验,进一步探究后得到了有趣结果,读者可自行学习.

5. 设

$$f(x)=\begin{cases} x^2, & x\leq 1, \\ ax+b, & x>1, \end{cases}$$

试问 a,b 取何值时,函数 $f(x)$ 在 $x=1$ 处可导?

6. 设函数 $f(x)$ 在 $x=2$ 处连续,且 $\lim\limits_{x\to 2}\dfrac{f(x)}{x-2}=3$,求 $f'(2)$.

3.2 函数的求导法则

前面我们从导数的定义出发求出了几个基本初等函数的导数,但是如果对比较复杂的函数依然用定义求导,就会比较困难. 因此我们还需要建立一些运算法则,使复杂函数的求导问题简单起来. 下面我们就介绍求导的几个基本法则,并给出基本初等函数的求导公式.

3.2.1 导数的四则运算

定理 3.2 若函数 $u(x)$ 与 $v(x)$ 都在 x 处可导,则它们的和、差、积、商(分母不为零)都在 x 处可导,且

(1) $[u(x)\pm v(x)]'=u'(x)\pm v'(x)$;

(2) $[u(x)v(x)]'=u'(x)v(x)+u(x)v'(x)$;

于是,由函数 $f(x)$ 在点 x_0 处可导的充要条件知 $a=1$.

所以当 $a=1,b=1$ 时,函数 $f(x)$ 在 $x=0$ 处可导.

3.1.4 导数的几何意义

由例 3.2 及导数的定义知:函数 $f(x)$ 在点 x_0 处的导数 $f'(x_0)$ 的几何意义是平面曲线 $y=f(x)$ 上点 $P_0(x_0,y_0)$ 处的切线的斜率,即
$$k=\tan \alpha=f'(x_0),$$
其中 α 为切线对 x 轴的倾角.

因此,曲线 $y=f(x)$ 上点 $P_0(x_0,y_0)$ 处的切线方程为
$$y-y_0=f'(x_0)(x-x_0).$$

过切点 $P_0(x_0,y_0)$ 且与切线垂直的直线,称为曲线 $y=f(x)$ 在点 $P_0(x_0,y_0)$ 处的**法线**. 若 $f'(x_0) \neq 0$,则法线方程为
$$y-y_0=-\frac{1}{f'(x_0)}(x-x_0).$$

特别地,当 $f'(x_0)=0$ 时,切线平行于 x 轴,即 $y=y_0$,法线垂直于 x 轴,即 $x=x_0$;当 $f'(x_0)=\infty$ 时,切线垂直于 x 轴,即 $x=x_0$,法线平行于 x 轴,即 $y=y_0$.

例 3.11 求曲线 $y=x^3$ 在点 $(1,1)$ 处的切线方程和法线方程.

解 因 $y'|_{x=1}=3x^2|_{x=1}=3$,故所求的切线方程为
$$y-1=3(x-1),$$
即
$$3x-y-2=0.$$
法线方程为
$$y-1=-\frac{1}{3}(x-1),$$
即
$$x+3y-4=0.$$

习 题 3.1

1. 设函数 $f(x)$ 在点 x_0 或 0 处可导,求:

   (1) $\lim\limits_{\Delta x \to 0} \dfrac{f(x_0-\Delta x)-f(x_0)}{\Delta x}$;

   (2) $\lim\limits_{h \to 0} \dfrac{f(x_0+h)-f(x_0-h)}{h}$;

   (3) $\lim\limits_{\Delta x \to 0^+} \dfrac{f(x_0-\Delta x)-f(x_0)}{\Delta x}$;

   (4) $\lim\limits_{x \to 0} \dfrac{f(x)}{x}$ (其中 $f(0)=0$).

2. 求下列函数的导数:

   (1) $y=\dfrac{x^2}{\sqrt[3]{x}}$;

   (2) $y=x^3\sqrt{x}$.

3. 求曲线 $y=e^x$ 在点 $(1,e)$ 处的切线方程和法线方程.

4. 讨论下列函数在 $x=0$ 处是否连续,是否可导:

(1) $y=\sqrt{x}$;

(2) $y=\sqrt[3]{x^2}$;

(3) $f(x)=\begin{cases} x\sin\dfrac{1}{x}, & x\neq 0, \\ 0, & x=0; \end{cases}$

(4) $f(x)=|\sin x|$.

再用计算机或手工画出它们的图形,与图 3.3、抛物线、绝对值函数图形及正弦曲线进行对比,有什么联系与区别? 它们是否具有奇偶性、周期性等性质?

进一步思考:通过图形,你直观地感觉

当 $x\to\infty$ 时, $x\sin\dfrac{1}{x}\to?$ $x^2\sin\dfrac{1}{x}\to?$

再计算 $\lim\limits_{x\to\infty}x\sin\dfrac{1}{x}$ 和 $\lim\limits_{x\to\infty}x^2\sin\dfrac{1}{x}$,这与你通过图形得到的直观感受一样吗? 结合图形来学习数学知识时要注意什么? 在与本书配套的微积分数字课程中,我们进行了计算机数学实验,进一步探究后得到了有趣结果,读者可自行学习.

5. 设 $f(x)=\begin{cases} x^2, & x\leq 1, \\ ax+b, & x>1, \end{cases}$

试问 a,b 取何值时,函数 $f(x)$ 在 $x=1$ 处可导?

6. 设函数 $f(x)$ 在 $x=2$ 处连续,且 $\lim\limits_{x\to 2}\dfrac{f(x)}{x-2}=3$,求 $f'(2)$.

3.2 函数的求导法则

前面我们从导数的定义出发求出了几个基本初等函数的导数,但是如果对比较复杂的函数依然用定义求导,就会比较困难. 因此我们还需要建立一些运算法则,使复杂函数的求导问题简单起来. 下面我们就介绍求导的几个基本法则,并给出基本初等函数的求导公式.

3.2.1 导数的四则运算

定理 3.2 若函数 $u(x)$ 与 $v(x)$ 都在 x 处可导,则它们的和、差、积、商(分母不为零)都在 x 处可导,且

(1) $[u(x)\pm v(x)]'=u'(x)\pm v'(x)$;

(2) $[u(x)v(x)]'=u'(x)v(x)+u(x)v'(x)$;

(3) $\left[\dfrac{u(x)}{v(x)}\right]' = \dfrac{u'(x)v(x) - u(x)v'(x)}{v^2(x)}$ $(v(x) \neq 0)$.

证 只证(2). 设 $y = u(x)v(x)$. 在 x 处给自变量一个增量 $\Delta x \neq 0$,则相应地有函数增量 Δu 与 Δv. 再由 $y = uv$,有函数增量 Δy,且

$$\Delta y = (u + \Delta u)(v + \Delta v) - uv = \Delta u \cdot v + u \cdot \Delta v + \Delta u \cdot \Delta v.$$

从而

$$\dfrac{\Delta y}{\Delta x} = \dfrac{\Delta u}{\Delta x} \cdot v + u \cdot \dfrac{\Delta v}{\Delta x} + \Delta u \cdot \dfrac{\Delta v}{\Delta x}.$$

又 $u(x)$ 与 $v(x)$ 都在 x 处可导,从而 $u(x)$ 在 x 处连续,即 $\lim\limits_{\Delta x \to 0} \Delta u = 0$. 所以

微视频
函数的求导法则（一）

$$y' = \lim_{\Delta x \to 0} \dfrac{\Delta y}{\Delta x} = \lim_{\Delta x \to 0} \dfrac{\Delta u}{\Delta x} \cdot v + u \cdot \lim_{\Delta x \to 0} \dfrac{\Delta v}{\Delta x} + \lim_{\Delta x \to 0} \Delta u \cdot \lim_{\Delta x \to 0} \dfrac{\Delta v}{\Delta x}$$

$$= u'(x)v(x) + u(x)v'(x),$$

即

$$[u(x)v(x)]' = u'(x)v(x) + u(x)v'(x).$$

(1)、(3) 的证明类似,请读者自己给出.

推论1 该定理中的(1)、(2)可推广到有限个函数的情形.

推论2 设 C 为常数, $u(x)$ 可导,则

$$[u(x) + C]' = u'(x), \quad [Cu(x)]' = Cu'(x).$$

推论3 设函数 $v(x)$ 可导,且 $v(x) \neq 0$,则

$$\left[\dfrac{1}{v(x)}\right]' = -\dfrac{v'(x)}{v^2(x)}.$$

例 3.12 求函数 $y = x^3 + 3^x + \sqrt[3]{x} + 3^3$ 的导数.

解
$$y' = (x^3)' + (3^x)' + (x^{\frac{1}{3}})' + (3^3)' = 3x^2 + 3^x \ln 3 + \dfrac{1}{3} x^{-\frac{2}{3}}$$

$$= 3x^2 + 3^x \ln 3 + \dfrac{1}{3\sqrt[3]{x^2}}.$$

例 3.13 求函数 $y = \tan x$ 的导数.

解
$$y' = \left(\dfrac{\sin x}{\cos x}\right)' = \dfrac{(\sin x)' \cos x - \sin x (\cos x)'}{\cos^2 x}$$

$$= \dfrac{\cos^2 x + \sin^2 x}{\cos^2 x} = \dfrac{1}{\cos^2 x} = \sec^2 x.$$

即
$$(\tan x)' = \sec^2 x.$$

类似可求得
$$(\cot x)' = -\csc^2 x.$$

例 3.14 求函数 $y = \sec x$ 的导数.

解 $y' = (\sec x)' = \left(\dfrac{1}{\cos x}\right)' = -\dfrac{(\cos x)'}{\cos^2 x} = \dfrac{\sin x}{\cos^2 x} = \sec x \tan x.$

即
$$(\sec x)' = \sec x \tan x$$

类似可求得
$$(\csc x)' = -\csc x \cot x.$$

微视频
函数的求导法
则（二）

3.2.2 反函数的求导法则

定理 3.3 若函数 $x = f(y)$ 在区间 I_y 内单调、可导,且 $f'(y) \neq 0$,则它的反函数 $y = f^{-1}(x)$ 在区间 $I_x = \{x \mid x = f(y), y \in I_y\}$ 内也可导,且

$$[f^{-1}(x)]' = \dfrac{1}{f'(y)} \quad \text{或} \quad \dfrac{dy}{dx} = \dfrac{1}{\dfrac{dx}{dy}}.$$

证 由函数 $x = f(y)$ 单调、可导(此时必连续)知,反函数 $y = f^{-1}(x)$ 也单调、连续. 从而当 $\Delta x \to 0$ 时,有 $\Delta y \to 0$,反之亦然. $\forall x \in I_x$,在 I_x 内给予增量 $\Delta x \neq 0$,由 $y = f^{-1}(x)$ 的单调性知对应的增量 $\Delta y \neq 0$,从而

$$[f^{-1}(x)]' = \lim_{\Delta x \to 0} \dfrac{\Delta y}{\Delta x} = \dfrac{1}{\lim\limits_{\Delta x \to 0} \dfrac{\Delta x}{\Delta y}} = \dfrac{1}{\lim\limits_{\Delta y \to 0} \dfrac{\Delta x}{\Delta y}} = \dfrac{1}{f'(y)}.$$

注 简言之,反函数的导数等于直接函数的导数的倒数.

例 3.15 求函数 $y = \arcsin x$, $x \in (-1, 1)$ 的导数.

解 因函数 $y = \arcsin x$, $x \in (-1, 1)$ 是函数 $x = \sin y$, $y \in \left(-\dfrac{\pi}{2}, \dfrac{\pi}{2}\right)$ 的反函数,故由定理 3.3 知(注意 $\cos y > 0$)

$$(\arcsin x)' = \dfrac{1}{(\sin y)'} = \dfrac{1}{\cos y} = \dfrac{1}{\sqrt{1 - \sin^2 y}} = \dfrac{1}{\sqrt{1 - x^2}},$$

即
$$(\arcsin x)' = \dfrac{1}{\sqrt{1 - x^2}}, \quad x \in (-1, 1).$$

类似可求得

$$(\arccos x)' = -\dfrac{1}{\sqrt{1 - x^2}}, \quad x \in (-1, 1);$$

$$(\arctan x)' = \dfrac{1}{1 + x^2}, \quad x \in (-\infty, +\infty);$$

$$(\operatorname{arccot} x)' = -\frac{1}{1+x^2}, \ x \in (-\infty, +\infty);$$

$$(\log_a x)' = \frac{1}{x \ln a} \ (a>0, a \neq 1), \ x \in (0, +\infty).$$

3.2.3 复合函数的求导法则

定理 3.4 若函数 $u = g(x)$ 在点 x 处可导,函数 $y = f(u)$ 在对应点 $u(= g(x))$ 处也可导,则复合函数 $y = f[g(x)]$ 在点 x 处可导,且

$$\frac{\mathrm{d}y}{\mathrm{d}x} = \frac{\mathrm{d}y}{\mathrm{d}u} \cdot \frac{\mathrm{d}u}{\mathrm{d}x} \quad \text{或} \quad y'(x) = f'(u) \cdot g'(x).$$

证 在点 x 处给自变量一个增量 $\Delta x \neq 0$,中间变量 u 得到增量 Δu,又由 Δu 有 Δy. 因函数 $y = f(u)$ 在对应点 u 处可导,故

$$\lim_{\Delta u \to 0} \frac{\Delta y}{\Delta u} = f'(u).$$

再由函数极限与无穷小的关系知

$$\frac{\Delta y}{\Delta u} = f'(u) + \alpha,$$

其中 α 为当 $\Delta u \to 0$ 时的无穷小.

当 $\Delta u \neq 0$ 时,$\Delta y = f'(u) \cdot \Delta u + \alpha \cdot \Delta u$;当 $\Delta u = 0$ 时,此式也成立. 于是令

$$\alpha = \begin{cases} \alpha, & \Delta u \neq 0, \\ 0, & \Delta u = 0, \end{cases}$$

则 $\Delta y = f'(u) \cdot \Delta u + \alpha \cdot \Delta u$. 从而

$$\frac{\Delta y}{\Delta x} = f'(u) \cdot \frac{\Delta u}{\Delta x} + \alpha \cdot \frac{\Delta u}{\Delta x}.$$

因函数 $u = g(x)$ 在点 x 处可导(此时必连续),故当 $\Delta x \to 0$ 时,$\Delta u \to 0$. 所以

$$\frac{\mathrm{d}y}{\mathrm{d}x} = \lim_{\Delta x \to 0} \frac{\Delta y}{\Delta x} = f'(u) \cdot \lim_{\Delta x \to 0} \frac{\Delta u}{\Delta x} + \lim_{\Delta u \to 0} \alpha \cdot \lim_{\Delta x \to 0} \frac{\Delta u}{\Delta x}$$

$$= f'(u) \cdot \frac{\mathrm{d}u}{\mathrm{d}x} = \frac{\mathrm{d}y}{\mathrm{d}u} \cdot \frac{\mathrm{d}u}{\mathrm{d}x}.$$

不难将上述定理推广到多层复合的情形. 例如,设有函数 $y = f(u), u = g(v), v = h(x)$,且它们满足求导条件,则复合函数的导数为

$$\frac{\mathrm{d}y}{\mathrm{d}x} = \frac{\mathrm{d}y}{\mathrm{d}u} \cdot \frac{\mathrm{d}u}{\mathrm{d}v} \cdot \frac{\mathrm{d}v}{\mathrm{d}x}.$$

例 3.16 求下列函数的导数:

(1) $y = \ln \sin x$; (2) $y = \sqrt{\arctan \dfrac{1}{x}}$;

(3) $y = e^{(x^2-4)^2}$; (4) $y = \ln |x|$.

解 (1) 引入中间变量 $u = \sin x$, 则 $y = \ln u, u = \sin x$. 于是

$$y' = \frac{dy}{du} \cdot \frac{du}{dx} = \frac{1}{u} \cdot \cos x = \frac{\cos x}{\sin x} = \cot x.$$

(2) 引入中间变量 $u = \arctan v$, $v = \dfrac{1}{x}$, 则 $y = \sqrt{u}$, $u = \arctan v$, $v = \dfrac{1}{x}$. 于是

$$y' = \frac{dy}{du} \cdot \frac{du}{dv} \cdot \frac{dv}{dx} = \frac{1}{2\sqrt{u}} \cdot \frac{1}{1+v^2} \cdot \left(-\frac{1}{x^2}\right) = -\frac{1}{2(1+x^2)\sqrt{\arctan \dfrac{1}{x}}}.$$

(3) 引入中间变量 $u = v^2$, $v = x^2-4$, 则 $y = e^u, u = v^2, v = x^2-4$. 于是

$$y' = e^u \cdot 2v \cdot 2x = 4x(x^2-4) e^{(x^2-4)^2}.$$

(4) 因 $y = \ln|x| = \begin{cases} \ln x, & x > 0, \\ \ln(-x), & x < 0, \end{cases}$ 故

当 $x > 0$ 时, $y' = (\ln x)' = \dfrac{1}{x}$.

当 $x < 0$ 时, 引入中间变量 $u = -x$, 则 $y = \ln u, u = -x$. 于是

$$y' = \frac{1}{u} \cdot (-1) = \frac{1}{x}.$$

所以 $(\ln|x|)' = \dfrac{1}{x}$.

从以上求导过程可以看出复合函数的求导方式是从外层到内层逐层求导, 然后相乘, 故又称为**链式法则**. 在对复合函数求导过程较熟练后, 函数的复合结构可以不写出来, 只要在心中分清中间变量和自变量即可.

例 3.17 设 $y = \ln \cos e^x$, 求 y'.

解
$$y' = (\ln \cos e^x)' = \frac{1}{\cos e^x} \cdot (\cos e^x)'$$
$$= \frac{1}{\cos e^x} \cdot (-\sin e^x) \cdot (e^x)' = -e^x \tan e^x.$$

例 3.18 设 $y = \ln(x + \sqrt{a^2 + x^2})$, 其中 a 为正常数, 求 y'.

解 $y' = \dfrac{(x + \sqrt{a^2+x^2})'}{x + \sqrt{a^2+x^2}} = \dfrac{1}{x+\sqrt{a^2+x^2}} \left(1 + \dfrac{2x}{2\sqrt{a^2+x^2}}\right) = \dfrac{1}{\sqrt{a^2+x^2}}.$

例 3.19 设 $y = f(\sin^2 x) + f(\cos^2 x)$, 其中函数 f 可导, 求 y'.

$$(\operatorname{arccot} x)' = -\frac{1}{1+x^2}, \quad x \in (-\infty, +\infty);$$

$$(\log_a x)' = \frac{1}{x \ln a} \quad (a>0, a \neq 1), \quad x \in (0, +\infty).$$

3.2.3 复合函数的求导法则

定理 3.4 若函数 $u=g(x)$ 在点 x 处可导,函数 $y=f(u)$ 在对应点 $u(=g(x))$ 处也可导,则复合函数 $y=f[g(x)]$ 在点 x 处可导,且

$$\frac{dy}{dx} = \frac{dy}{du} \cdot \frac{du}{dx} \quad \text{或} \quad y'(x) = f'(u) \cdot g'(x).$$

证 在点 x 处给自变量一个增量 $\Delta x \neq 0$,中间变量 u 得到增量 Δu,又由 Δu 有 Δy。因函数 $y=f(u)$ 在对应点 u 处可导,故

$$\lim_{\Delta u \to 0} \frac{\Delta y}{\Delta u} = f'(u).$$

再由函数极限与无穷小的关系知

$$\frac{\Delta y}{\Delta u} = f'(u) + \alpha,$$

其中 α 为当 $\Delta u \to 0$ 时的无穷小.

当 $\Delta u \neq 0$ 时,$\Delta y = f'(u) \cdot \Delta u + \alpha \cdot \Delta u$;当 $\Delta u = 0$ 时,此式也成立. 于是令

$$\alpha = \begin{cases} \alpha, & \Delta u \neq 0, \\ 0, & \Delta u = 0, \end{cases}$$

则 $\Delta y = f'(u) \cdot \Delta u + \alpha \cdot \Delta u$. 从而

$$\frac{\Delta y}{\Delta x} = f'(u) \cdot \frac{\Delta u}{\Delta x} + \alpha \cdot \frac{\Delta u}{\Delta x}.$$

因函数 $u=g(x)$ 在点 x 处可导(此时必连续),故当 $\Delta x \to 0$ 时,$\Delta u \to 0$. 所以

$$\frac{dy}{dx} = \lim_{\Delta x \to 0} \frac{\Delta y}{\Delta x} = f'(u) \cdot \lim_{\Delta x \to 0} \frac{\Delta u}{\Delta x} + \lim_{\Delta x \to 0} \alpha \cdot \lim_{\Delta x \to 0} \frac{\Delta u}{\Delta x}$$

$$= f'(u) \cdot \frac{du}{dx} = \frac{dy}{du} \cdot \frac{du}{dx}.$$

不难将上述定理推广到多层复合的情形. 例如,设有函数 $y=f(u), u=g(v), v=h(x)$,且它们满足求导条件,则复合函数的导数为

$$\frac{dy}{dx} = \frac{dy}{du} \cdot \frac{du}{dv} \cdot \frac{dv}{dx}.$$

例 3.16 求下列函数的导数:

(1) $y = \ln \sin x$; (2) $y = \sqrt{\arctan \dfrac{1}{x}}$;

(3) $y = e^{(x^2-4)^2}$; (4) $y = \ln |x|$.

解 （1）引入中间变量 $u = \sin x$，则 $y = \ln u, u = \sin x$. 于是

$$y' = \frac{dy}{du} \cdot \frac{du}{dx} = \frac{1}{u} \cdot \cos x = \frac{\cos x}{\sin x} = \cot x.$$

（2）引入中间变量 $u = \arctan v, v = \dfrac{1}{x}$，则 $y = \sqrt{u}, u = \arctan v, v = \dfrac{1}{x}$. 于是

$$y' = \frac{dy}{du} \cdot \frac{du}{dv} \cdot \frac{dv}{dx} = \frac{1}{2\sqrt{u}} \cdot \frac{1}{1+v^2} \cdot \left(-\frac{1}{x^2}\right) = -\frac{1}{2(1+x^2)\sqrt{\arctan \dfrac{1}{x}}}.$$

（3）引入中间变量 $u = v^2, v = x^2-4$，则 $y = e^u, u = v^2, v = x^2-4$. 于是

$$y' = e^u \cdot 2v \cdot 2x = 4x(x^2-4)e^{(x^2-4)^2}.$$

（4）因 $y = \ln|x| = \begin{cases} \ln x, & x>0, \\ \ln(-x), & x<0, \end{cases}$ 故

当 $x>0$ 时，$y' = (\ln x)' = \dfrac{1}{x}$.

当 $x<0$ 时，引入中间变量 $u = -x$，则 $y = \ln u, u = -x$. 于是

$$y' = \frac{1}{u} \cdot (-1) = \frac{1}{x}.$$

所以 $$(\ln|x|)' = \frac{1}{x}.$$

从以上求导过程可以看出复合函数的求导方式是从外层到内层逐层求导，然后相乘，故又称为**链式法则**. 在对复合函数求导过程较熟练后，函数的复合结构可以不写出来，只要在心中分清中间变量和自变量即可.

例 3.17 设 $y = \ln \cos e^x$，求 y'.

解 $$y' = (\ln \cos e^x)' = \frac{1}{\cos e^x} \cdot (\cos e^x)'$$

$$= \frac{1}{\cos e^x} \cdot (-\sin e^x) \cdot (e^x)' = -e^x \tan e^x.$$

例 3.18 设 $y = \ln(x + \sqrt{a^2+x^2})$，其中 a 为正常数，求 y'.

解 $$y' = \frac{(x+\sqrt{a^2+x^2})'}{x+\sqrt{a^2+x^2}} = \frac{1}{x+\sqrt{a^2+x^2}} \left(1 + \frac{2x}{2\sqrt{a^2+x^2}}\right) = \frac{1}{\sqrt{a^2+x^2}}.$$

例 3.19 设 $y = f(\sin^2 x) + f(\cos^2 x)$，其中函数 f 可导，求 y'.

解
$$y' = [f(\sin^2 x)]' + [f(\cos^2 x)]'$$
$$= f'(\sin^2 x) \cdot (\sin^2 x)' + f'(\cos^2 x) \cdot (\cos^2 x)'$$
$$= 2\sin x \cos x f'(\sin^2 x) - 2\cos x \sin x f'(\cos^2 x)$$
$$= \sin 2x [f'(\sin^2 x) - f'(\cos^2 x)].$$

注 记号 $f'[g(x)]$ 与 $\{f[g(x)]\}'$ 的区别在于前者表示将 $u=g(x)$ 作为求导的基本变量,即 $f'[g(x)] = f'(u)|_{u=g(x)}$;而后者表示将 x 作为求导的基本变量,即对 x 求导,它可以表示为 $f'[g(x)] \cdot g'(x)$.

例 3.20 求幂函数 $y = x^\mu$ ($x>0, \mu \in \mathbf{R}$) 的导数.

解 由 $y = x^\mu = e^{\ln x^\mu} = e^{\mu \ln x}$ 有
$$y' = (e^{\mu \ln x})' = e^{\mu \ln x} (\mu \ln x)' = x^\mu \cdot \frac{\mu}{x} = \mu x^{\mu-1},$$
即
$$(x^\mu)' = \mu x^{\mu-1}.$$

3.2.4 基本初等函数的导数公式及求导法则

前面导出了基本初等函数的求导公式,导数的四则运算及复合函数的求导法则.有了它们,我们就可以解决初等函数的求导问题.为了查阅方便,现将基本初等函数的导数公式及求导法则归纳如下:

1. 基本初等函数的导数公式

(1) $(C)' = 0$;   (2) $(x^\mu)' = \mu x^{\mu-1}$;

(3) $(\sin x)' = \cos x$;   (4) $(\cos x)' = -\sin x$;

(5) $(\tan x)' = \sec^2 x$;   (6) $(\cot x)' = -\csc^2 x$;

(7) $(\sec x)' = \sec x \tan x$;   (8) $(\csc x)' = -\csc x \cot x$;

(9) $(a^x)' = a^x \ln a$ ($a>0$ 且 $a \neq 1$);   (10) $(e^x)' = e^x$;

(11) $(\log_a x)' = \dfrac{1}{x \ln a}$ ($a>0$ 且 $a \neq 1$);   (12) $(\ln x)' = \dfrac{1}{x}$;

(13) $(\arcsin x)' = \dfrac{1}{\sqrt{1-x^2}}$;   (14) $(\arccos x)' = -\dfrac{1}{\sqrt{1-x^2}}$;

(15) $(\arctan x)' = \dfrac{1}{1+x^2}$;   (16) $(\text{arccot}\, x)' = -\dfrac{1}{1+x^2}$.

2. 导数四则运算

设 $u(x), v(x)$ 均可导,则

(1) $(u \pm v)' = u' \pm v'$;   (2) $(uv)' = u'v + uv'$;

(3) $\left(\dfrac{u}{v}\right)' = \dfrac{u'v - uv'}{v^2}$ ($v \neq 0$);

特别地,

(4) $(u \pm C)' = u'$; (5) $(Cv)' = Cv'$ (C 为常数).

3. 反函数的求导法则

若函数 $x = f(y)$ 在区间 I_y 内单调、可导,且 $f'(y) \neq 0$,则它的反函数 $y = f^{-1}(x)$ 在区间 $I_x = \{x \mid x = f(y), y \in I_y\}$ 内也可导,且

$$[f^{-1}(x)]' = \frac{1}{f'(y)} \quad \text{或} \quad \frac{dy}{dx} = \frac{1}{\frac{dx}{dy}}.$$

4. 复合函数的求导法则

若函数 $u = g(x)$ 在点 x 处可导,函数 $y = f(u)$ 在对应点 $u(=g(x))$ 处也可导,则复合函数 $y = f[g(x)]$ 在点 x 处可导,且

$$\frac{dy}{dx} = \frac{dy}{du} \cdot \frac{du}{dx} \quad \text{或} \quad y'(x) = f'(u) \cdot g'(x).$$

下面再看一个例子.

例 3.21 设 $f(x) = \begin{cases} xe^{-x^2} + 1, & x \leq 0, \\ -\sin x + \cos x, & x > 0, \end{cases}$ 求 $f'(x)$.

解 当 $x < 0$ 时,$f'(x) = (xe^{-x^2} + 1)' = (1 - 2x^2)e^{-x^2}$;

当 $x > 0$ 时,$f'(x) = (-\sin x + \cos x)' = -(\cos x + \sin x)$.

又

$$f'_+(0) = \lim_{x \to 0^+} \frac{-\sin x + \cos x - 1}{x - 0} = \lim_{x \to 0^+} \left(-\frac{\sin x}{x} + \frac{\cos x - 1}{x} \right) = -1,$$

$$f'_-(0) = \lim_{x \to 0^-} \frac{xe^{-x^2} + 1 - 1}{x - 0} = \lim_{x \to 0^-} e^{-x^2} = 1,$$

故 $f(x)$ 在 $x = 0$ 处不可导. 于是

$$f'(x) = \begin{cases} (1 - 2x^2)e^{-x^2}, & x < 0, \\ -(\cos x + \sin x), & x > 0. \end{cases}$$

由上可知导函数 $f'(x)$ 的定义域是函数 $f(x)$ 的定义域的子集.

习 题 3.2

1. 求下列函数的导数:

(1) $y = x^2 + 2^x + xe^x + \sqrt{x} + 2^2$; (2) $y = 5\sin x + 3\cos x - 7$;

(3) $y = (\sqrt{x} + 1)\left(\frac{1}{\sqrt{x}} + 1\right)$; (4) $y = x^2 \ln x$;

(5) $y = x^2 \cos x \ln x$; (6) $y = x\sec x + \csc x$;

(7) $y = \frac{4x^2}{1+x}$; (8) $y = \frac{2\tan x - 1}{\tan x + 1}$;

解
$$y' = [f(\sin^2 x)]' + [f(\cos^2 x)]'$$
$$= f'(\sin^2 x) \cdot (\sin^2 x)' + f'(\cos^2 x) \cdot (\cos^2 x)'$$
$$= 2\sin x\cos x f'(\sin^2 x) - 2\cos x\sin x f'(\cos^2 x)$$
$$= \sin 2x[f'(\sin^2 x) - f'(\cos^2 x)].$$

注 记号 $f'[g(x)]$ 与 $\{f[g(x)]\}'$ 的区别在于前者表示将 $u=g(x)$ 作为求导的基本变量,即 $f'[g(x)] = f'(u)|_{u=g(x)}$;而后者表示将 x 作为求导的基本变量,即对 x 求导,它可以表示为 $f'[g(x)] \cdot g'(x)$.

例 3.20 求幂函数 $y = x^\mu$ ($x>0, \mu \in \mathbf{R}$) 的导数.

解 由 $y = x^\mu = e^{\ln x^\mu} = e^{\mu \ln x}$ 有
$$y' = (e^{\mu \ln x})' = e^{\mu \ln x}(\mu \ln x)' = x^\mu \cdot \frac{\mu}{x} = \mu x^{\mu-1},$$
即
$$(x^\mu)' = \mu x^{\mu-1}.$$

3.2.4 基本初等函数的导数公式及求导法则

前面导出了基本初等函数的求导公式,导数的四则运算及复合函数的求导法则. 有了它们,我们就可以解决初等函数的求导问题. 为了查阅方便,现将基本初等函数的导数公式及求导法则归纳如下:

1. 基本初等函数的导数公式

(1) $(C)' = 0$;　　　　　　　　　　(2) $(x^\mu)' = \mu x^{\mu-1}$;

(3) $(\sin x)' = \cos x$;　　　　　　(4) $(\cos x)' = -\sin x$;

(5) $(\tan x)' = \sec^2 x$;　　　　　(6) $(\cot x)' = -\csc^2 x$;

(7) $(\sec x)' = \sec x \tan x$;　　　(8) $(\csc x)' = -\csc x \cot x$;

(9) $(a^x)' = a^x \ln a$ ($a>0$ 且 $a \neq 1$);　(10) $(e^x)' = e^x$;

(11) $(\log_a x)' = \dfrac{1}{x \ln a}$ ($a>0$ 且 $a \neq 1$);　(12) $(\ln x)' = \dfrac{1}{x}$;

(13) $(\arcsin x)' = \dfrac{1}{\sqrt{1-x^2}}$;　(14) $(\arccos x)' = -\dfrac{1}{\sqrt{1-x^2}}$;

(15) $(\arctan x)' = \dfrac{1}{1+x^2}$;　(16) $(\text{arccot}\, x)' = -\dfrac{1}{1+x^2}$.

2. 导数四则运算

设 $u(x), v(x)$ 均可导,则

(1) $(u \pm v)' = u' \pm v'$;　　　　　(2) $(uv)' = u'v + uv'$;

(3) $\left(\dfrac{u}{v}\right)' = \dfrac{u'v - uv'}{v^2}$ ($v \neq 0$);

特别地，

(4) $(u\pm C)'=u'$； (5) $(Cv)'=Cv'$（C 为常数）.

3. 反函数的求导法则

若函数 $x=f(y)$ 在区间 I_y 内单调、可导，且 $f'(y)\neq 0$，则它的反函数 $y=f^{-1}(x)$ 在区间 $I_x=\{x\mid x=f(y),y\in I_y\}$ 内也可导，且

$$[f^{-1}(x)]'=\frac{1}{f'(y)} \quad \text{或} \quad \frac{\mathrm{d}y}{\mathrm{d}x}=\frac{1}{\frac{\mathrm{d}x}{\mathrm{d}y}}.$$

4. 复合函数的求导法则

若函数 $u=g(x)$ 在点 x 处可导，函数 $y=f(u)$ 在对应点 $u(=g(x))$ 处也可导，则复合函数 $y=f[g(x)]$ 在点 x 处可导，且

$$\frac{\mathrm{d}y}{\mathrm{d}x}=\frac{\mathrm{d}y}{\mathrm{d}u}\cdot\frac{\mathrm{d}u}{\mathrm{d}x} \quad \text{或} \quad y'(x)=f'(u)\cdot g'(x).$$

下面再看一个例子.

例 3.21 设 $f(x)=\begin{cases}x\mathrm{e}^{-x^2}+1, & x\leq 0,\\ -\sin x+\cos x, & x>0,\end{cases}$ 求 $f'(x)$.

解 当 $x<0$ 时，$f'(x)=(x\mathrm{e}^{-x^2}+1)'=(1-2x^2)\mathrm{e}^{-x^2}$；

当 $x>0$ 时，$f'(x)=(-\sin x+\cos x)'=-(\cos x+\sin x)$.

又

$$f'_+(0)=\lim_{x\to 0^+}\frac{-\sin x+\cos x-1}{x-0}=\lim_{x\to 0^+}\left(-\frac{\sin x}{x}+\frac{\cos x-1}{x}\right)=-1,$$

$$f'_-(0)=\lim_{x\to 0^-}\frac{x\mathrm{e}^{-x^2}+1-1}{x-0}=\lim_{x\to 0^-}\mathrm{e}^{-x^2}=1,$$

故 $f(x)$ 在 $x=0$ 处不可导. 于是

$$f'(x)=\begin{cases}(1-2x^2)\mathrm{e}^{-x^2}, & x<0,\\ -(\cos x+\sin x), & x>0.\end{cases}$$

由上可知导函数 $f'(x)$ 的定义域是函数 $f(x)$ 的定义域的子集.

习 题 3.2

1. 求下列函数的导数：

(1) $y=x^2+2^x+x\mathrm{e}^x+\sqrt{x}+2^2$；

(2) $y=5\sin x+3\cos x-7$；

(3) $y=(\sqrt{x}+1)\left(\frac{1}{\sqrt{x}}+1\right)$；

(4) $y=x^2\ln x$；

(5) $y=x^2\cos x\ln x$；

(6) $y=x\sec x+\csc x$；

(7) $y=\frac{4x^2}{1+x}$；

(8) $y=\frac{2\tan x-1}{\tan x+1}$；

(9) $y = 5a^3x^2 + a^5 - x^5$ (a 为常数); (10) $y = x\arcsin x + 2\arctan x$.

2. 求下列函数的导数:

(1) $y = (2x-1)^2$; (2) $y = \sqrt{1+e^x}$;

(3) $y = \ln(2x+1)$; (4) $y = \dfrac{1}{\sqrt{x^2-1}}$;

(5) $y = e^{-x} + e^{\frac{1}{x}}$; (6) $y = \ln(x + \sqrt{x^2-1})$;

(7) $y = \ln[\ln(\ln x)]$; (8) $y = \ln x^2 + \ln^2 x$;

(9) $y = \sin^n x \cos nx$; (10) $y = \sin\sqrt{1+x^2}$;

(11) $y = \arctan e^{-x}$; (12) $y = (\arcsin 2x)^2$;

(13) $y = e^{-2x}\sin 3x$; (14) $y = \ln(\sec x + \tan x)$;

(15) $y = e^{\operatorname{arccot}\sqrt{x}}$; (16) $y = \sqrt{x + \sqrt{x}}$.

3. 设函数 $f(x)$ 可导,求下列函数的导数:

(1) $y = f(\sin x^2)$; (2) $y = f(x^2)$;

(3) $y = \ln[1 + f^2(x)]$; (4) $y = f(e^x)e^{f(x)}$.

4. 证明:

(1) 可导的奇(或偶)函数的导数为偶(或奇)函数;

(2) 可导的周期函数的导数仍为具有相同周期的周期函数.

5. 求下列分段函数的导函数 $f'(x)$:

(1) $f(x) = \begin{cases} \sin x, & x \leq 0, \\ x, & x > 0; \end{cases}$ (2) $f(x) = \begin{cases} x^2 \sin \dfrac{1}{x}, & x \neq 0, \\ 0, & x = 0. \end{cases}$

3.3 高阶导数

设一质点做变速直线运动,它的运动规律为 $s = f(t)$,则其瞬时速度 $v(t) = f'(t)$,瞬时加速度 $a(t) = v'(t) = [f'(t)]'$,即瞬时加速度为 $f(t)$ 的导数 $f'(t)$ 的导数,称为函数 $f(t)$ 的二阶导数.

一般地,若函数 $y = f(x)$ 的导数 $f'(x)$ 的导数存在,则称其为函数 $y = f(x)$ 的**二阶导数**,记作 $f''(x)$,即 $f''(x) = [f'(x)]'$,也可以记作

$$y'', \quad \frac{d^2 y}{dx^2}, \quad \frac{d^2 f(x)}{dx^2}.$$

若函数 $y = f(x)$ 的二阶导数 $f''(x)$ 的导数存在,则称其为函数 $y = f(x)$ 的**三阶导数**,记作

$$f'''(x), \quad y''', \quad \frac{d^3y}{dx^3}, \quad \frac{d^3f(x)}{dx^3}.$$

类似地,若函数 $y=f(x)$ 的 $n-1$ 阶导数的导数存在,则称其为函数 $y=f(x)$ 的 n **阶导数**,记作

$$f^{(n)}(x), \quad y^{(n)}, \quad \frac{d^n y}{dx^n}, \quad \frac{d^n f(x)}{dx^n}.$$

即

$$f^{(n)}(x) = [f^{(n-1)}(x)]'.$$

函数 $f(x)$ 具有 n 阶导数,常称函数 $f(x)$ 为 n **阶可导**. 其中将 $f(x)$ 称为自身的零阶导数,记作 $f(x)=f^{(0)}(x)$; $f'(x)$ 称为函数 $f(x)$ 的一阶导数;二阶和二阶以上的导数,统称为**高阶导数**.

由高阶导数的概念可知:求高阶导数就是一次一次地反复求导,故高阶导数的计算仍然是运用前面的求导方法.

例 3.22 设 $y=\arctan x$,求 $y'(0), y''(0), y'''(0)$.

解 由 $y'=\dfrac{1}{1+x^2}$,知 $y'(0)=\dfrac{1}{1+x^2}\bigg|_{x=0}=1$.

由 $y''=\left(\dfrac{1}{1+x^2}\right)'=-\dfrac{2x}{(1+x^2)^2}$,知 $y''(0)=-\dfrac{2x}{(1+x^2)^2}\bigg|_{x=0}=0$.

由 $y'''=\left[-\dfrac{2x}{(1+x^2)^2}\right]'=\dfrac{2(3x^2-1)}{(1+x^2)^3}$,知 $y'''(0)=\dfrac{2(3x^2-1)}{(1+x^2)^3}\bigg|_{x=0}=-2$.

例 3.23 设 $y=x^\mu$ ($\mu \in \mathbf{R}$),求 $y^{(n)}$.

解
$$y'=\mu x^{\mu-1},$$
$$y''=\mu(\mu-1)x^{\mu-2},$$
$$y'''=\mu(\mu-1)(\mu-2)x^{\mu-3},$$
$$\vdots$$
$$y^{(n)}=\mu(\mu-1)\cdots(\mu-n+1)x^{\mu-n}, \quad n \geq 1.$$

若 $\mu=n$,则

$$y^{(n)}=(x^n)^{(n)}=n\cdot(n-1)\cdot\cdots\cdot 2\cdot 1=n!, \quad y^{(n+1)}=(x^n)^{(n+1)}=0.$$

由上可得,若 $f(x)=a_n x^n+a_{n-1}x^{n-1}+\cdots+a_1 x+a_0$,则

$$f^{(n)}(x)=n!a_n, \quad f^{(n+1)}(x)=0.$$

即 n 次多项式有任意阶导数,且从 $n+1$ 阶导数开始全为零.

例 3.24 设 $y=\ln(1+x)$,求 $y^{(n)}$.

解
$$y'=\frac{1}{1+x},$$
$$y''=\left(\frac{1}{1+x}\right)'=-\frac{1}{(1+x)^2},$$

(9) $y=5a^3x^2+a^5-x^5$ (a 为常数); (10) $y=x\arcsin x+2\arctan x$.

2. 求下列函数的导数:

(1) $y=(2x-1)^2$; (2) $y=\sqrt{1+e^x}$;

(3) $y=\ln(2x+1)$; (4) $y=\dfrac{1}{\sqrt{x^2-1}}$;

(5) $y=e^{-x}+e^{\frac{1}{x}}$; (6) $y=\ln(x+\sqrt{x^2-1})$;

(7) $y=\ln[\ln(\ln x)]$; (8) $y=\ln x^2+\ln^2 x$;

(9) $y=\sin^n x\cos nx$; (10) $y=\sin\sqrt{1+x^2}$;

(11) $y=\arctan e^{-x}$; (12) $y=(\arcsin 2x)^2$;

(13) $y=e^{-2x}\sin 3x$; (14) $y=\ln(\sec x+\tan x)$;

(15) $y=e^{\operatorname{arccot}\sqrt{x}}$; (16) $y=\sqrt{x+\sqrt{x}}$.

3. 设函数 $f(x)$ 可导,求下列函数的导数:

(1) $y=f(\sin x^2)$; (2) $y=f(x^2)$;

(3) $y=\ln[1+f^2(x)]$; (4) $y=f(e^x)e^{f(x)}$.

4. 证明:

(1) 可导的奇(或偶)函数的导数为偶(或奇)函数;

(2) 可导的周期函数的导数仍为具有相同周期的周期函数.

5. 求下列分段函数的导函数 $f'(x)$:

(1) $f(x)=\begin{cases}\sin x, & x\leqslant 0,\\ x, & x>0;\end{cases}$ (2) $f(x)=\begin{cases}x^2\sin\dfrac{1}{x}, & x\neq 0,\\ 0, & x=0.\end{cases}$

3.3 高阶导数

设一质点做变速直线运动,它的运动规律为 $s=f(t)$,则其瞬时速度 $v(t)=f'(t)$,瞬时加速度 $a(t)=v'(t)=[f'(t)]'$,即瞬时加速度为 $f(t)$ 的导数 $f'(t)$ 的导数,称为函数 $f(t)$ 的二阶导数.

一般地,若函数 $y=f(x)$ 的导数 $f'(x)$ 的导数存在,则称其为函数 $y=f(x)$ 的**二阶导数**,记作 $f''(x)$,即 $f''(x)=[f'(x)]'$,也可以记作

$$y'',\quad \frac{d^2y}{dx^2},\quad \frac{d^2f(x)}{dx^2}.$$

若函数 $y=f(x)$ 的二阶导数 $f''(x)$ 的导数存在,则称其为函数 $y=f(x)$ 的**三阶导数**,记作

$$f'''(x), \quad y''', \quad \frac{\mathrm{d}^3 y}{\mathrm{d} x^3}, \quad \frac{\mathrm{d}^3 f(x)}{\mathrm{d} x^3}.$$

类似地,若函数 $y=f(x)$ 的 $n-1$ 阶导数的导数存在,则称其为函数 $y=f(x)$ 的 n **阶导数**,记作

$$f^{(n)}(x), \quad y^{(n)}, \quad \frac{\mathrm{d}^n y}{\mathrm{d} x^n}, \quad \frac{\mathrm{d}^n f(x)}{\mathrm{d} x^n}.$$

即

$$f^{(n)}(x) = [f^{(n-1)}(x)]'.$$

函数 $f(x)$ 具有 n 阶导数,常称函数 $f(x)$ 为 n **阶可导**. 其中将 $f(x)$ 称为自身的零阶导数,记作 $f(x)=f^{(0)}(x)$;$f'(x)$ 称为函数 $f(x)$ 的一阶导数;二阶和二阶以上的导数,统称为**高阶导数**.

由高阶导数的概念可知:求高阶导数就是一次一次地反复求导,故高阶导数的计算仍然是运用前面的求导方法.

例 3.22 设 $y=\arctan x$,求 $y'(0), y''(0), y'''(0)$.

解 由 $y' = \dfrac{1}{1+x^2}$,知 $y'(0) = \dfrac{1}{1+x^2}\bigg|_{x=0} = 1$.

由 $y'' = \left(\dfrac{1}{1+x^2}\right)' = -\dfrac{2x}{(1+x^2)^2}$,知 $y''(0) = -\dfrac{2x}{(1+x^2)^2}\bigg|_{x=0} = 0$.

由 $y''' = \left[-\dfrac{2x}{(1+x^2)^2}\right]' = \dfrac{2(3x^2-1)}{(1+x^2)^3}$,知 $y'''(0) = \dfrac{2(3x^2-1)}{(1+x^2)^3}\bigg|_{x=0} = -2$.

例 3.23 设 $y=x^\mu \ (\mu \in \mathbf{R})$,求 $y^{(n)}$.

解
$$y' = \mu x^{\mu-1},$$
$$y'' = \mu(\mu-1) x^{\mu-2},$$
$$y''' = \mu(\mu-1)(\mu-2) x^{\mu-3},$$
$$\vdots$$
$$y^{(n)} = \mu(\mu-1)\cdots(\mu-n+1) x^{\mu-n}, \quad n \geq 1.$$

若 $\mu = n$,则

$$y^{(n)} = (x^n)^{(n)} = n \cdot (n-1) \cdot \cdots \cdot 2 \cdot 1 = n!, \quad y^{(n+1)} = (x^n)^{(n+1)} = 0.$$

由上可得,若 $f(x) = a_n x^n + a_{n-1} x^{n-1} + \cdots + a_1 x + a_0$,则

$$f^{(n)}(x) = n! a_n, \quad f^{(n+1)}(x) = 0.$$

即 n 次多项式有任意阶导数,且从 $n+1$ 阶导数开始全为零.

例 3.24 设 $y = \ln(1+x)$,求 $y^{(n)}$.

解
$$y' = \frac{1}{1+x},$$
$$y'' = \left(\frac{1}{1+x}\right)' = -\frac{1}{(1+x)^2},$$

$$y''' = \left[-\frac{1}{(1+x)^2}\right]' = \frac{2 \cdot 1}{(1+x)^3} = \frac{2!}{(1+x)^3},$$

$$y^{(4)} = \left[\frac{2 \cdot 1}{(1+x)^3}\right]' = -\frac{3 \cdot 2 \cdot 1}{(1+x)^4} = -\frac{3!}{(1+x)^4},$$

$$\vdots$$

$$y^{(n)} = \frac{(-1)^{n-1}(n-1)!}{(1+x)^n} \quad (n \geq 1, \text{且规定 } 0! = 1).$$

例 3.25 设 $y = e^x$, 求 $y^{(n)}$.

解 $y' = e^x, y'' = e^x, y''' = e^x, \cdots, y^{(n)} = e^x$, 即

$$(e^x)^{(n)} = e^x.$$

例 3.26 设 $y = \sin x$, 求 $y^{(n)}$.

解 $y' = \cos x = \sin\left(x + \frac{\pi}{2}\right),$

$$y'' = \cos\left(x + \frac{\pi}{2}\right) = \sin\left[\left(x + \frac{\pi}{2}\right) + \frac{\pi}{2}\right] = \sin\left(x + 2 \cdot \frac{\pi}{2}\right),$$

$$y''' = \cos\left(x + 2 \cdot \frac{\pi}{2}\right) = \sin\left[\left(x + 2 \cdot \frac{\pi}{2}\right) + \frac{\pi}{2}\right] = \sin\left(x + 3 \cdot \frac{\pi}{2}\right),$$

$$\vdots$$

$$y^{(n)} = \sin\left(x + n \cdot \frac{\pi}{2}\right),$$

即
$$(\sin x)^{(n)} = \sin\left(x + n \cdot \frac{\pi}{2}\right).$$

类似可求得
$$(\cos x)^{(n)} = \cos\left(x + n \cdot \frac{\pi}{2}\right).$$

习　题　3.3

1. 求下列函数的二阶导数：

(1) $y = \sqrt{1+x}$;

(2) $y = xe^{x^2}$;

(3) $y = x\ln x$;

(4) $y = \ln(x + \sqrt{1+x^2})$;

(5) $y = f(x^2)$ (其中 f 二阶可导);

(6) $y = \ln f(x)$ (其中 f 二阶可导).

2. 求下列函数的 n 阶导数：

(1) $y = xe^x$;

(2) $y = a^x$ $(a > 0, a \neq 1)$;

(3) $y = \sin^2 x$;

(4) $y = \frac{1}{1+x}$;

(5) $y = \frac{1}{x^2 - 2x - 8}$.

3.4 隐函数及由参数方程所确定的函数的导数

3.4.1 隐函数的导数

在实际问题中,常遇到变量 x,y 之间的函数关系由方程 $F(x,y)=0$ 所确定,即如果存在一个定义在某区间上的函数 $y=y(x)$,使得 $F(x,y(x))\equiv 0$,那么称函数 $y=y(x)$ 是由方程 $F(x,y)=0$ 所确定的**隐函数**. 为了区别起见,前面所讨论的形如 $y=f(x)$ 的函数称为**显函数**.

有些隐函数可以化为显函数,称为**隐函数显化**. 如由方程 $x+y^3-1=0$ 可解得 $y=\sqrt[3]{1-x}$. 有些隐函数难以显化或无法显化,如方程 $x^5+y^5=x^3+y^3+xy$,其图形如图 3.4 所示,但在其各单值分支上 y 不能显化为 x 的函数.

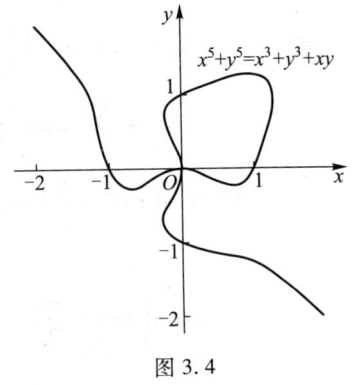

图 3.4

注意,并不是所有的方程 $F(x,y)=0$ 都能确定隐函数,如方程 $x^2+y^2+1=0$ 不能确定隐函数,因为没有任何一个函数可以满足它. 至于怎样的方程 $F(x,y)=0$ 能确定隐函数,我们将在多元函数微分学中加以探讨.

本节主要讨论不经显化的隐函数的求导方法.

设方程 $F(x,y)=0$ 所确定的隐函数 $y=y(x)$ 存在且可导,则有 $F(x,y(x))\equiv 0$. 在此恒等式两端对 x 求导,得到一个关于 y' 的方程,再由此方程解得 y' 的结果. 这里特别要注意:左端 $F(x,y(x))$ 是 x 的复合函数,用链式法则对 x 求导时,要将 y 看成 x 的函数. 下面通过例子来说明这种**隐函数求导法**.

例 3.27 求由方程 $x^5+y^5=x^3+y^3+xy$ 所确定的隐函数的导数 y'.

解 将方程两边对 x 求导(注意到 y 是 x 的函数),于是
$$5x^4+5y^4\cdot y'=3x^2+3y^2 y'+y+xy',$$
解得
$$y'=\frac{y+3x^2-5x^4}{5y^4-3y^2-x}.$$

例 3.28 求由方程 $xy-e^x+e^y=0$ 所确定的曲线在点 $(0,0)$ 处的切线方程.

解 将方程两边对 x 求导(注意到 y 是 x 的函数),于是

$$y + x \cdot \frac{dy}{dx} - e^x + e^y \cdot \frac{dy}{dx} = 0,$$

解得

$$\frac{dy}{dx} = \frac{e^x - y}{x + e^y}.$$

又当 $x=0$ 时, $y=0$, 故

$$\left.\frac{dy}{dx}\right|_{x=0} = \left.\frac{e^x - y}{x + e^y}\right|_{\substack{x=0 \\ y=0}} = 1.$$

因此, 所求切线方程为

$$y = x.$$

例 3.29 求由方程 $y = 1 + xe^y$ 所确定的隐函数的二阶导数 $\frac{d^2 y}{dx^2}$.

解 将方程两边对 x 求导(注意到 y 是 x 的函数), 于是

$$\frac{dy}{dx} = e^y + xe^y \cdot \frac{dy}{dx},$$

解得

$$\frac{dy}{dx} = \frac{e^y}{1 - xe^y}.$$

在上式两边对 x 求导 $\left(\text{注意到 } y \text{ 和 } \frac{dy}{dx} \text{ 都是 } x \text{ 的函数}\right)$, 得

$$\frac{d^2 y}{dx^2} = \frac{e^y \cdot \frac{dy}{dx} \cdot (1 - xe^y) + e^y \left(e^y + xe^y \cdot \frac{dy}{dx}\right)}{(1 - xe^y)^2} = \frac{e^{2y}(2 - xe^y)}{(1 - xe^y)^3}.$$

作为隐函数求导法的一个应用, 下面介绍对数求导法, 它适用于求多个函数的积、商构成的函数和幂指函数的导数. 其方法是先对函数 $y = f(x)$ 两边取对数, 然后两边再对 x 求导. 举例如下:

例 3.30 设 $y = \frac{(x+1)\sqrt[3]{x-1}}{(x+4)^2 e^x}$, 求 y'.

解 对等式两边先取绝对值, 再取对数, 有

$$\ln|y| = \ln|x+1| + \frac{1}{3}\ln|x-1| - 2\ln|x+4| - x.$$

上式两边对 x 求导(注意到 y 是 x 的函数), 得

$$\frac{1}{y} \cdot y' = \frac{1}{x+1} + \frac{1}{3(x-1)} - \frac{2}{x+4} - 1.$$

所以

$$y' = \frac{(x+1)\sqrt[3]{x-1}}{(x+4)^2 e^x}\left[\frac{1}{x+1} + \frac{1}{3(x-1)} - \frac{2}{x+4} - 1\right].$$

注 容易验证,若省略取绝对值这一步,所得的结果也不变,故习惯上,在使用对数求导法时,常略去取绝对值的步骤,而直接取对数.

例 3.31 求幂指函数 $y=x^x(x>0)$ 的导数 y'.

解 对等式两边取对数,有
$$\ln y = x\ln x.$$
上式两边对 x 求导(注意到 y 是 x 的函数),得
$$\frac{1}{y}\cdot y' = \ln x + 1.$$
所以
$$y' = x^x(\ln x + 1).$$

注 一般地,对于幂指函数 $y=u(x)^{v(x)}$ $(u(x)>0)$,若 $u(x)$,$v(x)$ 可导,则均可以用对数求导法.但由于幂指函数 $y=u(x)^{v(x)}$ 也可以表示为 $y=e^{v(x)\ln u(x)}$,其导数可由链式法则直接求得,即
$$y' = [e^{v(x)\ln u(x)}]' = e^{v(x)\ln u(x)}[v(x)\ln u(x)]'$$
$$= u(x)^{v(x)}\left[v'(x)\ln u(x) + v(x)\cdot\frac{u'(x)}{u(x)}\right].$$

从而例 3.31 也有如下解法:
$$y' = (x^x)' = (e^{x\ln x})' = e^{x\ln x}(x\ln x)' = x^x(\ln x + 1).$$

3.4.2 由参数方程所确定的函数的导数

设函数 $y=y(x)$ 由参数方程
$$\begin{cases}x=\varphi(t),\\ y=\psi(t)\end{cases}\quad (t\in[a,b]) \tag{3.2}$$

所确定,能否直接从以上参数方程来求其导数 $\dfrac{\mathrm{d}y}{\mathrm{d}x}$ 呢?这就是参数方程求导问题.

设在参数方程中,函数 $x=\varphi(t)$ 单调、可导且 $\varphi'(t)\neq 0$,函数 $y=\psi(t)$ 也可导.若函数 $x=\varphi(t)$ 的反函数 $t=\varphi^{-1}(x)$ 与函数 $y=\psi(t)$ 满足复合的条件,则由参数方程所确定的函数可以看成是由函数 $y=\psi(t)$ 与 $t=\varphi^{-1}(x)$ 复合而成的复合函数 $y=\psi[\varphi^{-1}(x)]$.于是,根据复合函数的求导法则与反函数的求导法则,有

$$\frac{\mathrm{d}y}{\mathrm{d}x} = \frac{\mathrm{d}y}{\mathrm{d}t}\cdot\frac{\mathrm{d}t}{\mathrm{d}x} = \frac{\mathrm{d}y}{\mathrm{d}t}\cdot\frac{1}{\frac{\mathrm{d}x}{\mathrm{d}t}} = \frac{\frac{\mathrm{d}y}{\mathrm{d}t}}{\frac{\mathrm{d}x}{\mathrm{d}t}} = \frac{\psi'(t)}{\varphi'(t)},$$

即
$$\frac{\mathrm{d}y}{\mathrm{d}x} = \frac{\frac{\mathrm{d}y}{\mathrm{d}t}}{\frac{\mathrm{d}x}{\mathrm{d}t}} = \frac{\psi'(t)}{\varphi'(t)}. \tag{3.3}$$

公式(3.3)即为由参数方程所确定的函数的导数公式.

例 3.32 求由参数方程 $\begin{cases} x = r\cos t, \\ y = r\sin t \end{cases}$ $(r>0)$ 所确定的函数的导数 $\dfrac{\mathrm{d}y}{\mathrm{d}x}$.

解 由公式(3.3),得

$$\frac{\mathrm{d}y}{\mathrm{d}x} = \frac{\frac{\mathrm{d}y}{\mathrm{d}t}}{\frac{\mathrm{d}x}{\mathrm{d}t}} = \frac{(r\sin t)'}{(r\cos t)'} = \frac{r\cos t}{-r\sin t} = -\cot t.$$

习 题 3.4

1. 求下列方程所确定的隐函数 $y=f(x)$ 的导数:
   (1) $x^3 + y^3 - 3axy = 0$;
   (2) $xy^3 + 4x^2y - 9 = 0$;
   (3) $xy = e^{x+y}$;
   (4) $b^2x^2 + a^2y^2 = a^2b^2$;
   (5) $\arctan \dfrac{y}{x} = \ln\sqrt{x^2+y^2}$;
   (6) $x = \cos(xy)$.

2. 求由方程 $xy + \ln y = 1$ 所确定的隐函数在 $x=1$ 处的导数 $y'(1)$.

3. 求由方程 $3y^2 = x^2(x+1)$ 所确定的曲线在点 $(2,2)$ 处的切线方程.

4. 求由方程 $xy = e^y$ 所确定的隐函数的二阶导数 $\dfrac{\mathrm{d}^2 y}{\mathrm{d}x^2}$.

5. 用对数求导法求下列函数的导数:
   (1) $y = x^{\frac{1}{x}}$ $(x>0)$;
   (2) $y = (\ln x)^x$;
   (3) $y = \dfrac{\sqrt{x+1}\sin x}{(x^2+1)(x+2)}$;
   (4) $y = \sqrt{\dfrac{x+1}{(x+3)^3(x+5)^5}}$.

6. 求下列参数方程所确定的函数的导数:
   (1) $\begin{cases} x = \ln\sqrt{1+t^2}, \\ y = \arctan t; \end{cases}$
   (2) $\begin{cases} x = t(1-\sin t), \\ y = t\cos t; \end{cases}$
   (3) $\begin{cases} x = f'(t), \\ y = tf'(t) - f(t), \end{cases}$ 其中 $f''(t)$ 存在且不为零.

*7. 证明:由参数方程(3.2)所确定的函数 $y=y(x)$ 的二阶导数计算公式为
$$\frac{\mathrm{d}^2 y}{\mathrm{d}x^2} = \frac{\psi''(t)\varphi'(t) - \psi'(t)\varphi''(t)}{\varphi'^3(t)}.$$

3.5 函数的微分

3.5.1 函数微分的定义

在本章的第一节中,我们从研究函数的变化率入手,引入了导数的概念. 现在我们从另一个角度去考察函数,即当自变量 x 取得增量 Δx 时,要求相应的函数增量 Δy. 例如,一块正方形的薄片,测量其边长时产生了微小的误差,其边长由实际的 x_0 变为 $x_0+\Delta x$ (如图 3.5),那么由此引起的面积误差 ΔA 是多少?

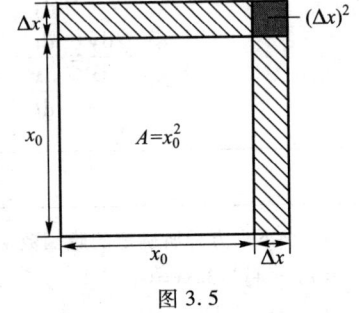

图 3.5

设此薄片的边长为 x,面积为 A,则 $A=x^2$. 由测量误差引起的面积误差 ΔA 可以看成是自变量 x 在 x_0 处取得增量 Δx 时,函数 $A(x)$ 取得的相应增量 ΔA,即

$$\Delta A = A(x_0+\Delta x)-A(x_0) = (x_0+\Delta x)^2-x_0^2$$
$$= 2x_0 \cdot \Delta x+(\Delta x)^2.$$

从上式可以看出,ΔA 分成两部分,第一部分:$2x_0 \cdot \Delta x$ 是 Δx 的线性函数,即图中带有斜线的两个矩形面积之和;第二部分:$(\Delta x)^2$ 是图中右上角的小正方形的面积,当 $\Delta x \to 0$ 时,$(\Delta x)^2=o(\Delta x)$. 由此可见,如果边长的测量误差 Δx 很小,那么面积的误差 ΔA 就可以用第一部分来近似代替.

一般地,可以从中抽象概括出

定义 3.3 设函数 $y=f(x)$ 在点 x_0 的某 δ 邻域 $U(x_0,\delta)$ 内有定义,且 $x_0+\Delta x \in U(x_0,\delta)$. 若

$$\Delta y=f(x_0+\Delta x)-f(x_0)=A \cdot \Delta x+o(\Delta x)$$

成立,其中 A 是与 Δx 无关的常数,则称**函数 $f(x)$ 在点 x_0 处可微**,并称 $A \cdot \Delta x$ 为函数 $f(x)$ 在点 x_0 处相应于自变量增量 Δx 的**微分**,简称为函数 $f(x)$ 在点 x_0 处的**微分**,记作 $dy|_{x=x_0}$,即

$$dy|_{x=x_0}=A \cdot \Delta x.$$

注 由定义知,微分 $A \cdot \Delta x$ 是 Δx 的线性函数,且与函数增量 Δy 相差一个比 Δx 高阶的无穷小,所以当 $A \neq 0$ 且 Δx 很小时,就可以用 $A \cdot \Delta x$ 近似代替 Δy,即 $A \cdot \Delta x$ 是 Δy 的主要部分,称其为 Δy 的线性主部. 对于函数 $f(x)$ 的可导与可

微,有下面的结论.

定理 3.5(可导与可微的关系) 函数 $y=f(x)$ 在点 x_0 处可微的充分必要条件是 $y=f(x)$ 在点 x_0 处可导,且 $A=f'(x_0)$.

证 "$\Rightarrow$" 因函数 $y=f(x)$ 在点 x_0 处可微,即
$$\Delta y = f(x_0+\Delta x)-f(x_0) = A\cdot\Delta x+o(\Delta x),$$
其中 A 是与 Δx 无关的常数. 于是
$$\frac{\Delta y}{\Delta x} = A+\frac{o(\Delta x)}{\Delta x},$$
故
$$\lim_{\Delta x\to 0}\frac{\Delta y}{\Delta x} = \lim_{\Delta x\to 0}\left[A+\frac{o(\Delta x)}{\Delta x}\right] = A.$$
由可导定义知,函数 $f(x)$ 在点 x_0 处可导,且 $A=f'(x_0)$.

"$\Leftarrow$" 因函数 $f(x)$ 在点 x_0 处可导,且 $A=f'(x_0)$,故
$$\lim_{\Delta x\to 0}\frac{\Delta y}{\Delta x} = f'(x_0) = A.$$
又由函数极限与无穷小的关系知,当 $\Delta x\neq 0$ 时,
$$\Delta y = A\cdot\Delta x+\alpha\cdot\Delta x,$$
其中 α 为 $\Delta x\to 0$ 时的无穷小.

又由 $\lim\limits_{\Delta x\to 0}\frac{\alpha\cdot\Delta x}{\Delta x} = \lim\limits_{\Delta x\to 0}\alpha = 0$,知 $\alpha\cdot\Delta x = o(\Delta x)(\Delta x\to 0)$. 而 $A=f'(x_0)$ 与 Δx 无关,于是由可微的定义知函数 $y=f(x)$ 在点 x_0 处可微.

注 该定理表明,对于一元函数,可微与可导是等价的,且
$$dy\big|_{x=x_0} = f'(x_0)\cdot\Delta x.$$
因此,我们可以将函数在一点可导说成可微,也可以将可微说成可导而不加以区分,求函数的导数与微分的方法都可称为微分法. 研究函数导数或微分的问题都称为微分学. 但要注意:导数与微分是两个不同的概念,不能混淆. 导数 $f'(x_0)$ 是函数 $f(x)$ 在 x_0 处的变化率,而微分 $dy\big|_{x=x_0}$ 是函数 $f(x)$ 在 x_0 处增量 Δy 的线性主部. 另外,导数的值仅与 x_0 有关,而微分的值既与 x_0 有关,又与 Δx 有关.

若函数 $f(x)$ 在开区间 (a,b) 内每一点都可微,则称函数 $f(x)$ 在开区间 (a,b) 内可微. 此时,记函数的微分为
$$dy = f'(x)\cdot\Delta x, \quad x\in(a,b).$$
通常规定:自变量的微分等于自变量的增量,即 $dx=\Delta x$. 所以,函数的微分又可以写成
$$dy = f'(x)\cdot dx,$$
从而

$$\frac{dy}{dx}=f'(x).$$

由此可见,函数的导数就是函数的微分与自变量的微分的商,故导数又称**微商**.

例 3.33 设函数 $y=x^2$.

(1) 求函数的微分;

(2) 求函数在 $x=3$ 处的微分;

(3) 求函数在 $x=3$ 处,当 $\Delta x=0.01$ 时的微分.

解 (1) $dy=y'dx=2xdx.$

(2) $dy\big|_{x=3}=2x\big|_{x=3}dx=6dx.$

(3) $dy\big|_{\substack{x=3\\\Delta x=0.01}}=2x\Delta x\big|_{\substack{x=3\\\Delta x=0.01}}=6\times 0.01=0.06.$

3.5.2 微分的几何意义

如图 3.6 所示,在曲线 $y=f(x)$ 上取相邻两点 $M(x_0,y_0)$,$N(x_0+\Delta x,y_0+\Delta y)$. 若函数 $y=f(x)$ 在点 x_0 处可微,则曲线 $y=f(x)$ 在点 $M(x_0,y_0)$ 处有切线 MT,它的倾角为 α,从而

$$MQ=\Delta x,\quad QN=\Delta y.$$

$QP=MQ\cdot\tan\alpha=\Delta x\cdot f'(x_0)=f'(x_0)\cdot\Delta x,$

即 $QP=dy\big|_{x=x_0}.$

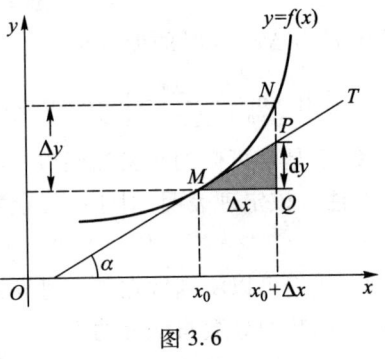

图 3.6

由此可见,对于可微函数而言,当 Δy 是曲线 $y=f(x)$ 上点的纵坐标的增量时,dy 就是曲线的切线上点的纵坐标的相应增量. 当 $|\Delta x|$ 很小时,$|\Delta y-dy|$ 比 $|\Delta x|$ 小得多,因此在点 $M(x_0,y_0)$ 附近,可以用切线段来近似代替曲线段.

3.5.3 基本初等函数的微分公式与微分法则

由 $dy=f'(x)dx$ 知,求已知函数的微分,只要求出函数的导数后,再乘以 dx 即可. 故对应于每一个导数公式,都有一个微分公式. 如由 $(\sin x)'=\cos x$,知

$$d(\sin x)=\cos xdx.$$

同样,可以根据函数导数的四则运算,得到函数微分的四则运算. 例如,设函数 $u(x),v(x)$ 均可导,则有 $(uv)'=u'v+uv'$,从而有

$$d(uv) = (u'v+uv')dx = vu'dx + uv'dx = vdu + udv.$$

为了查阅方便，我们将基本初等函数的微分公式及微分法则归纳如下：

1. 基本初等函数的微分公式

(1) $d(C) = 0$;　　　　　　　　　　(2) $d(x^\mu) = \mu x^{\mu-1}dx$;

(3) $d(\sin x) = \cos x dx$;　　　　　(4) $d(\cos x) = -\sin x dx$;

(5) $d(\tan x) = \sec^2 x dx$;　　　　(6) $d(\cot x) = -\csc^2 x dx$;

(7) $d(\sec x) = \sec x \tan x dx$;　　(8) $d(\csc x) = -\csc x \cot x dx$;

(9) $d(a^x) = a^x \ln a\, dx$ ($a>0$ 且 $a \neq 1$);　　(10) $d(e^x) = e^x dx$;

(11) $d(\log_a x) = \dfrac{1}{x \ln a} dx$ ($a>0$ 且 $a \neq 1$);　　(12) $d(\ln x) = \dfrac{1}{x} dx$;

(13) $d(\arcsin x) = \dfrac{1}{\sqrt{1-x^2}} dx$;　　(14) $d(\arccos x) = -\dfrac{1}{\sqrt{1-x^2}} dx$;

(15) $d(\arctan x) = \dfrac{1}{1+x^2} dx$;　　(16) $d(\text{arccot}\, x) = -\dfrac{1}{1+x^2} dx$.

2. 微分四则运算

设函数 $u = u(x)$, $v = v(x)$ 均可微，则

(1) $d(u \pm v) = du \pm dv$;

(2) $d(uv) = vdu + udv$;

(3) $d\left(\dfrac{u}{v}\right) = \dfrac{vdu - udv}{v^2}$ ($v \neq 0$);

特别地，

(4) $d(u \pm C) = du$;

(5) $d(Cv) = Cdv$ (C 为常数).

3. 复合函数的微分法则

设函数 $y = f(u)$, $u = g(x)$ 均可微，则复合函数 $y = f[g(x)]$ 的微分为

$$dy = \{f[g(x)]\}'dx = f'(u)g'(x)dx.$$

注意到 $g'(x)dx = du$, 所以上式又可以写成

$$dy = f'(u)du.$$

这就是说，不论 u 是自变量还是中间变量，函数 $y = f(u)$ 的微分形式总是

$$dy = f'(u)du.$$

这一性质称为**一阶微分形式不变性**.

由此可知，基本初等函数的微分公式，其意义可以推广，比如有

$$d(\sin u) = \cos u\, du, \quad d(u^\mu) = \mu u^{\mu-1} du$$

等，其中 u 既可以是自变量，也可以是一个函数. 这有利于求复合函数的微分.

例 3.34 设函数 $y = \cos e^{2x}$,求 dy.

解 引入中间变量 $u = e^v, v = 2x$,则
$$y = \cos u, u = e^v, v = 2x.$$
于是
$$dy = d(\cos u) = -\sin u\, du = -\sin u\, d(e^v) = -e^v \sin u\, dv$$
$$= -e^v \sin u\, d(2x) = -2e^v \sin u\, dx = -2e^{2x} \sin e^{2x}\, dx.$$

类似于复合函数的求导,在求复合函数的微分时,也可以不写出中间变量,运用微分形式不变性逐层微分.

例 3.35 设函数 $y = \sqrt{1+\sin^2 x}$,求 dy.

解
$$dy = \frac{1}{2\sqrt{1+\sin^2 x}} d(1+\sin^2 x) = \frac{2\sin x}{2\sqrt{1+\sin^2 x}} d(\sin x)$$
$$= \frac{\sin x \cos x}{\sqrt{1+\sin^2 x}} dx = \frac{\sin 2x}{2\sqrt{1+\sin^2 x}} dx.$$

例 3.36 设函数 $y = e^{2x} \sin 3x$,求 dy.

解 $dy = \sin 3x\, d(e^{2x}) + e^{2x} d(\sin 3x) = e^{2x} \sin 3x\, d(2x) + e^{2x} \cos 3x\, d(3x)$
$$= 2e^{2x} \sin 3x\, dx + 3e^{2x} \cos 3x\, dx = e^{2x}(2\sin 3x + 3\cos 3x)\, dx.$$

例 3.37 求由方程 $x^2 y + xe^{y^2} = 1$ 所确定的隐函数的微分 dy.

解法一 方程两边对 x 求导,有
$$2xy + x^2 y' + e^{y^2} + xe^{y^2} \cdot 2yy' = 0,$$
解得
$$y' = -\frac{2xy + e^{y^2}}{x^2 + 2xye^{y^2}}.$$
于是
$$dy = -\frac{2xy + e^{y^2}}{x^2 + 2xye^{y^2}} dx.$$

此解法是先求隐函数的导数,再写出微分. 其实也可以直接用微分求之.

解法二 对方程两边求微分,有
$$d(x^2 y) + d(xe^{y^2}) = 0,$$
即
$$y\, d(x^2) + x^2 dy + e^{y^2} dx + x\, d(e^{y^2}) = 0,$$
$$2xy\, dx + x^2 dy + e^{y^2} dx + 2xye^{y^2} dy = 0,$$
所以
$$dy = -\frac{2xy + e^{y^2}}{x^2 + 2xye^{y^2}} dx.$$

例 3.38 在下列等式左端的括号中填入适当的函数,使等式成立:

(1) $d(\quad) = \dfrac{1}{\sqrt{x}}dx$; (2) $d(\quad) = \dfrac{2}{x}dx$.

解 (1) 由 $d(\sqrt{x}) = \dfrac{1}{2\sqrt{x}}dx$,知 $\dfrac{1}{\sqrt{x}}dx = 2d(\sqrt{x}) = d(2\sqrt{x})$,即

$$d(2\sqrt{x}) = \dfrac{1}{\sqrt{x}}dx.$$

一般地,有

$$d(2\sqrt{x}+C) = \dfrac{1}{\sqrt{x}}dx \ (C \text{ 为任意常数}).$$

(2) 由 $d(\ln|x|) = \dfrac{1}{x}dx$,知

$$\dfrac{2}{x}dx = 2d(\ln|x|) = d(2\ln|x|) = d(\ln x^2),$$

即

$$d(\ln x^2) = \dfrac{2}{x}dx.$$

一般地,有

$$d(\ln x^2 + C) = \dfrac{2}{x}dx \ (C \text{ 为任意常数}).$$

3.5.4 微分在近似计算中的应用

通过前面的讨论知,若函数 $y=f(x)$ 在点 x_0 处的导数 $f'(x_0) \neq 0$,且 Δx 很小,则 $\Delta y \approx dy$,即

$$\Delta y = f(x_0 + \Delta x) - f(x_0) \approx f'(x_0) \cdot \Delta x \tag{3.4}$$

或

$$f(x_0 + \Delta x) \approx f(x_0) + f'(x_0) \cdot \Delta x. \tag{3.5}$$

在式(3.5)中,令 $x = x_0 + \Delta x$,则 $\Delta x = x - x_0$. 于是,式(3.5)又可写成

$$f(x) \approx f(x_0) + f'(x_0) \cdot (x - x_0). \tag{3.6}$$

若 $f(x_0), f'(x_0)$ 都容易计算,则可以应用式(3.4)计算 Δy,应用式(3.5)计算 $f(x_0 + \Delta x)$,或应用式(3.6)计算 $f(x)$.

这种近似计算的实质就是用 x 的线性函数 $f(x_0) + f'(x_0) \cdot (x - x_0)$ 来近似表达函数 $f(x)$. 从微分的几何意义可知,这也就是用曲线上点 $(x_0, f(x_0))$ 处的切线近似代替该曲线(就切点附近部分而言).

例 3.39 一个半径为 $10\,\mathrm{cm}$ 的金属圆片加热后,半径伸长了 $0.05\,\mathrm{cm}$,问面

积增大了多少?

解 半径为 r 的圆面积 $A=\pi r^2$. 现在 $r=10$ cm, $\Delta r=0.05$ cm, 则此时面积增量

$$\Delta A \approx dA \bigg|_{\substack{r=10 \\ \Delta r=0.05}} = 2\pi r \cdot \Delta r \bigg|_{\substack{r=10 \\ \Delta r=0.05}} = \pi (\text{cm}^2).$$

例 3.40 求 $\sqrt[3]{1.02}$ 的近似值.

解 考察函数 $f(x)=\sqrt[3]{x}$. 取 $x_0=1, \Delta x=0.02$, 则由式(3.5)有

$$\sqrt[3]{1.02}=f(x_0+\Delta x)\approx f(x_0)+f'(x_0)\cdot \Delta x = 1+\frac{1}{3}x^{-\frac{2}{3}}\bigg|_{x=1}\times 0.02=\frac{151}{150}.$$

习 题 3.5

1. 试求函数 $y=x^2-x$ 当 $x=10, \Delta x=0.1$ 时的增量和微分.
2. 求下列函数的微分:

(1) $y=\ln\sqrt{1-x^2}$; (2) $y=\ln^2(x+1)$;

(3) $y=\arctan 2x+(\arctan x)^2$; (4) $y=x^2\sin 2x$;

(5) $y=e^{-x}\sin^2 x$; (6) $y=\dfrac{x^3+1}{x^3-1}$.

3. 求由下列方程所确定的函数 $y=f(x)$ 的微分:

(1) $x+y=\arctan(x-y)$; (2) $x-y+\dfrac{1}{2}\sin y=0$.

4. 利用微分求近似值(精确到 0.001):

(1) $e^{1.01}$; (2) $\ln 1.001$;

(3) $\arctan 1.02$; (4) $\sqrt[3]{996}$.

5. 一正方体的棱长 $a=10$ m, 若棱长增加 0.1 m, 求此正方体体积增加的近似值.
6. 将适当的函数填入下列括号内, 使等式成立:

(1) $d(\quad)=2x dx$; (2) $d(\quad)=\cos 2x dx$;

(3) $d(\quad)=\dfrac{x}{1+x^2}dx$; (4) $d(\quad)=\dfrac{1}{\sqrt{1-x^2}}dx$.

3.6 导数在经济学中的应用

3.6.1 边际的概念

在经济问题中, 经常会使用变化率的概念, 而变化率又分为平均变化率和瞬时变化率. 平均变化率就是函数增量与自变量增量之比, 如我们常用的年产量的

平均变化率、成本的平均变化率、利润的平均变化率等;而瞬时变化率就是函数对自变量的导数,即当自变量增量趋于零时平均变化率的极限.

如果函数 $y=f(x)$ 在 x_0 处可导,那么在 $(x_0,x_0+\Delta x)$ 内的平均变化率为

$$\frac{\Delta y}{\Delta x}=\frac{f(x_0+\Delta x)-f(x_0)}{\Delta x},$$

在 $x=x_0$ 处的瞬时变化率为

$$\lim_{\Delta x \to 0}\frac{\Delta y}{\Delta x}=\lim_{\Delta x \to 0}\frac{f(x_0+\Delta x)-f(x_0)}{\Delta x}=f'(x_0).$$

经济学中称其为 $f(x)$ 在 $x=x_0$ 处的边际函数值.

在经济问题中,自变量往往取正整数值,因此约定在点 $x=x_0$ 处,x 产生一单位改变时,y 的增量 Δy 的准确值为 $\Delta y\Big|_{\substack{x=x_0 \\ \Delta x=1}}$. 当 x 的改变量很小时,由微分在近似计算中的应用知,Δy 可以近似地表示为

$$\Delta y\Big|_{\substack{x=x_0 \\ \Delta x=1}} \approx \mathrm{d}y\Big|_{\substack{x=x_0 \\ \Delta x=1}}=f'(x)\cdot \Delta x\Big|_{\substack{x=x_0 \\ \Delta x=1}}=f'(x_0).$$

上式说明在点 $x=x_0$ 处,x 从 x_0 改变一单位时 $f(x)$ 近似改变 $f'(x_0)$ 单位. 在应用问题中解释边际函数值的具体意义时,我们通常都略去"近似"二字. 综上所述,有如下定义:

定义 3.4 设函数 $y=f(x)$ 在 x 处可导,则称导数 $f'(x)$ 为 $f(x)$ 的**边际函数**,并称 $f'(x)$ 在 $x=x_0$ 处的值 $f'(x_0)$ 为**边际函数值**. 即当 $x=x_0$ 时,x 改变一单位,y 改变 $f'(x_0)$ 单位.

例 3.41 设函数 $y=x^3$,试求 y 在 $x=4$ 时的边际函数值.

解 由 $y'=3x^2$,知

$$y'\Big|_{x=4}=3x^2\Big|_{x=4}=48.$$

这值表明:当 $x=4$ 时,x 改变一单位,y 改变 48 单位.

3.6.2 经济学中常见的边际函数

1. 边际成本函数

总成本函数 $C(Q)$ 的导数

$$C'(Q)=\lim_{\Delta Q \to 0}\frac{\Delta C}{\Delta Q}=\lim_{\Delta Q \to 0}\frac{C(Q+\Delta Q)-C(Q)}{\Delta Q}$$

称为**边际成本函数**.

对于产量只取整数单位的产品而言,一单位的变化则是最小的变化. 现假设

产品的数量是连续变化的,于是产品的单位可以无限细分,则边际成本就是产量为 Q 单位时的总成本的变化率. 显然,它(近似地)表示,当已经生产了 Q 单位产品时,再增加一单位产品所增加的总成本.

平均成本函数 $\overline{C}(Q)$ 的导数

$$\overline{C}'(Q) = \left[\frac{C(Q)}{Q}\right]' = \frac{QC'(Q) - C(Q)}{Q^2}$$

称为**边际平均成本函数**.

一般情况下,

$$总成本\ C(Q) = 固定成本\ C_0 + 可变成本\ C_1(Q),$$

故边际成本为

$$C'(Q) = [C_0 + C_1(Q)]' = C_1'(Q).$$

由此可见,边际成本与固定成本无关.

例 3.42 某厂生产某种产品,总成本函数(单位:元)为

$$C(Q) = 200 + 4Q + 0.05Q^2.$$

(1) 指出固定成本、可变成本;
(2) 求边际成本函数及产量 $Q = 200$ 时的边际成本,并说明其经济意义;
(3) 如果对该厂征收固定税收,问固定税收对产品的边际成本是否会有影响? 为什么?

解 (1) 固定成本 $C_0 = 200$,可变成本

$$C_1(Q) = 4Q + 0.05Q^2.$$

(2) 边际成本函数

$$C'(Q) = 4 + 0.1Q,$$
$$C'(200) = (4 + 0.1Q)\big|_{Q=200} = 24.$$

这说明,当产量 $Q = 200$ 时,再增加一单位产品,总成本要增加 24 元.

(3) 因固定税收与产品的数量 Q 无关,故可将其列入固定成本,从而固定税收对产品的边际成本无影响.

2. 边际收益函数

总收益函数 $R(Q)$ 的导数

$$R'(Q) = \lim_{\Delta Q \to 0} \frac{\Delta R}{\Delta Q} = \lim_{\Delta Q \to 0} \frac{R(Q + \Delta Q) - R(Q)}{\Delta Q}$$

称为**边际收益函数**. 它(近似地)表示:当已经销售了 Q 单位产品时,再销售一单位产品所增加的总收益.

若已知需求函数 $P = P(Q)$,其中 P 为价格,Q 为销量,则总收益 $R(Q) =$

$QP(Q)$,边际收益

$$R'(Q) = P(Q) + QP'(Q).$$

例 3.43 设某产品的需求函数 $Q = 100 - 2P$,其中 P 为价格,Q 为销量,求:

(1) 销量为 20 单位时的总收益、平均收益与边际收益;

(2) 销量从 20 单位增加到 30 单位时,收益的平均变化率.

解 (1) 总收益为

$$R(Q) = QP(Q) = 50Q - \frac{1}{2}Q^2.$$

销量为 20 单位时的总收益为

$$R(20) = \left(50Q - \frac{1}{2}Q^2\right)\bigg|_{Q=20} = 800.$$

因销量为 Q 单位时的平均收益

$$\overline{R}(Q) = \frac{R(Q)}{Q} = P(Q) = 50 - \frac{1}{2}Q,$$

故

$$\overline{R}(20) = \left(50 - \frac{1}{2}Q\right)\bigg|_{Q=20} = 40.$$

由边际收益函数为 $R'(Q) = 50 - Q$,知

$$R'(20) = (50 - Q)\big|_{Q=20} = 30.$$

(2) 当销量从 20 单位增加到 30 单位时,收益的平均变化率为

$$\frac{\Delta R}{\Delta Q} = \frac{R(30) - R(20)}{30 - 20} = \frac{1\,050 - 800}{10} = 25.$$

3. 边际利润函数

总利润函数 $L(Q)$ 的导数

$$L'(Q) = \lim_{\Delta Q \to 0} \frac{\Delta L}{\Delta Q} = \lim_{\Delta Q \to 0} \frac{L(Q + \Delta Q) - L(Q)}{\Delta Q}$$

称为**边际利润函数**. 它(近似地)表示:当已经生产了 Q 单位产品时,再多生产一单位产品所增加的总利润.

一般情况下,总利润函数 $L(Q) = R(Q) - C(Q)$,其中 $R(Q)$ 为总收益函数,$C(Q)$ 为总成本函数,于是边际利润函数为

$$L'(Q) = R'(Q) - C'(Q),$$

即边际利润是边际收益与边际成本之差.

例 3.44 某企业对其产品进行了大量统计分析后,得需求函数

$$Q = 200 - 2P,$$

其中 P 为价格,Q 为销量,而总成本函数为

$$C(Q) = 500 + 20Q.$$

试求产量为 50,80,100 单位时的边际利润,并说明其经济意义.

解 总利润函数为

$$L(Q) = R(Q) - C(Q) = QP(Q) - C(Q) = 80Q - \frac{1}{2}Q^2 - 500,$$

故边际利润函数为

$$L'(Q) = 80 - Q.$$

于是

$$L'(50) = (80 - Q)\big|_{Q=50} = 30,$$
$$L'(80) = (80 - Q)\big|_{Q=80} = 0,$$
$$L'(100) = (80 - Q)\big|_{Q=100} = -20.$$

上述结果的经济意义为:$L'(50) = 30$ 表示产量已达到 50 单位时,再生产一单位产品,总利润将增加 30 单位;$L'(80) = 0$ 表示产量已达到 80 单位时,再生产一单位产品,总利润没有增加;$L'(100) = -20$ 表示产量已达到 100 单位时,再生产一单位产品,总利润将减少 20 单位.

由此可见,若 $L'(Q) > 0$,在产量为 Q 时,再多生产一单位产品,总利润将有所增加;若 $L'(Q) < 0$,在产量为 Q 时,再多生产一单位产品,总利润将有所减少. 从而对企业而言,并非产量越大利润越大. 在产量为多少时,利润才最大? 我们将在第 4 章中对此进行讨论.

4. 边际需求函数

若 $Q = f(P)$ 是需求函数,则需求量 Q 对价格 P 的导数

$$\frac{dQ}{dP} = f'(P) = \lim_{\Delta P \to 0} \frac{\Delta Q}{\Delta P} = \lim_{\Delta P \to 0} \frac{f(P + \Delta P) - f(P)}{\Delta P}$$

称为**边际需求函数**.

$Q = f(P)$ 的反函数 $P = f^{-1}(Q)$ 称为**价格函数**,价格对需求的导数 $\dfrac{dP}{dQ}$ 称为**边际价格函数**. 由反函数求导法则知

$$\frac{dP}{dQ} = \frac{1}{\dfrac{dQ}{dP}},$$

即

$$[f^{-1}(Q)]' = \frac{1}{f'(P)}.$$

例 3.45 某商品的需求函数为 $Q(P) = 75 - P^2$,求 $P = 5$ 时的边际需求,并说明其经济意义.

解 由 $Q'(P) = -2P$,知当 $P = 5$ 时的边际需求为 $Q'(5) = -2P\big|_{P=5} = -10$.

其经济意义为：价格 $P=5$ 时，价格上涨（或下降）一单位，需求量将减少（或增加）10 单位.

3.6.3 弹性的概念

在实际应用中，仅仅研究函数的绝对改变量与绝对变化率还不够.例如蔬菜单价 1 元，涨价 1 元；葡萄酒单价 100 元，也涨价 1 元.两种商品单价的绝对改变量都是 1 元，但各与其原单价相比，两者涨价的百分比却大不一样，蔬菜涨了 100%，而葡萄酒涨了 1%，显然两者增加的 1 元对社会、经济和民生有着截然不同的影响.因此我们还有必要研究函数的相对改变量与相对变化率.

对于函数 $y=x^2$，当 x 从 4 增加到 6 时，相应地，y 从 16 增加到 36，即自变量 x 的绝对增量 $\Delta x=2$，函数 y 的绝对增量 $\Delta y=20$，有

$$\frac{\Delta x}{x}=\frac{2}{4}=50\%, \frac{\Delta y}{y}=\frac{20}{16}=125\%,$$

这分别是 x 与 y 的相对改变量.更进一步，

$$\frac{\Delta y/y}{\Delta x/x}=\frac{125\%}{50\%}=2.5$$

表示在区间 $(4,6)$ 内，从 $x=4$ 起，x 每增加 1%，y 相应地平均增加 2.5%，这就是从 $x=4$ 到 $x=6$ 时函数 $y=x^2$ 的平均相对变化率.一般地，有如下定义：

定义 3.5 若函数 $y=f(x)$ 可导，$\Delta y=f(x+\Delta x)-f(x)$，则称函数的相对改变量 $\dfrac{\Delta y}{y}$ 与自变量的相对改变量 $\dfrac{\Delta x}{x}$ 之比

$$\frac{\Delta y/y}{\Delta x/x}$$

为函数 $f(x)$ 的从 x 到 $x+\Delta x$ 之间的**平均相对变化率**.而称极限

$$\lim_{\Delta x\to 0}\frac{\Delta y/y}{\Delta x/x}$$

为函数 $f(x)$ 在点 x 处的**相对变化率**，或称为**弹性**，记为

$$\frac{Ey}{Ex} \quad \text{或} \quad \frac{E}{Ex}f(x).$$

显然有计算公式

$$\frac{Ey}{Ex}=\lim_{\Delta x\to 0}\frac{\Delta y/y}{\Delta x/x}=\lim_{\Delta x\to 0}\frac{\Delta y}{\Delta x}\cdot\frac{x}{y}=y'\frac{x}{y}=\frac{y'}{y/x}. \tag{3.7}$$

注 （1）函数 $f(x)$ 在点 x 处的弹性反映了随着 x 的变化，$f(x)$ 变化幅度的大小，即 $f(x)$ 对 x 变化反应的强烈程度或灵敏度.

(2) $\dfrac{Ey}{Ex}$ 表示在点 x 处,当 x 产生 1% 的改变时,y 近似改变 $\dfrac{Ey}{Ex}\%$. 在应用问题中解释弹性的具体意义时,我们通常都略去"近似"二字.

(3) 因为"相对性"是相对初始值而言的,所以弹性是有方向的.

(4) 由式(3.7)可知,弹性的经济意义为边际函数与平均函数之比.

3.6.4 经济学中常见的弹性函数

1. 需求对价格的弹性

设需求函数 $Q=f(P)$ 是可导函数,Q 表示需求量,P 表示商品价格. 定义该商品在价格为 P 时的**需求**(对价格)**弹性**为

$$\eta = \lim_{\Delta P \to 0} \frac{\Delta Q/Q}{\Delta P/P} = P\frac{f'(P)}{f(P)}.$$

因需求函数通常是单调减少函数,故 $f'(P)$ 为负值,从而需求弹性为负值.

2. 供给对价格的弹性

设供给函数 $Q=g(P)$ 是可导函数,Q 表示供给量,P 表示商品价格. 定义该商品在价格为 P 时的**供给**(对价格)**弹性**为

$$\frac{EQ}{EP} = \lim_{\Delta P \to 0} \frac{\Delta Q/Q}{\Delta P/P} = P\frac{g'(P)}{g(P)}.$$

因供给函数通常是单调增加函数,故 $g'(P)$ 为正值,从而供给弹性为正值.

例 3.46 某商品的需求函数为 $Q(P)=75-P^2$,求 $P=3$ 和 $P=6$ 时的需求弹性,并说明其经济意义.

解 需求弹性为

$$\eta = P\frac{Q'(P)}{Q(P)} = \frac{-2P^2}{75-P^2}.$$

当 $P=3$ 时,需求弹性为

$$\eta(3) = \frac{-2 \cdot 3^2}{75-3^2} = \frac{-18}{66} \approx -0.27.$$

此时意味着若价格在 3 的基础上上涨(或下降)1%,则需求量在 66 的基础上减少(或增加)0.27%.

当 $P=6$ 时,需求弹性为

$$\eta(6) = \frac{-2 \cdot 6^2}{75-6^2} = \frac{-72}{39} \approx -1.85.$$

此时意味着若价格在 6 的基础上上涨(或下降)1%,则需求量在 39 的基础上减少(或增加)1.85%.

一般地，若 $|\eta|>1$，则称需求对价格富有弹性；若 $|\eta|<1$，则称需求对价格缺乏弹性. 我们将在第 4 章讨论 $|\eta|=1$ 时的经济意义(见总习题四第 8 题).

关于弹性的例子，这里不作过多介绍，读者可参考相关教材，请注意有些教材在定义需求弹性时取绝对值或取相反数，从而使得结果为正值.

习 题 3.6

1. 某工厂日生产能力最高为 1 000 单位，每日产品的总成本函数(单位:元)为
$$C(Q)=1\ 000+7Q+50\sqrt{Q},$$
其中 Q 为日产量. 求：

(1) 当日产量为 100 单位时的边际成本；

(2) 当日产量为 100 单位时的平均单位成本.

2. 设某商品的总收益函数为
$$R(Q)=104Q-0.4Q^2,$$
其中 Q 为销量. 求：

(1) 销量为 Q 时的边际收益函数；

(2) 销量为 $Q=50$ 单位时的边际收益.

3. 设某商品的需求函数为 $Q=50-5P$，其中 Q 为需求量，P 为价格. 求：

(1) 总收益函数、平均收益函数和边际收益函数；

(2) 当 $Q=20$ 单位时的总收益、平均收益和边际收益.

4. 某企业生产某种产品的总成本函数和总收益函数(单位:元)为
$$C(Q)=100+2Q+0.02Q^2, \quad R(Q)=7Q+0.01Q^2,$$
其中 Q 为产量(或销量).

(1) 求总利润函数和边际利润函数；

(2) 求日产量分别为 200，250 和 300 单位时的边际利润，并说明其经济意义.

5. 设某商品的需求函数为
$$Q=10\ 000\mathrm{e}^{-0.02P},$$
其中 Q 为需求量，P 为价格. 求边际需求函数及 $P=100$ 单位时的边际需求，并说明其经济意义.

6. 设某商品的需求函数 $Q=f(P)$ 是可导函数，Q 表示需求量，P 表示商品价格，R 表示商品总收益. 试解决下列问题：

(1) 证明商品的总收益(对价格)的弹性等于需求弹性加 1，即
$$\frac{ER}{EP}=1+\eta;$$

(2) 据此分析例 3.46 中 $P=3$ 和 $P=6$ 时，价格上涨(或下降)1%，总收益的变化规律.

总 习 题 三

1. 判断题(举例或画图说明)：

(1) 连续曲线上每一点处都有切线；

(2) 可导函数的图形上除端点外的每一点处都有切线;

(3) 若 $y=f(x)$ 可导,且 $\lim\limits_{x\to+\infty}f(x)=\infty$,则 $\lim\limits_{x\to+\infty}f'(x)=\infty$.

2. 选择题:

(1) $d(\sin 2x)=($);

A. $\cos 2x dx$ B. $2\cos 2x dx$ C. $\cos 2x$ D. $2\cos 2x$

(2) 设 $y=f(x)$,$f'(x_0)=\dfrac{1}{2}$,当 $x\to x_0$ 时,记 $\Delta y=f(x)-f(x_0)$,则点 x_0 处的微分 dy 是( );

A. 与 Δy 同阶但不等价的无穷小   B. 比 Δy 高阶的无穷小

C. 比 Δy 低阶的无穷小   D. 与 Δy 等价的无穷小

(3) 设函数 $f(x)$ 在点 x_0 处可导,则极限 $\lim\limits_{\Delta x\to 0}\dfrac{f(x_0+\Delta x)-f(x_0)}{\Delta x}$ ( );

A. 与 $x_0,\Delta x$ 都有关   B. 仅与 x_0 有关,而与 Δx 无关

C. 仅与 Δx 有关,而与 x_0 无关   D. 与 $x_0,\Delta x$ 都无关

(4) 设函数 $f(x)=x\ln 2x$,且 $f'(x_0)=2$,则 $f(x_0)=($);

A. $\dfrac{2}{e}$ B. 1   C. $\dfrac{e}{2}$ D. e

(5) 设函数 $f(x)$ 在开区间 (a,b) 内可导,且 $c\in(a,b)$,则下述结论中正确的是( );

A. $\lim\limits_{x\to c}f(x)$ 未必等于 $f(c)$ B. $f(x)$ 在点 c 处未必可微

C. $\lim\limits_{x\to c}f'(x)=f'(c)$ D. $\lim\limits_{x\to c}\dfrac{f^2(x)-f^2(c)}{x-c}=2f(c)f'(c)$

(6) 设函数 $f(x)$ 在点 a 处可导,则函数 $|f(x)|$ 在点 a 处不可导的充分条件为( );

A. $f(a)=0$ 且 $f'(a)=0$ B. $f(a)=0$ 且 $f'(a)\neq 0$

C. $f(a)>0$ 且 $f'(a)>0$ D. $f(a)<0$ 且 $f'(a)<0$

(7) 设函数 $f(x)$ 在 $(-\delta,\delta)$ 内有定义,若当 $x\in(-\delta,\delta)$ 时,恒有 $|f(x)|\leqslant x^2$,则 $x=0$ 必为 $f(x)$ 的( ).

A. 间断点   B. 连续而不可导的点

C. 可导的点且 $f'(0)=0$ D. 可导的点且 $f'(0)\neq 0$

3. 填空题:

(1) 设 $f(x)=\lim\limits_{t\to\infty}x\left(\dfrac{t+x}{t-x}\right)^t$,则 $f'(x)=$ _____;

(2) 设 $f(x)=\arctan x^2$,则 $\lim\limits_{x\to 2}\dfrac{f(x)-f(2)}{x-2}=$ _____;

(3) 设曲线 $y=x^3-3a^2x+b$ 与 x 轴相切,则 b^2 可以用 a 表示为 _____ ;

(4) 若 $y=f(x)$ 在 $x=a$ 处可导,$f'(a)=3$,则 $\lim\limits_{h\to 0}\dfrac{f(a+h)-f(a-h)}{h}=$ _____ ;

(5) 某企业的日产量符合 $Q(L)=600\sqrt[3]{L}$,其中 L 是工人数量. 现有 1 000 名工人,若要使得日产量增加 16 单位,则应增加的工人数为 _____ 名.

4. 设 $y=y(x)$ 为由方程 $1+\sin(x+y)=e^{-xy}$ 在点 $(0,0)$ 附近所确定的隐函数,求 dy 及曲线 $y=y(x)$ 在点 $(0,0)$ 处的法线方程.

5. 设曲线 $f(x)=x^n$ 在点 $(1,1)$ 处的切线与 x 轴的交点为 $(\xi_n,0)$,求 $\lim\limits_{n\to\infty}f(\xi_n)$.

6. 图 3.7 中 (A)—(D) 是四个函数的图形,(a)—(d) 是其对应的一阶导数的图形,试用连线将两者匹配.

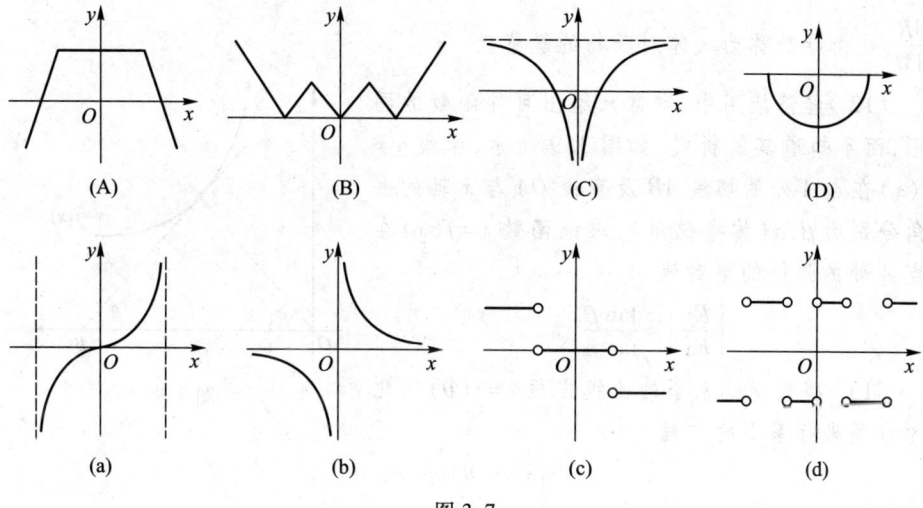

图 3.7

7. 图 3.8 中有三条曲线 C_1,C_2,C_3,分别是某函数 $f(x)$ 及其一、二阶导函数的图形,从中识别出 $f(x),f'(x),f''(x)$,并简述理由.

8. 设周期为 5 的连续函数 $f(x)$ 在 $x=0$ 的某邻域内满足关系式

$$f(1+\sin x)-3f(1-\sin x)=8x+o(x),$$

且函数 $f(x)$ 在 $x=1$ 处可导,求曲线 $y=f(x)$ 在点 $(6,f(6))$ 处的切线方程和法线方程.

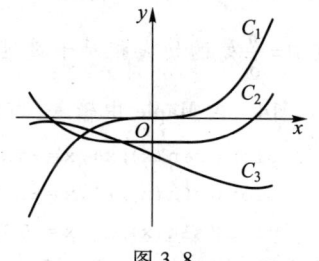

图 3.8

9. 对于函数 $y=f(x)$,记 $\Delta y=f(x_0+\Delta x)-f(x_0)$,$dy=f'(x_0)\Delta x$,其中 $\Delta x\to 0$. 证明:当 $f'(x_0)\neq 0$ 时,有 $\Delta y=dy+o(dy)$. 并据此说明以微分 dy 近似代替函数

增量 Δy 的合理性.

10. 我校有位学生放假要回家乡抚州市广昌县,现有 A,B 两家客运公司的从南昌开往广昌的长途客车即将出发,正常票价均为 78 元.他见 A 公司的车上尚有空位,要求以 70 元乘车,被车上乘务员拒绝了.他又找到也有空位的 B 公司的车,车上乘务员当即收了 70 元,让他乘车.请用边际分析,B 公司的乘务员更精明;A 公司的乘务员或者是受无权降价这一制度约束,或者是缺边际分析"这根弦".

11. 人体对一定剂量药物的反应常用函数 $R = M^2\left(\dfrac{C}{2} - \dfrac{M}{3}\right)$ 来刻画,其中常数 $C>0$,M 表示血液中吸收的药物量.衡量反应 R 可以有不同的方式:若反应 R 用血压的变化来衡量,单位是 mmHg;若反应 R 用体温的变化来衡量,单位是℃. 求 $\dfrac{\mathrm{d}R}{\mathrm{d}M}$,这个导数称为人体对药物的敏感性.

12. 经济应用中,常常只给出可导函数的图形,而不知道其解析式.如图 3.9 所示,曲线 $y = f(x)$ 在点 A 处的切线 AB 及直线 OA 与 x 轴的夹角分别为 β,α(均指锐角),求证函数 $y = f(x)$ 在点 A 处的弹性的绝对值

$$\left|\dfrac{Ey}{Ex}\right| = \dfrac{\tan\beta}{\tan\alpha}.$$

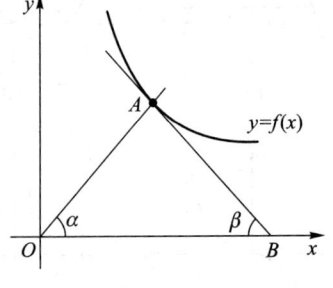

图 3.9

*13. 将极坐标系下的曲线方程 $r = r(\theta)$ 转化为直角坐标系下的方程

$$\begin{cases} x = r(\theta)\cos\theta, \\ y = r(\theta)\sin\theta, \end{cases}$$

其中 θ 为参数.据此推导函数 $y = f(x)$ 的求导公式.用此公式求心脏线

$$r = a(1 + \cos\theta)$$

在 $\theta = \dfrac{\pi}{3}$ 处的切线相对于极轴的斜率,并解释其几何意义.

*14. 在 Maple 中输入(其他数学软件中,命令是相似的):

```
plot({sin(x),x},x=-π..π);
plot({sin(x),x},x=-2..2);
plot({sin(x),x},x=-0.1..0.1);
```

输出图 3.10 中三幅图,观察 $y = \sin x$ 在原点附近的切线,你会发现随着作图区间变小,曲线与切线"重合"了.再换其他函数的图形,做做实验,去体验微分知识中"以直代曲"、局部线性化的意义以及其中 $\Delta x \to 0$ 的重要性.

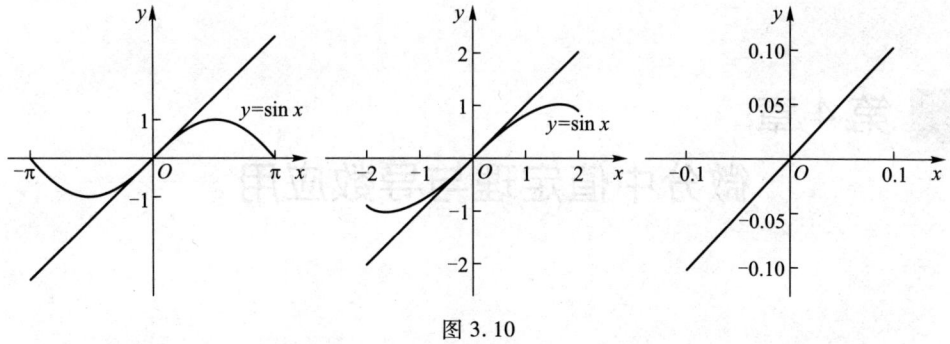

图 3.10

15. 局部线性化是微积分中的重要思想方法. 例如对于定理 3.2 及定理 3.4,可以不去严格证明,试用局部线性化公式(3.5)或(3.6)解释这些定理中公式的正确性.

第 4 章
微分中值定理与导数应用

> 上一章用运动的观点从分析实际问题(物理的和数学的)中因变量相对于自变量的变化快慢出发,引出了导数概念,并讨论了导数的计算方法.本章将应用导数来研究函数以及曲线的某些性态,并利用这些知识解决一些实际问题.为此,先介绍微分学的几个中值定理,它们是导数应用的理论基础,并且它们本身具有实际意义和价值.

4.1 微分中值定理

定理 4.1(费马(Fermat)引理) 设函数 $f(x)$ 在点 ξ 的某邻域 $U(\xi)$ 内有定义,并且在 ξ 处可导,若对任意点 $x \in U(\xi)$,有 $f(x) \leqslant f(\xi)$(或 $f(x) \geqslant f(\xi)$),则 $f'(\xi) = 0$.

我们知道,导数的几何意义是割线斜率的极限,即切线的斜率,再想到导数中的"运动观点",观察图 4.1 发现:水平线 AB 在向上平移的过程中,割线 AC 的斜率保持非负、而割线 BC 的斜率保持非正,最终这两条割线的斜率同时趋于零,即这两条割线同时演变为点 C 处的水平切线.将该过程用精确的数学语言刻画出来,便可得到引理的证明.

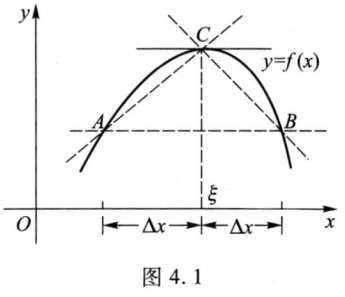

图 4.1

证 不妨设 $x \in U(\xi)$ 时,$f(x) \leqslant f(\xi)$($f(x) \geqslant f(\xi)$ 时可以类似地证明). 于是对于 $\xi + \Delta x \in U(\xi)$,有 $f(\xi + \Delta x) \leqslant f(\xi)$. 从而当 $\Delta x < 0$ 时,

$$\frac{f(\xi + \Delta x) - f(\xi)}{\Delta x} \geqslant 0;$$

而当 $\Delta x>0$ 时,
$$\frac{f(\xi+\Delta x)-f(\xi)}{\Delta x}\leqslant 0.$$
根据函数 $f(x)$ 在 ξ 处可导及极限的保号性,得
$$f'(\xi)=f'_-(\xi)=\lim_{\Delta x\to 0^-}\frac{f(\xi+\Delta x)-f(\xi)}{\Delta x}\geqslant 0,$$
$$f'(\xi)=f'_+(\xi)=\lim_{\Delta x\to 0^+}\frac{f(\xi+\Delta x)-f(\xi)}{\Delta x}\leqslant 0.$$
因此必有
$$f'(\xi)=0.$$

定义 4.1 导数等于零的点称为函数的**驻点**(或稳定点、临界点).

定理 4.2(**罗尔**(**Rolle**)**定理**) 若函数 $f(x)$ 满足:

(1) 在闭区间 $[a,b]$ 上连续;

(2) 在开区间 (a,b) 内可导;

(3) $f(a)=f(b)$,

则至少存在一点 $\xi\in(a,b)$,使得
$$f'(\xi)=0. \tag{4.1}$$

其几何意义如图 4.2,观察图,曲线 $y=f(x)$ 不间断,其上每一点(除端点外)都有不垂直于 x 轴的切线,且两端点的连线与 x 轴平行,将两端点的连线向上(或向下)平行移动,发现:至少得到一点 C,使得其切线平行于 x 轴.

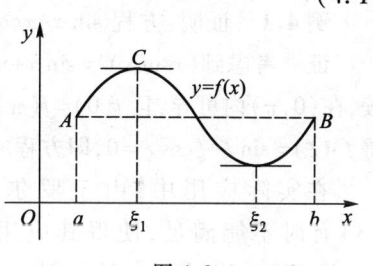

图 4.2

从图中寻找定理证明的思路. 图 4.1 其实是图 4.2 的局部放大图,点 ξ 为函数 $f(x)$ 在 $[a,b]$ 上的最大值点或最小值点. 由此得到启发,可证明罗尔定理.

证 由于 $f(x)$ 在 $[a,b]$ 上连续,因此必有最大值 M 和最小值 m,于是

① 当 $M=m$ 时,$f(x)\equiv M$,得 $f'(x)=0$. 因此,任取 $\xi\in(a,b)$,有 $f'(\xi)=0$.

② 当 $M>m$ 时,由于 $f(a)=f(b)$,所以 M 和 m 至少有一个不等于 $f(a)(=f(b))$. 不妨设 $M\neq f(a)$(若 $m\neq f(a)$,可类似证明),则存在 $\xi\in(a,b)$,使得 $f(\xi)=M$. 因此对任意 $x\in[a,b]$,有 $f(x)\leqslant f(\xi)$,从而由费马引理得 $f'(\xi)=0$.

注 罗尔定理的条件是充分而非必要的,如图 4.3(a) 所示. 另外,其条件缺一不可,若任一个条件缺少,则结论都可能不成立,如图 4.3(b),(c),(d) 所示.

利用罗尔定理可以讨论方程 $f'(x)=0$ 的根的情况.

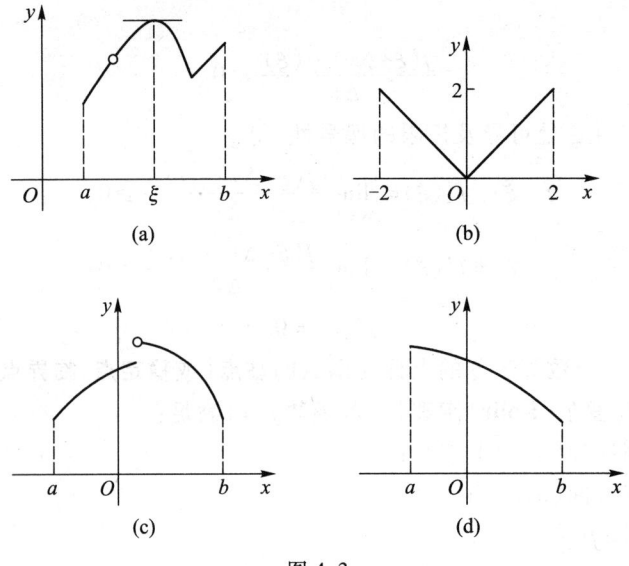

图 4.3

例 4.1 证明:方程 $\sin x + x\cos x = 0$ 在 $(0,\pi)$ 内必有实根.

证 考虑到 $(x\sin x)' = \sin x + x\cos x$. 对于 $f(x) = x\sin x$, 易知 $f(x)$ 在 $[0,\pi]$ 上连续, 在 $(0,\pi)$ 内可导, 且 $f(0) = f(\pi) = 0$. 由罗尔定理可知至少有一点 $\xi \in (0,\pi)$, 使得 $f'(\xi) = \sin \xi + \xi\cos \xi = 0$, 即方程 $\sin x + x\cos x = 0$ 在 $(0,\pi)$ 内必有实根.

在实际应用中, 由于罗尔定理的条件(3)有时不能满足, 使得其应用受到一定限制. 将条件(3)去掉, 画出图 4.4. 观察图发现在区间 $[a,b]$ 上曲线不间断, 且其上每一点(除端点外)都有不垂直于 x 轴的切线, 曲线上至少存在一点 C, 使得过 C 点的切线平行于两端点的连线 AB. 下述定理刻画了这一事实.

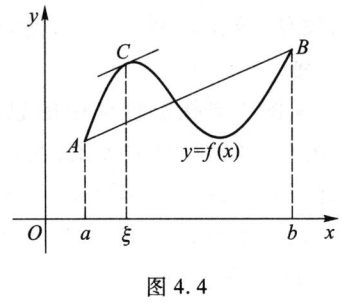

图 4.4

定理 4.3(拉格朗日(**Lagrange**)中值定理) 若函数 $f(x)$ 满足:

(1) 在闭区间 $[a,b]$ 上连续;

(2) 在开区间 (a,b) 内可导,

则至少存在一点 $\xi \in (a,b)$, 使得

$$f'(\xi) = \frac{f(b) - f(a)}{b - a}. \tag{4.2}$$

分析 当 $f(a) = f(b)$ 时, 拉格朗日中值定理就是罗尔定理, 即罗尔定理是拉

格朗日中值定理的特例,而拉格朗日中值定理是罗尔定理的推广.这启发我们用罗尔定理证明拉格朗日中值定理,关键是找到一个符合罗尔定理条件的函数.观察图4.4,直线 AB 的方程为

$$y = f(a) + \frac{f(b)-f(a)}{b-a}(x-a).$$

由于曲线 $y=f(x)$ 和直线 AB 都过点 A 和 B,从而构造函数

$$F(x) = f(x) - \left[f(a) + \frac{f(b)-f(a)}{b-a}(x-a) \right].$$

显然该辅助函数恰好满足罗尔定理的条件 $F(a) = F(b)$ 及另外两个条件.

证 作辅助函数

$$F(x) = f(x) - \left[f(a) + \frac{f(b)-f(a)}{b-a}(x-a) \right].$$

由定理假设易知 $F(x)$ 在 $[a,b]$ 上连续,在 (a,b) 内可导,且 $F(a) = F(b) = 0$. 因此由罗尔定理可知,至少存在一点 $\xi \in (a,b)$,使得

$$F'(\xi) = f'(\xi) - \frac{f(b)-f(a)}{b-a} = 0,$$

即得式(4.2)成立.

注 (1) 还有其他的辅助函数作法.例如,将所证等式(4.2)改写为

$$\frac{\mathrm{d}}{\mathrm{d}x} \left[f(x) - \frac{f(b)-f(a)}{b-a} x \right] \bigg|_{x=\xi} = 0.$$

将此式与式(4.1)作比较,可启发我们引入辅助函数

$$F(x) = f(x) - \frac{f(b)-f(a)}{b-a} x,$$

同样可以证出定理.我们称此方法为逆向构造法,即根据待证结论构造辅助函数,这种方法对很多证明题都非常有效.

(2) 式(4.2)对于 $b<a$ 也成立,称为**拉格朗日中值公式**,它还有以下常见的等价形式:

$$f(b) - f(a) = f'(\xi)(b-a), \tag{4.3}$$

ξ 介于 a,b 之间;

$$f(x+\Delta x) - f(x) = f'(\xi) \cdot \Delta x = f'(x+\theta \Delta x) \cdot \Delta x, \tag{4.4}$$

ξ 介于 $x, x+\Delta x$ 之间,$0<\theta<1$,$f(x+\Delta x)-f(x)$ 是函数增量 Δy.将式(4.4)与微分 $\mathrm{d}y = f'(x) \cdot \Delta x$ 比较,可知

$$\mathrm{d}y = f'(x) \cdot \Delta x$$

是 Δy 的近似表达式,而

$$\Delta y = f'(x+\theta \Delta x) \cdot \Delta x \ (0<\theta<1)$$

是 Δy 的精确表达式,且 Δx 为任意有限数. 所以拉格朗日中值公式又称为**有限增量公式**,它是沟通函数的局部(在一点处)性态与整体(在区间上)性态的桥梁. 拉格朗日中值定理又称**有限增量定理**. 由于它在微分学中的重要地位,拉格朗日中值定理也称**微分学基本定理**.

我们知道:若函数 $f(x)$ 在某区间 I 上是一个常数,则 $f(x)$ 在区间 I 上的导数恒为零. 它的逆命题也成立,即

推论 若函数 $f(x)$ 在区间 I 上导数恒为零,则 $f(x)$ 在区间 I 上是一个常数.

证 在区间 I 上任取两点 x_1, x_2,不妨设 $x_1<x_2$,应用式(4.3),就得

$$f(x_2)-f(x_1)=f'(\xi)(x_2-x_1) \quad (x_1<\xi<x_2).$$

由题设可知 $f'(\xi)=0$,所以 $f(x_2)-f(x_1)=0$. 即

$$f(x_2)=f(x_1).$$

由 x_1,x_2 的任意性可知,$f(x)$ 在区间 I 上是一个常数.

注 更进一步,可以利用此推论证明一些等式,请看下例.

例 4.2 证明: $\arctan x+\operatorname{arccot} x=\dfrac{\pi}{2}$, $x\in(-\infty,+\infty)$.

证 构造辅助函数 $f(x)=\arctan x+\operatorname{arccot} x$,有

$$f'(x)=\frac{1}{1+x^2}-\frac{1}{1+x^2}=0.$$

于是,由推论可知

$$f(x)=\arctan x+\operatorname{arccot} x\equiv C \quad (C \text{ 为常数}, x\in(-\infty,+\infty)).$$

令 $x=1$,得 $C=\dfrac{\pi}{2}$. 即得结论成立.

直接利用中值定理还可以证明不等式,如下例.

例 4.3 证明:当 $x>0$ 时,$x<\mathrm{e}^x-1<x\mathrm{e}^x$.

证 观察式子的特点,可设 $f(t)=\mathrm{e}^t$,则 $f(t)$ 在 $[0,x]$ 上满足拉格朗日中值定理的条件. 于是

$$\mathrm{e}^x-\mathrm{e}^0=x\mathrm{e}^\xi \quad (0<\xi<x),$$

因为 $0<\xi<x$,所以

$$x<\mathrm{e}^x-1<x\mathrm{e}^x.$$

定理 4.4(柯西(Cauchy)中值定理) 若函数 $f(x)$ 及 $F(x)$ 在闭区间 $[a,b]$ 上连续,在开区间 (a,b) 内可导,且 $F'(x)\neq 0$,则至少存在一点 $\xi\in(a,b)$,使得

$$\frac{f(b)-f(a)}{F(b)-F(a)}=\frac{f'(\xi)}{F'(\xi)}. \tag{4.5}$$

注 (1)同样可根据待证结论构造辅助函数来证明. 将式(4.5)改写为

$$f'(\xi) - \frac{f(b)-f(a)}{F(b)-F(a)} F'(\xi) = 0,$$

可知构造函数

$$\Phi(x) = f(x) - \frac{f(b)-f(a)}{F(b)-F(a)} F(x),$$

再利用罗尔定理容易证得结论.

(2) 取 $F(x) = x$,可知拉格朗日中值定理是柯西中值定理的特殊情形.

(3) 柯西中值定理、拉格朗日中值定理与罗尔定理类似,其条件是充分而非必要的. 另外,其条件缺一不可,若缺少任一个条件,则结论都可能不成立.

习 题 4.1

1. 验证下列函数在给定区间上是否满足罗尔定理的条件:

(1) $y = \frac{3}{3x^2+1}, x \in [-1,1]$;   (2) $y = 1 - \sqrt[3]{x^2}, x \in [-1,1]$;

(3) $y = x\sqrt{3-x}, x \in [0,3]$.

2. 写出关于下列函数的拉格朗日中值公式 $\frac{f(b)-f(a)}{b-a} = f'(\xi)$,并求 ξ:

(1) $f(x) = 2x^3, x \in [-1,1]$;   (2) $f(x) = \ln x, x \in [1,e]$;

(3) $f(x) = \arctan x, x \in [0,1]$.

3. 一位司机拿到一张罚款单. 罚款单上列出的违章理由是:他在限速为 65 km/h 的收费公路上,2 h 内走了 161 km,因此该司机被判断超速行驶. 为什么?

4. 证明下列不等式:

(1) $e^x \geq ex \ (x \geq 1)$;   (2) $\tan x \geq x \ \left(0 \leq x < \frac{\pi}{2}\right)$;

(3) $\frac{b-a}{b} < \ln \frac{b}{a} < \frac{b-a}{a} \ (0 < a < b)$;   (4) $\frac{x}{1+x} < \ln(1+x) < x \ (x > 0)$.

5. 证明下列等式:

(1) $3\arccos x - \arccos(3x - 4x^3) = \pi, x \in \left[-\frac{1}{2}, \frac{1}{2}\right]$;

(2) $\arcsin x + \arccos x = \frac{\pi}{2}, x \in [-1,1]$.

6. 不求出函数

$$f(x) = (x-1)(x-2)(x-3)$$

的导数,说明方程 $f'(x) = 0$ 有几个实根,并指出它们所在的区间.

4.2 洛必达法则

如果当 $x \to x_0$(或 $x \to \infty$)时,两个函数 $f(x)$ 与 $F(x)$ 都趋于零或都趋于无穷

大,那么极限 $\lim\limits_{\substack{x \to x_0 \\ (x \to \infty)}} \dfrac{f(x)}{F(x)}$ 可能存在,也可能不存在. 通常把这两种类型的极限分别称为 $\dfrac{0}{0}$ 型和 $\dfrac{\infty}{\infty}$ 型未定式. 重要极限 $\lim\limits_{x \to 0} \dfrac{\sin x}{x}$ 和导数定义式就是 $\dfrac{0}{0}$ 型未定式的两个例子. 下面介绍求这两类极限的一种简单且重要的方法.

4.2.1 $\dfrac{0}{0}$ 型和 $\dfrac{\infty}{\infty}$ 型未定式

我们着重讨论 $x \to x_0$ 时的 $\dfrac{0}{0}$ 型未定式的情形,关于该情形有以下定理:

定理 4.5(洛必达(L'Hospital)法则) 若 $f(x)$ 及 $F(x)$ 满足以下三个条件:
(1) 当 $x \to x_0$ 时,函数 $f(x)$ 及 $F(x)$ 都趋于零;
(2) 在点 x_0 的某去心邻域内,$f(x)$ 及 $F(x)$ 都可导,且 $F'(x) \neq 0$;
(3) $\lim\limits_{x \to x_0} \dfrac{f'(x)}{F'(x)}$ 存在(或为 ∞),

则

$$\lim_{x \to x_0} \frac{f(x)}{F(x)} = \lim_{x \to x_0} \frac{f'(x)}{F'(x)}.$$

证 因为 $\dfrac{f(x)}{F(x)}$ 当 $x \to x_0$ 时的极限与 $f(x_0)$ 及 $F(x_0)$ 无关,所以可以假定 $f(x_0) = F(x_0) = 0$. 于是由条件(1)、(2)知道,$f(x)$ 及 $F(x)$ 在点 x_0 的某邻域内连续. 设 x 是该邻域内的一点,那么在以 x_0 及 x 为端点的区间上,$f(x)$ 及 $F(x)$ 满足柯西中值定理的条件,因此

$$\frac{f(x)}{F(x)} = \frac{f(x) - f(x_0)}{F(x) - F(x_0)} = \frac{f'(\xi)}{F'(\xi)} \quad (\xi \text{ 在 } x_0 \text{ 与 } x \text{ 之间}).$$

令 $x \to x_0$,对上式两端求极限,注意到 $x \to x_0$ 时 $\xi \to x_0$,再根据条件(3)即得要证明的结论.

注 (1) 若 $\lim\limits_{x \to x_0} \dfrac{f'(x)}{F'(x)}$ 仍属 $\dfrac{0}{0}$ 型,且这时 $f'(x)$ 和 $F'(x)$ 仍然满足洛必达法则的条件,则可以继续使用洛必达法则,即

$$\lim_{x \to x_0} \frac{f(x)}{F(x)} = \lim_{x \to x_0} \frac{f'(x)}{F'(x)} = \lim_{x \to x_0} \frac{f''(x)}{F''(x)}.$$

并且可以依次类推.

(2) 对于 $x \to \infty$ 时的 $\dfrac{0}{0}$ 型未定式,以及 x 的各种变化趋势下的 $\dfrac{\infty}{\infty}$ 型未定式,

也有相应的洛必达法则. 例如, 对于 $x \to \infty$ 时的 $\dfrac{0}{0}$ 型未定式, 有如下定理.

定理 4.6(洛必达法则) 若 $f(x)$ 及 $F(x)$ 满足以下三个条件:

(1) 当 $x \to \infty$ 时, 函数 $f(x)$ 及 $F(x)$ 都趋于零;

(2) 当 $|x|$ 充分大时, $f(x)$ 与 $F(x)$ 都可导, 且 $F'(x) \neq 0$;

(3) $\lim\limits_{x \to \infty} \dfrac{f'(x)}{F'(x)}$ 存在(或为 ∞),

则

$$\lim_{x \to \infty} \frac{f(x)}{F(x)} = \lim_{x \to \infty} \frac{f'(x)}{F'(x)}.$$

微视频
洛必达法则及
其应用实例

例 4.4 求 $\lim\limits_{x \to 0} \dfrac{\sin ax}{\sin bx}$ ($b \neq 0$).

解 这是 $\dfrac{0}{0}$ 型未定式, 故

$$\lim_{x \to 0} \frac{\sin ax}{\sin bx} = \lim_{x \to 0} \frac{a\cos ax}{b\cos bx} = \frac{a}{b}.$$

例 4.5 求 $\lim\limits_{x \to \frac{\pi}{3}} \dfrac{1 - 2\cos x}{\sin\left(x - \dfrac{\pi}{3}\right)}$.

解 这是 $\dfrac{0}{0}$ 型未定式, 故

$$\lim_{x \to \frac{\pi}{3}} \frac{1 - 2\cos x}{\sin\left(x - \dfrac{\pi}{3}\right)} = \lim_{x \to \frac{\pi}{3}} \frac{2\sin x}{\cos\left(x - \dfrac{\pi}{3}\right)} = \frac{2\sin\dfrac{\pi}{3}}{\cos\left(\dfrac{\pi}{3} - \dfrac{\pi}{3}\right)} = \sqrt{3}.$$

例 4.6 求 $\lim\limits_{x \to 1} \dfrac{x^3 - 3x + 2}{x^3 - x^2 - x + 1}$.

解 这是 $\dfrac{0}{0}$ 型未定式, 故

$$\lim_{x \to 1} \frac{x^3 - 3x + 2}{x^3 - x^2 - x + 1} = \lim_{x \to 1} \frac{3x^2 - 3}{3x^2 - 2x - 1} = \lim_{x \to 1} \frac{6x}{6x - 2} = \frac{3}{2}.$$

注 上式中的 $\lim\limits_{x \to 1} \dfrac{6x}{6x - 2}$ 已不是未定式, 不能对它应用洛必达法则, 否则会导致错误结果. 每次使用洛必达法则时, 应当检查是否满足洛必达法则的条件, 如果不满足, 就不能应用.

例 4.7 求 $\lim\limits_{x \to 0} \dfrac{3x - \sin 3x}{(1 - \cos x)\ln(1 + 2x)}$.

解 因为当 $x \to 0$ 时，$1-\cos x \sim \dfrac{1}{2}x^2$，$\ln(1+2x) \sim 2x$，所以

$$\lim_{x \to 0} \frac{3x-\sin 3x}{(1-\cos x)\ln(1+2x)} = \lim_{x \to 0} \frac{3x-\sin 3x}{x^3} = \lim_{x \to 0} \frac{3-3\cos 3x}{3x^2}$$

$$= \lim_{x \to 0} \frac{3\sin 3x}{2x} = \frac{9}{2}.$$

注 洛必达法则是求未定式的一种有效方法，但最好能与其他求极限的方法结合使用. 例如能化简时应尽可能先化简，可以应用等价无穷小替代或能用重要极限时，应尽可能应用，这样可以使运算简捷.

例 4.8 求 $\lim\limits_{x \to +\infty} \dfrac{\dfrac{\pi}{2}-\arctan x}{\dfrac{1}{x}}$.

解 这是 $\dfrac{0}{0}$ 型未定式，故

$$\lim_{x \to +\infty} \frac{\dfrac{\pi}{2}-\arctan x}{\dfrac{1}{x}} = \lim_{x \to +\infty} \frac{-\dfrac{1}{1+x^2}}{-\dfrac{1}{x^2}} = \lim_{x \to +\infty} \frac{x^2}{1+x^2} = 1.$$

例 4.9 求 $\lim\limits_{x \to +\infty} \dfrac{x^n}{\ln x}$（$n$ 为正整数）.

解 这是 $\dfrac{\infty}{\infty}$ 型未定式，故

$$\lim_{x \to +\infty} \frac{x^n}{\ln x} = \lim_{x \to +\infty} \frac{nx^{n-1}}{\dfrac{1}{x}} = \lim_{x \to +\infty} nx^n = +\infty.$$

例 4.10 求 $\lim\limits_{x \to +\infty} \dfrac{x^n}{e^{\lambda x}}$（$n$ 为正整数，$\lambda > 0$）.

解 这是 $\dfrac{\infty}{\infty}$ 型未定式，相继 n 次应用洛必达法则，得

$$\lim_{x \to +\infty} \frac{x^n}{e^{\lambda x}} = \lim_{x \to +\infty} \frac{nx^{n-1}}{\lambda e^{\lambda x}} = \lim_{x \to +\infty} \frac{n(n-1)x^{n-2}}{\lambda^2 e^{\lambda x}} = \cdots = \lim_{x \to +\infty} \frac{n!}{\lambda^n e^{\lambda x}} = 0.$$

注 (1) 如果例 4.10 中的 n 不是正整数而是任何正数，那么极限仍为零.

(2) 例 4.9 和例 4.10 说明，当 $x \to +\infty$ 时，对数函数 $\ln x$，幂函数 x^n（$n>0$），指数函数 $e^{\lambda x}$（$\lambda > 0$）均为无穷大，但这三个函数增大的"速度"很不一样，即从某时刻起 $e^{\lambda x}$ 最快（无论正常数 λ 多么小），其次是 x^n（无论 n 多么大），$\ln x$ 最慢. 表 4.1 中的数据从数值比较上说明了这个事实.

表 4.1

x	1	10	100	1 000
$\ln x$	0	2.303	4.605	6.908
x^2	1	10^2	10^4	10^6
e^x	2.718	2.203×10^4	2.688×10^{43}	1.970×10^{434}

例 4.11 求 $\lim\limits_{x \to +\infty} \dfrac{\sqrt{1+x^2}}{x}$.

解 这是 $\dfrac{\infty}{\infty}$ 型未定式,故

$$\lim_{x \to +\infty} \frac{\sqrt{1+x^2}}{x} = \lim_{x \to +\infty} \frac{\frac{x}{\sqrt{1+x^2}}}{1} = \lim_{x \to +\infty} \frac{x}{\sqrt{1+x^2}}$$

$$= \lim_{x \to +\infty} \frac{1}{\frac{x}{\sqrt{1+x^2}}} = \lim_{x \to +\infty} \frac{\sqrt{1+x^2}}{x} = \cdots.$$

这样应用洛必达法则,出现了分子、分母循环交替,因此无法得到结果.这时应改变方法,即

$$\lim_{x \to +\infty} \frac{\sqrt{1+x^2}}{x} = \lim_{x \to +\infty} \sqrt{\frac{1}{x^2}+1} = 1.$$

例 4.12 求 $\lim\limits_{x \to 0} \dfrac{x + x^2 \sin \frac{1}{x}}{x}$.

解 这是 $\dfrac{0}{0}$ 型未定式,分别对分子、分母求导得

$$\lim_{x \to 0} \frac{1 + 2x\sin\frac{1}{x} - \cos\frac{1}{x}}{1} = \lim_{x \to 0}\left(1 + 2x\sin\frac{1}{x} - \cos\frac{1}{x}\right).$$

上述极限显然不存在(振荡),但我们不能就此断定原极限不存在.事实上,

$$\lim_{x \to 0} \frac{x + x^2 \sin\frac{1}{x}}{x} = \lim_{x \to 0}\left(1 + x\sin\frac{1}{x}\right) = 1.$$

4.2.2 其他类型未定式

除 $\dfrac{0}{0}$ 型和 $\dfrac{\infty}{\infty}$ 型未定式外,尚有一些 $0 \cdot \infty$,$\infty - \infty$,0^0,1^∞,∞^0 型未定式,称为

其他类型未定式，它们可通过恒等变形转化为 $\dfrac{0}{0}$ 或 $\dfrac{\infty}{\infty}$ 型未定式或用其他方法来计算，下面用例子说明.

例 4.13 求 $\lim\limits_{x\to 0^+} x^n \ln x$ $(n>0)$.

解 这是 $0\cdot\infty$ 型未定式. 因为

$$x^n \ln x = \frac{\ln x}{\dfrac{1}{x^n}},$$

当 $x\to 0^+$ 时，上式右端是 $\dfrac{\infty}{\infty}$ 型未定式. 应用洛必达法则，得

$$\lim_{x\to 0^+} x^n \ln x = \lim_{x\to 0^+} \frac{\ln x}{x^{-n}} = \lim_{x\to 0^+} \frac{\dfrac{1}{x}}{-nx^{-n-1}} = \lim_{x\to 0^+} \frac{-x^n}{n} = 0.$$

例 4.14 求 $\lim\limits_{x\to 1}(x-1)\tan\dfrac{\pi x}{2}$.

解 这是 $0\cdot\infty$ 型未定式. 因为

$$(x-1)\tan\frac{\pi x}{2} = \frac{x-1}{\cot\dfrac{\pi x}{2}},$$

当 $x\to 1$ 时，上式右端是 $\dfrac{0}{0}$ 型未定式. 应用洛必达法则，得

$$\lim_{x\to 1}(x-1)\tan\frac{\pi x}{2} = \lim_{x\to 1}\frac{x-1}{\cot\dfrac{\pi x}{2}} = \lim_{x\to 1}\frac{1}{-\left(\csc\dfrac{\pi x}{2}\right)^2 \dfrac{\pi}{2}} = -\frac{2}{\pi}.$$

例 4.15 求 $\lim\limits_{x\to 0}\left(\dfrac{1}{x^2} - \dfrac{1}{x\tan x}\right)$.

解 这是 $\infty - \infty$ 型未定式，故

$$\lim_{x\to 0}\left(\frac{1}{x^2} - \frac{1}{x\tan x}\right) = \lim_{x\to 0}\frac{\tan x - x}{x^2 \tan x} = \lim_{x\to 0}\frac{\tan x - x}{x^3} = \lim_{x\to 0}\frac{\sec^2 x - 1}{3x^2}$$

$$= \frac{1}{3}\lim_{x\to 0}\frac{\tan^2 x}{x^2} = \frac{1}{3}.$$

注 $\infty-\infty$ 型未定式可采用通分和变量替换等方法转化为 $\dfrac{0}{0}$ 型或 $\dfrac{\infty}{\infty}$ 型未定式. 例如，$\lim\limits_{x\to 0}\left(\cot x - \dfrac{1}{x}\right)$，$\lim\limits_{x\to\infty}\left[(2+x)\mathrm{e}^{\frac{1}{x}} - x\right]$ 等.

例 4.16 求 $\lim\limits_{x\to 0^+} x^x$.

解 这是 0^0 型未定式. 由于

$$\lim_{x\to 0^+} x^x = \lim_{x\to 0^+} e^{x\ln x} = e^{\lim\limits_{x\to 0^+} x\ln x},$$

应用例 4.13 的结果 $\lim\limits_{x\to 0^+} x\ln x = 0$,可得

$$\lim_{x\to 0^+} x^x = e^0 = 1.$$

例 4.17 求 $\lim\limits_{x\to 0}\left(\dfrac{2}{\pi}\arccos x\right)^{\frac{1}{x}}$.

解 这是 1^∞ 型未定式,故

$$\lim_{x\to 0}\left(\dfrac{2}{\pi}\arccos x\right)^{\frac{1}{x}} = \lim_{x\to 0} e^{\frac{\ln\left(\frac{2}{\pi}\arccos x\right)}{x}} = e^{\lim\limits_{x\to 0}\frac{\pi}{2\arccos x}\cdot\frac{2}{\pi}\cdot\frac{1}{-\sqrt{1-x^2}}} = e^{-\frac{2}{\pi}}.$$

注 0^0,1^∞,∞^0 型未定式通常利用恒等式 $y = e^{\ln y}$ 转化为 $0\cdot\infty$ 型未定式,再转化为 $\dfrac{0}{0}$ 型或 $\dfrac{\infty}{\infty}$ 型未定式. 当然,对于 1^∞ 型未定式,也可以像上一章那样凑重要极限.

总之,求未定式极限的方法如图 4.5 所示.

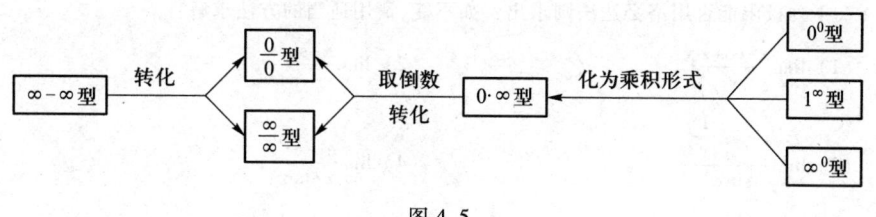

图 4.5

习 题 4.2

1. 计算下列极限:

(1) $\lim\limits_{x\to 1}\dfrac{x^3-3x+2}{x^3-x}$;

(2) $\lim\limits_{x\to\pi}\dfrac{1+\cos x}{\tan x}$;

(3) $\lim\limits_{x\to 0^+}\dfrac{\ln\sin ax}{\ln\sin bx}$ ($a>0, b>0$);

(4) $\lim\limits_{x\to 0}\dfrac{\tan x - x}{x^2\sin x}$;

(5) $\lim\limits_{x\to +\infty}\dfrac{\ln(x^2-x+1)}{\ln(x^{10}+x+1)}$;

(6) $\lim\limits_{x\to -\infty}\dfrac{\ln(1+4^x)}{\ln(1+3^x)}$;

(7) $\lim\limits_{x\to 0}\dfrac{e^{-1/x^2}}{x^{2014}}$;

(8) $\lim\limits_{x\to 0} x^2 e^{1/x^2}$;

(9) $\lim\limits_{x\to\frac{\pi}{2}}\dfrac{\tan x}{\tan 3x}$;

(10) $\lim\limits_{x\to 0}\dfrac{(1-\cos x)^2\sin x^2}{x^6}$;

(11) $\lim\limits_{x\to 0}\dfrac{x(e^x+1)-2(e^x-1)}{x^2\ln(x+1)}$;

(12) $\lim\limits_{x\to 1^-}[\ln x\cdot\ln(1-x)]$;

(13) $\lim\limits_{x\to 1}(1-x^2)\tan\dfrac{\pi}{2}x$;

(14) $\lim\limits_{x\to\infty}\left(x-\dfrac{1}{\mathrm{e}^{1/x}-1}\right)$;

(15) $\lim\limits_{x\to 0}\left(\dfrac{1}{\sin^2 x}-\dfrac{1}{x^2}\right)$;

(16) $\lim\limits_{x\to\frac{\pi}{2}}(\sec x-\tan x)$;

(17) $\lim\limits_{x\to 0^+}x^{\frac{1}{1+\ln x}}$;

(18) $\lim\limits_{x\to 0^+}(\sin x)^x$;

(19) $\lim\limits_{x\to +\infty}\left(\dfrac{\pi}{2}-\arctan x\right)^{\frac{1}{\ln x}}$;

(20) $\lim\limits_{x\to \mathrm{e}}(\ln x)^{\frac{1}{1-\ln x}}$;

(21) $\lim\limits_{x\to +\infty}\left(\dfrac{2}{\pi}\arctan x\right)^x$;

(22) $\lim\limits_{x\to\left(\frac{\pi}{2}\right)^-}(\tan x)^{2x-\pi}$;

(23) $\lim\limits_{x\to 0^+}(\cot x)^{\frac{1}{\ln x}}$;

(24) $\lim\limits_{x\to\infty}\left(\cos\dfrac{1}{x}\right)^{x^2}$;

(25) $\lim\limits_{x\to 1}\left(\dfrac{x^2+x}{2}\right)^{\frac{1}{x-1}}$;

(26) $\lim\limits_{x\to +\infty}(\mathrm{e}^{3x}-5x)^{\frac{1}{x}}$;

(27) $\lim\limits_{n\to\infty}(\mathrm{e}^5+6^n+7^n)^{\frac{1}{n}}$;

(28) $\lim\limits_{x\to 0}\dfrac{\tan^3 2x}{x^4}\left(1-\dfrac{x}{\mathrm{e}^x-1}\right)$.

2. 下列极限能否用洛必达法则求出？如不能，请用适当的方法求解：

(1) $\lim\limits_{x\to\infty}\dfrac{x-\cos x}{x}$;

(2) $\lim\limits_{x\to\infty}\dfrac{x+\sin x}{x-\cos x}$;

(3) $\lim\limits_{x\to 0}\dfrac{x^2\cos\dfrac{1}{x}}{\sin x}$;

(4) $\lim\limits_{x\to 0}\dfrac{\mathrm{e}^x-\mathrm{e}^{\tan x}}{x-\tan x}$.

4.3　函数的单调性和曲线的凹凸性

我们已经会用初等数学的方法研究一些函数的单调性，但这些方法使用范围较小，并且常常还需要借助不等式放缩等特殊技巧，计算繁琐，也不易掌握其规律，因此不具有一般性. 微分中值定理为我们深刻全面地研究函数的性态提供了理论基础，在此基础上，本节以导数为工具，给出研究函数性质的简便且具有一般性的有效方法.

4.3.1　函数单调性的判别法

如果函数 $y=f(x)$ 在闭区间 $[a,b]$ 上单调增加（或单调减少），那么它的图形是一条沿 x 轴正向上升（或下降）的曲线. 这时，若曲线上各点处的切线斜率存在,则其是非负(或非正)的,即 $y'=f'(x)\geq 0$(或 $y'=f'(x)\leq 0$). 例如 $y=x^2$ 就是如此,如图 4.6 所示. 这给我们启示,函数的单调性与导数的符号有着密切的联系.

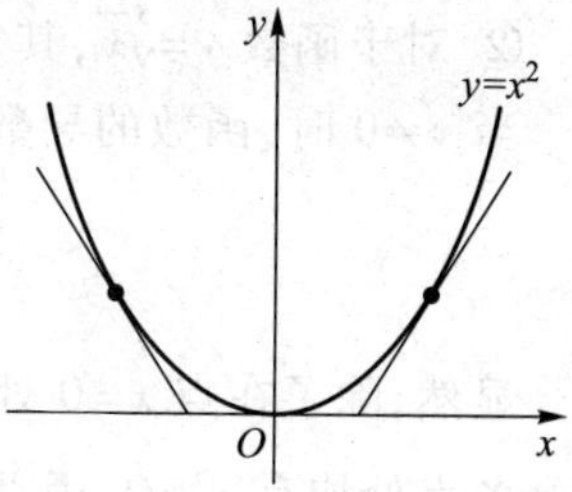

定理 4.7 设函数 $y=f(x)$ 在闭区间 $[a,b]$ 上连续,在开区间 (a,b) 内可导.

(1) 若在 (a,b) 内 $f'(x)>0$,则 $f(x)$ 在 $[a,b]$ 上单调增加;

图 4.6

(2) 若在 (a,b) 内 $f'(x)<0$,则 $f(x)$ 在 $[a,b]$ 上单调减少.

证 在 $[a,b]$ 上任取两点 $x_1,x_2(x_1<x_2)$,由拉格朗日中值定理得到
$$f(x_2)-f(x_1)=f'(\xi)(x_2-x_1)\ (x_1<\xi<x_2).$$
由此立即可以得到定理结论.

注 把定理中的闭区间换成其他各种区间(包括无穷区间),结论也成立.

例 4.18 讨论函数 $y=\sqrt[3]{x^2}$ 的单调性.

解 函数的定义域为 $(-\infty,+\infty)$.

当 $x\neq 0$ 时,$y'=\dfrac{2}{3\sqrt[3]{x}}$;当 $x=0$ 时,函数的导数不存在.

在 $(-\infty,0)$ 内,$y'<0$,因此函数 $y=\sqrt[3]{x^2}$ 在 $(-\infty,0]$ 上单调减少. 在 $(0,+\infty)$ 内,$y'>0$,因此函数 $y=\sqrt[3]{x^2}$ 在 $[0,+\infty)$ 上单调增加. 函数的图形如图 4.7 所示.

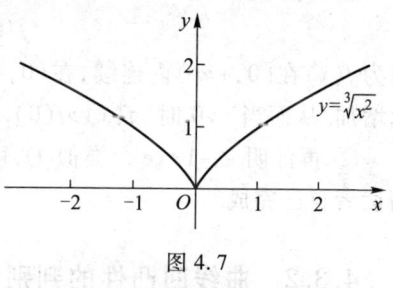

图 4.7

注 我们注意到,在 $y=x^2$ 中,显然 $x=0$ 是函数单调区间的分界点,在该点处 $y'=0$. 在 $y=\sqrt[3]{x^2}$ 和 $y=|x|$ 中,$x=0$ 也是函数单调区间的分界点,而在该点处导数不存在. 由此可知,如果函数在定义区间上连续,除有限个导数不存在的点外,导数存在且连续,那么只要用驻点及 $f'(x)$ 不存在的点来划分函数 $f(x)$ 的定义区间,就能保证 $f'(x)$ 在各个部分区间内保持固定符号,从而确定函数 $f(x)$ 在每个部分区间上的单调性.

例 4.19 讨论函数 $y=x^3$ 和 $y=\sqrt[3]{x}$ 的单调性.

解 ① 对于函数 $y=x^3$,其定义域为 $(-\infty,+\infty)$.

函数的导数 $y'=3x^2$. 显然,除了在点 $x=0$ 处 $y'=0$,在其余各点处均有 $y'>0$. 因此函数 $y=x^3$ 在区间 $(-\infty,0]$ 及 $[0,+\infty)$ 内都是单调增加的,从而在整个定义域 $(-\infty,+\infty)$ 内是单调增加的. 在 $x=0$ 处曲线有一水平切线.

② 对于函数 $y=\sqrt[3]{x}$，其定义域为 $(-\infty,+\infty)$．
当 $x\neq 0$ 时，函数的导数

$$y'=\frac{1}{3}x^{-\frac{2}{3}}=\frac{1}{3\sqrt[3]{x^2}}.$$

显然，除了在点 $x=0$ 处 $y=\sqrt[3]{x}$ 不可导，在其余各点处均有 $y'>0$．因此函数 $y=\sqrt[3]{x}$ 在区间 $(-\infty,0]$ 及 $[0,+\infty)$ 内都是单调增加的，从而在整个定义域 $(-\infty,+\infty)$ 内是单调增加的．在 $x=0$ 处曲线有一铅直切线．

这两个函数的图形如图 4.8 所示．

注 如果 $f'(x)$ 在某区间内的有限个点处为零或不存在，在其余各点处均为正（或负）时，那么 $f(x)$ 在该区间上仍旧是单调增加（或单调减少）的．

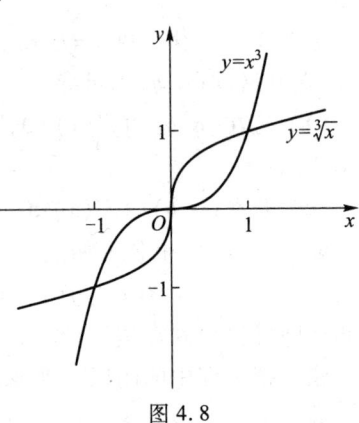

图 4.8

利用函数的单调性还可以证明不等式．

例 4.20 再次证明：当 $x>0$ 时，$x<e^x-1<xe^x$．

证 ① 先证明 $e^x-1>x$．构造函数 $f(x)=e^x-x-1$，得

$$f'(x)=e^x-1.$$

因为 $f(x)$ 在 $[0,+\infty)$ 内连续，在 $(0,+\infty)$ 内 $f'(x)>0$，所以 $f(x)$ 在 $[0,+\infty)$ 上单调增加．从而当 $x>0$ 时，$f(x)>f(0)$．又因为 $f(0)=0$，所以 $f(x)>0$，即 $e^x-1>x$．

② 再证明 $e^x-1<xe^x$．类似①，可以构造函数 $f(x)=e^x-1-xe^x$ 来证得结论，请读者自己完成．

4.3.2 曲线凹凸性的判别法

函数的单调性反映在图形上，就是曲线的上升或下降．但是，曲线在上升或下降的过程中，还有一个速度的问题．例如图 4.9 是某种耐用消费品的销售曲线 $y=f(x)$，其中 y 表示销量，x 表示时间．图形显示曲线始终是上升的，说明随着时间的推移，销量不断增加．但在不同时间段内的情况还是有区别，在 $(0,x_0)$ 段，曲线上升的趋势由缓慢逐渐加快；而在 $(x_0,+\infty)$ 段，曲线上升的趋势又逐渐缓慢．这表示在时间 x_0 之前，也就是销量没有达到 $f(x_0)$ 时，市场需求旺盛，销量越来越多；

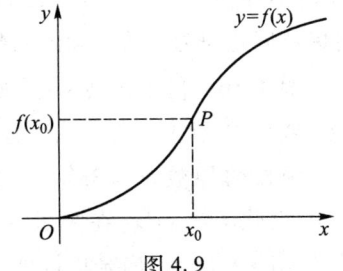

图 4.9

在时间 x_0 之后,也就是销量超过 $f(x_0)$ 后,市场需求趋于平稳,且逐渐进入饱和状态.其中 $P(x_0,f(x_0))$ 是加快转向平稳的转折点.

对经营者来说,掌握这种销售动向,对产量、投入等决策是必要的.这对数学学习提出了更高要求,即不仅要研究函数的单调性,而且要会判断函数何时越增(减)越快,何时又越增(减)越慢,反映在图形上,即要研究曲线的凹凸性.

细致地观察上述曲线的特点,可以总结出如下定义.

定义 4.2 设函数 $f(x)$ 在某区间上连续.在该区间内,

(1) 若曲线 $y=f(x)$ 的各点处的切线总位于曲线的下方(如图 4.10(a)),则称该曲线为(**向上**)**凹**的,并称该区间为**凹区间**.

(2) 若曲线 $y=f(x)$ 的各点处的切线总位于曲线的上方(如图 4.10(b)),则称该曲线为(**向上**)**凸**的,并称该区间为**凸区间**.

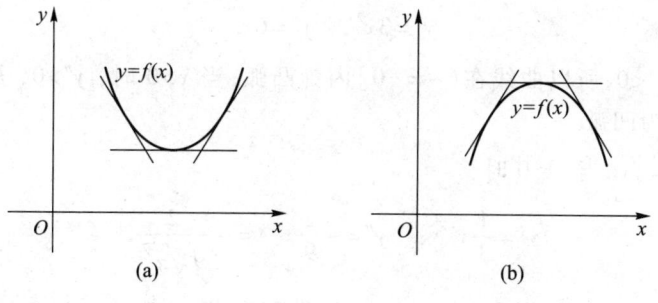

图 4.10

为了叙述方便,(向上)凸和(向上)凹简称为凸和凹.

再细致地观察,发现在凹区间上,随着 x 的增加,曲线的各点的切线斜率在增加,即 $f'(x)$ 是单调增加函数;在凸区间上,随着 x 的增加,曲线的各点的切线斜率在减小,即 $f'(x)$ 是单调减少函数.总结这一规律,可得到下面判别曲线凹凸性的方法.

微视频
曲线的凹凸性

定理 4.8 设 $f(x)$ 在闭区间 $[a,b]$ 上连续,在开区间 (a,b) 内具有一阶和二阶导数,则

(1) 若在 (a,b) 内 $f''(x)>0$,则 $f(x)$ 在 $[a,b]$ 上的图形是凹的;

(2) 若在 (a,b) 内 $f''(x)<0$,则 $f(x)$ 在 $[a,b]$ 上的图形是凸的.

注 两次利用拉格朗日中值定理可以证明本定理.这个定理告诉我们,要判别曲线的凹凸性,重要的是确定 $f''(x)$ 的符号.

例 4.21 分别讨论曲线 $y=x^2$ 和 $y=\sqrt{x}$ 的凹凸性.

解 对于 $y=x^2$,显然 $y''=2>0$.所以曲线在整个定义域 $(-\infty,+\infty)$ 内均为

凹的.

对于 $y=\sqrt{x}$,定义域为 $[0,+\infty)$.因为当 $x>0$ 时,

$$y'=\frac{1}{2}x^{-\frac{1}{2}}, \quad y''=-\frac{1}{4}x^{-\frac{3}{2}}=-\frac{1}{4\sqrt{x^3}}<0,$$

所以曲线在其整个定义域 $[0,+\infty)$ 内均为凸的,如图 4.11 所示.

注 可以看出,在第一象限内,两条曲线虽然都是单调递增,但一个"向下弯曲",一个"向上弯曲",即凹凸性不同.这是凹凸性的另一种几何直观解释.

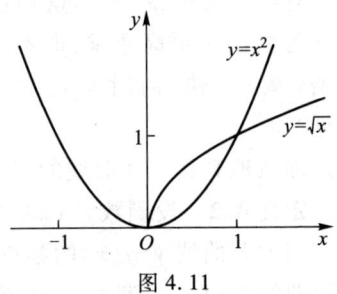

图 4.11

例 4.22 判断曲线 $y=x^3$ 和 $y=\sqrt[3]{x}$ 的凹凸性.

解 对于 $y=x^3$,

$$y'=3x^2, \quad y''=6x.$$

当 $x<0$ 时,$y''<0$,所以曲线在 $(-\infty,0]$ 内为凸弧;当 $x>0$ 时,$y''>0$,所以曲线在 $[0,+\infty)$ 内为凹弧.

对于 $y=\sqrt[3]{x}$,当 $x\neq 0$ 时,

$$y'=\frac{1}{3}x^{-\frac{2}{3}}, \quad y''=-\frac{2}{9}x^{-\frac{5}{3}}=-\frac{2}{9\sqrt[3]{x^5}}.$$

当 $x<0$ 时,$y''>0$,所以曲线在 $(-\infty,0]$ 内为凹弧;当 $x>0$ 时,$y''<0$,所以曲线在 $[0,+\infty)$ 内为凸弧,如图 4.8 所示.

本例中的 $(0,0)$ 以及图 4.9 中的点 $P(x_0,f(x_0))$ 都有一个共同特点,即在它们两旁,曲线的凹凸性正好相反.一般地,有如下定义.

定义 4.3 若连续曲线 $y=f(x)$ 上的点 $P(x_0,f(x_0))$ 是该曲线上凹弧与凸弧的分界点,则称点 P 为曲线的**拐点**.

注 显然拐点的横坐标要在二阶导数为零以及不存在的点中去寻找.

例 4.23 曲线 $y=x^4$ 是否有拐点?

解 $y'=4x^3, \quad y''=12x^2.$

显然,只有 $x=0$ 是方程 $y''=0$ 的根.

但当 $x\neq 0$ 时,无论 $x<0$ 还是 $x>0$,都有 $y''>0$,因此点 $(0,0)$ 不是曲线的拐点.曲线 $y=x^4$ 没有拐点,它在 $(-\infty,+\infty)$ 内是凹的,如图 4.12 所示.

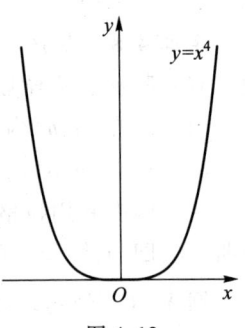

图 4.12

注 同样地,曲线 $y=x^2$ 也没有拐点.

习 题 4.3

1. 求下列函数的单调区间：

(1) $f(x)=x^2-3x+2$；

(2) $f(x)=\ln(x+\sqrt{x^2+1})$；

(3) $f(x)=\sqrt[3]{(2x-a)(x-a)^2}$ $(a>0)$；

(4) $f(x)=\ln(1-x^2)$；

(5) $f(x)=\dfrac{x^3}{3-x^2}$；

(6) $f(x)=\sqrt[3]{x^2}\,e^{-x}$.

2. 求下列函数图形的凹凸区间及拐点：

(1) $y=\ln x$；

(2) $y=3x^2-x^3$；

(3) $y=3x^4-4x^3+1$；

(4) $y=xe^{-x}$；

(5) $y=\dfrac{1}{1+x^2}$；

(6) $y=e^{\arctan x}$；

(7) $y=x^3(1-x)$；

(8) $y=\sqrt{\dfrac{x-1}{x+1}}$；

(9) $y=\ln(1+x^2)$；

(10) $y=2-|x^5-1|$；

(11) $y=\sqrt[3]{x^5}(x-1)$.

3. 证明下列不等式：

(1) $\ln(1+x)>\dfrac{\arctan x}{1+x}$ $(x>0)$；

(2) $1+\dfrac{1}{2}x>\sqrt{1+x}$ $(x>0)$；

(3) $\tan x\geqslant x+\dfrac{x^3}{3}$ $\left(0\leqslant x<\dfrac{\pi}{2}\right)$；

(4) $\sin x>\dfrac{2x}{\pi}$ $\left(0<x<\dfrac{\pi}{2}\right)$；

(5) $\arctan x+\dfrac{1}{x}>\dfrac{\pi}{2}$ $(x>0)$；

(6) $2\sqrt{x}>3-\dfrac{1}{x}$ $(x>1)$；

(7) $(x^2-1)\ln x\geqslant(x-1)^2$ $(x>0)$；

(8) $(a+x)^a<a^{a+x}$ $(x>0,$ 常数 $a>e)$.

4.4 函数的极值与最值

图 4.13 是一条假设的股票价格综合指数的曲线，显然，人们关心局部最低点或最高点，这些点值得我们去作一般性的讨论.

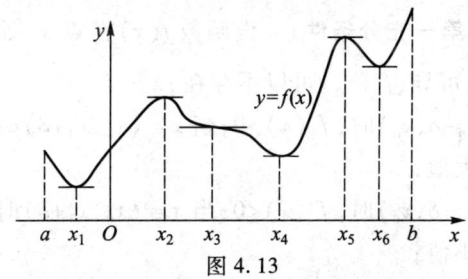

图 4.13

4.4.1 函数的极值

图 4.13 中那些特殊的点有个共同的特点,即是曲线某段上的"峰顶"和"谷底",一般地,我们给出如下定义.

定义 4.4 设函数 $f(x)$ 在点 x_0 的某邻域 $U(x_0)$ 内有定义. 若对于去心邻域 $\mathring{U}(x_0)$ 内的任意点 x,恒有
$$f(x) < f(x_0) \quad (\text{或 } f(x) > f(x_0)),$$
则称 $f(x_0)$ 是函数 $f(x)$ 的一个**极大值**(或**极小值**). 称 x_0 为**极大值点**(或**极小值点**). 函数的极大值与极小值统称为函数的**极值**.

注 函数的极值概念是局部性的. 例如在图 4.13 中,函数 $f(x)$ 有两个极大值:$f(x_2)$, $f(x_5)$,三个极小值:$f(x_1)$, $f(x_4)$, $f(x_6)$,其中极大值 $f(x_2)$ 比极小值 $f(x_6)$ 还小. 就整个区间 $[a,b]$ 来说,$f(x)$ 的极大值和极小值通常不唯一,且极小值不一定小于极大值.

从图 4.13 中还可以看到,在函数取得极值处,曲线的切线是水平的,即极值点处的一阶导数值为零. 其实费马引理恰好也说明了这一现象,由费马引理即得

定理 4.9(**极值的必要条件**) 若函数 $f(x)$ 在点 x_0 处可导,且在 x_0 处取得极值,则 $f'(x_0) = 0$.

换句话说,可导函数 $f(x)$ 的极值点必定是它的驻点. 但反过来,函数的驻点却不一定是极值点. 例如,$x=0$ 是 $y=x^3$ 的驻点,但 $x=0$ 却不是其极值点. 图 4.13 中的 $x=x_3$ 也是如此.

此外,该定理是对函数的可导点而言的. 函数的一阶导数不存在的点可能是极值点,也可能不是极值点. 例如,$y=|x|$, $y=\sqrt[3]{x^2}$ 在 $x=0$ 处虽不可导,但取得极值;而 $y=\sqrt[3]{x}$ 在不可导点 $x=0$ 处就无极值.

因此,当我们求出了函数的驻点或一阶不可导点后,还需要从这些点中判定哪些是极值点;如果是极值点,还要判定函数在该点究竟取得极大值还是极小值. 由函数单调性判别法易得下面判别法则.

定理 4.10(**极值第一充分条件**) 设函数 $f(x)$ 在点 x_0 处连续,且在 x_0 的某去心邻域 $\mathring{U}(x_0, \delta)$ 内可导($f'(x_0)$ 可以不存在).

(1) 若当 $x \in (x_0-\delta, x_0)$ 时,$f'(x) > 0$;当 $x \in (x_0, x_0+\delta)$ 时,$f'(x) < 0$,则函数 $f(x)$ 在 x_0 处取得极大值;

(2) 若当 $x \in (x_0-\delta, x_0)$ 时,$f'(x) < 0$;当 $x \in (x_0, x_0+\delta)$ 时,$f'(x) > 0$,则函数 $f(x)$ 在 x_0 处取得极小值;

(3) 若当 $x \in \overset{\circ}{U}(x_0,\delta)$ 时，$f'(x)$ 的符号保持不变，则 $f(x)$ 在 x_0 处没有极值.

证 就情形(1)来说，根据函数单调性的判定法，函数 $f(x)$ 在 $(x_0-\delta,x_0)$ 内单调增加，在 $(x_0,x_0+\delta)$ 内单调减少. 又由于函数 $f(x)$ 在 x_0 处是连续的，故当 $x \in \overset{\circ}{U}(x_0,\delta)$ 时，总有 $f(x) < f(x_0)$，因此 $f(x_0)$ 是 $f(x)$ 的一个极大值(如图 4.14(a)).

类似地，可证明情形(2)(如图 4.14(b))与情形(3)(如图 4.14(c)和(d)).

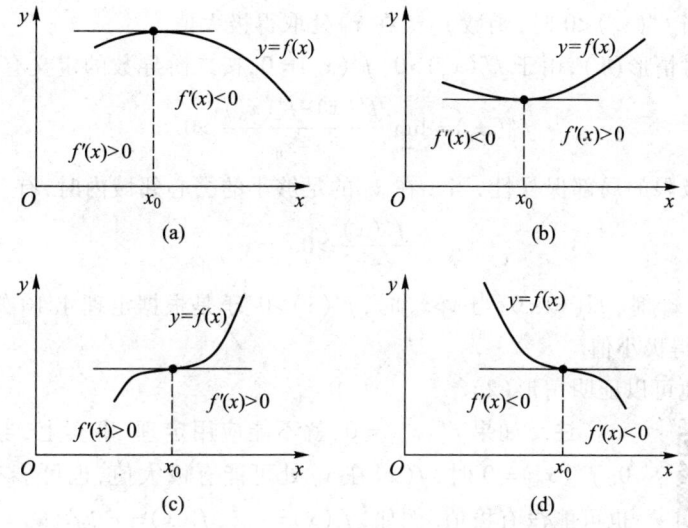

图 4.14

例 4.24 求函数 $f(x) = x^{\frac{2}{3}}(x^2-8)$ 的极值.

解 函数在其定义域 $(-\infty,+\infty)$ 内连续，并且是偶函数，故只在 $[0,+\infty)$ 内讨论.

$$f'(x) = \frac{2}{3}x^{-\frac{1}{3}}(x^2-8) + x^{\frac{2}{3}} \cdot 2x$$

$$= \frac{8(x^2-2)}{3x^{\frac{1}{3}}} \quad (x \neq 0),$$

由此得驻点 $x = \pm\sqrt{2}$，另有不可导点 $x = 0$.

在 $(0,+\infty)$ 内，当 $0 < x < \sqrt{2}$ 时，$f'(x) < 0$；当 $x > \sqrt{2}$ 时，$f'(x) > 0$.

再由 $f(x)$ 是偶函数，可知极大值 $f(0) = 0$，极小值 $f(\sqrt{2}) = f(-\sqrt{2}) = -6\sqrt[3]{2}$.

函数图形如图 4.15 所示，从图形可以

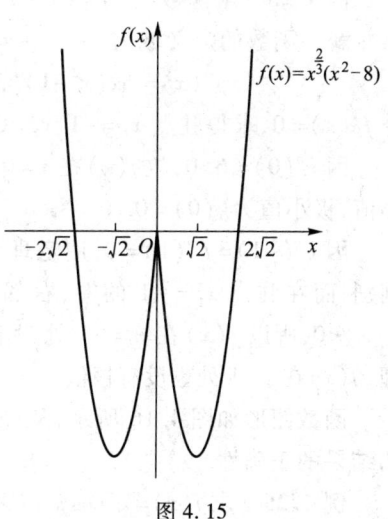

图 4.15

看出结果的正确性.

当函数 $f(x)$ 在驻点处的二阶导数存在且不为零时,也可以利用下列定理来判定 $f(x)$ 在驻点处取得极大值还是极小值.

定理 4.11(极值第二充分条件) 若函数 $f(x)$ 在点 x_0 处具有二阶导数且 $f'(x_0)=0, f''(x_0)\neq 0$,则

(1) 当 $f''(x_0)>0$ 时,函数 $f(x)$ 在 x_0 处取得极小值;

(2) 当 $f''(x_0)<0$ 时,函数 $f(x)$ 在 x_0 处取得极大值.

证 对情形(1),由于 $f''(x_0)>0, f'(x_0)=0$,按二阶导数的定义有

$$f''(x_0)=\lim_{x\to x_0}\frac{f'(x)-f'(x_0)}{x-x_0}>0.$$

根据函数极限的局部保号性,当 x 在 x_0 的足够小的去心邻域内时,有

$$\frac{f'(x)}{x-x_0}>0.$$

因此,当 $x<x_0$ 时, $f'(x)<0$;当 $x>x_0$ 时, $f'(x)>0$. 于是根据定理 4.10 知, $f(x)$ 在点 x_0 处取得极小值.

类似地可以证明情形(2).

微视频
函数的极值

注 如果 $f''(x_0)=0$,就不能应用定理. 事实上,当 $f'(x_0)=0, f''(x_0)=0$ 时, $f(x)$ 在 x_0 处可能有极大值,也可能有极小值,也可能没有极值. 例如, $f_1(x)=-x^4, f_2(x)=x^4, f_3(x)=x^3$ 这三个函数在 $x=0$ 处就分别属于这三种情况. 因此,若函数在驻点处的二阶导数为零,则还得用极值第一充分条件来判别.

例 4.25 求函数 $f(x)=(x^2-1)^3+1$ 的极值.

解 函数的定义域为 $(-\infty,+\infty)$,

$$f'(x)=6x(x^2-1)^2, \quad f''(x)=6(x^2-1)(5x^2-1).$$

令 $f'(x)=0$,求得驻点 $x_1=-1, x_2=0, x_3=1$.

因 $f''(0)=6>0$,故 $f(x)$ 在 $x=0$ 处取得极小值,极小值为 $f(0)=0$.

因 $f''(-1)=f''(1)=0$,用定理 4.11 无法判别. 而在驻点 $x_1=-1$ 的左、右邻域内都有 $f'(x)<0$,所以 $f(x)$ 在 $x=-1$ 处没有极值. 同理, $f(x)$ 在 $x=1$ 处也没有极值.

函数图形如图 4.16 所示,从图形可以看出结果的正确性.

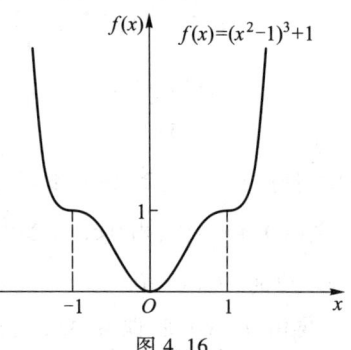

图 4.16

例 4.26 求 $f(x)=e^x\cos x$ 在区间 $[0,2\pi]$ 上的极值.

解
$$f'(x) = e^x(\cos x - \sin x),$$
$$f''(x) = e^x(\cos x - \sin x) - e^x(\cos x + \sin x)$$
$$= -2e^x \sin x.$$

令 $f'(x) = 0$,得驻点 $x = \dfrac{\pi}{4}$ 和 $x = \dfrac{5\pi}{4}$. 而且

$$f''\left(\dfrac{\pi}{4}\right) = -\sqrt{2}\,e^{\frac{\pi}{4}} < 0, \quad f''\left(\dfrac{5\pi}{4}\right) = \sqrt{2}\,e^{\frac{5\pi}{4}} > 0.$$

因此,函数在点 $x = \dfrac{\pi}{4}$ 处取得极大值 $\dfrac{\sqrt{2}}{2} e^{\frac{\pi}{4}}$,在点 $x = \dfrac{5\pi}{4}$ 处取得极小值 $-\dfrac{\sqrt{2}}{2} e^{\frac{5\pi}{4}}$.

函数图形如图 4.17(a)所示,从图形可以看出结果的正确性. 读者可以在计算机上做实验:如果将区间右端取值稍大一些,函数就会取更大的极大值,如图 4.17(b)所示.

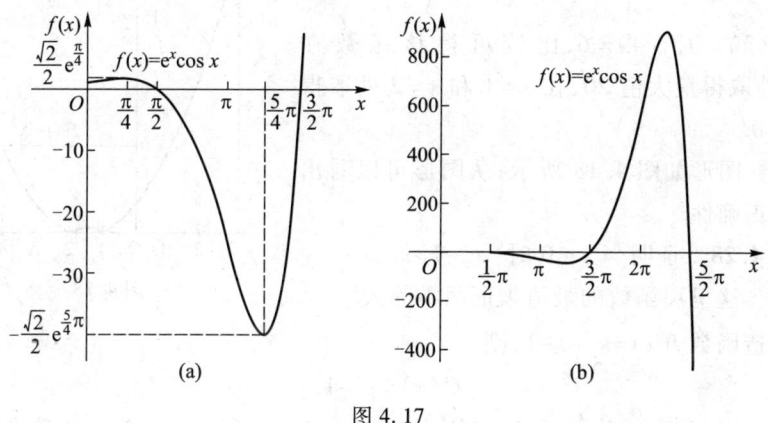

图 4.17

4.4.2 函数的最值

在经济管理、工程技术及科学实验中,常常会遇到在一定条件下怎样使"产品最多""用料最省""成本最低""效率最高"等问题,这类问题在数学上有时可归结为求某一函数(通常称为目标函数)的最大值或最小值问题.

假定函数 $f(x)$ 在闭区间 $[a,b]$ 上连续,由闭区间上连续函数的性质,可知 $f(x)$ 在 $[a,b]$ 上必有最大值和最小值(简称最值). 而最值只能在 $f(x)$ 的极值点或端点处取得,极值点为 $f(x)$ 的驻点或一阶不可导点. 因此在上述条件下,求 $f(x)$ 在 $[a,b]$ 上的最值的步骤为

(1) 求出 $f(x)$ 在 (a,b) 内的驻点及一阶不可导点;

(2) 比较上述诸点及端点函数值的大小,其中最大(小)者就是 $f(x)$ 在

$[a,b]$ 上的最大(小)值.

例 4.27 求函数 $f(x)=|x^2-3x+2|$ 在 $[-3,4]$ 上的最大值与最小值.

解 由

$$f(x)=\begin{cases}x^2-3x+2, & x\in[-3,1]\cup[2,4],\\ -x^2+3x-2, & x\in(1,2),\end{cases}$$

得

$$f'(x)=\begin{cases}2x-3, & x\in(-3,1)\cup(2,4),\\ -2x+3, & x\in(1,2).\end{cases}$$

在 $(-3,4)$ 内,$f(x)$ 的驻点为 $x=\dfrac{3}{2}$;不可导点为 $x=1,2$. 由于 $f(-3)=20$,$f\left(\dfrac{3}{2}\right)=\dfrac{1}{4}$,$f(1)=f(2)=0$,$f(4)=6$,比较可得该函数在 $x=-3$ 处取得最大值 20,在 $x=1$ 和 $x=2$ 处取得最小值 0.

函数图形如图 4.18 所示,从图形可以看出结果的正确性.

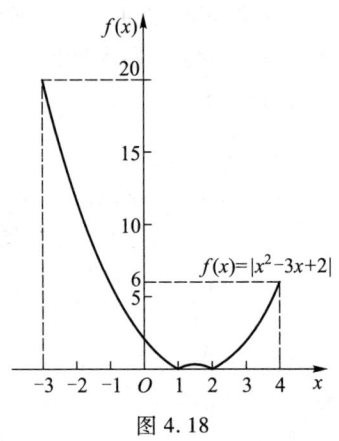

图 4.18

例 4.28 证明当 $x\neq 0$ 时,$e^x-1>x$.

证 这里用函数的最值来证明不等式.

构造函数 $f(x)=e^x-x-1$,则

$$f'(x)=e^x-1.$$

令 $f'(x)=0$,得唯一驻点 $x=0$. 又因为 $f''(0)=1>0$,所以 $x=0$ 为极小值点.

因为 $f(x)$ 在 $(-\infty,+\infty)$ 内连续可导,故该唯一极小值点也是最小值点,从而 $f(x)>f(0)=0$,即 $e^x-1>x$.

注 请读者思考,对于例 4.3 和例 4.20 中的另一个不等式 $e^x-1<xe^x$($x>0$),能否也像本例这样用函数的最值来证明?另外将条件 $x>0$ 改为 $x\neq 0$,$e^x-1<xe^x$ 是否仍然成立?若成立,是否还可以用原来那两个例子的方法加以证明?

4.4.3 最值应用问题

最值问题在科学技术、经济管理、人文和社会科学等领域中是普遍存在的. 在实际应用时,遇到的大多是在某区间内只有一个驻点的连续且可导的函数. 因此,实际问题中的最值常常就是函数的极值,该驻点就是最值点.

例 4.29 心理学研究表明,小学生对新概念的接受能力 G(即学习兴趣、注意力、理解力的某种度量)随时间 t(单位:min)的变化规律为
$$G(t) = -0.1t^2 + 2.6t + 43, \quad t \in [0, 30],$$
接受能力曲线如图 4.19 所示.通过函数表达式的分析和曲线的几何形态可以了解变化规律,问 t 为何值时小学生的接受能力增加或减退? 何时接受能力最大?

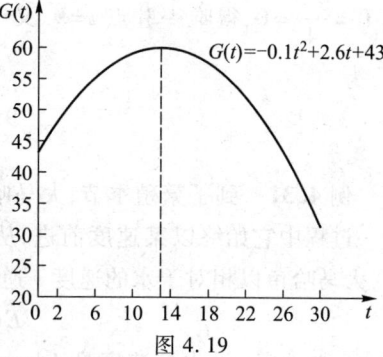

图 4.19

解 $G'(t) = -0.2t + 2.6 = -0.2(t - 13)$.
令 $G'(t) = 0$,得唯一驻点 $t = 13$.

当 $t < 13$ 时, $G'(t) > 0$; 当 $t > 13$ 时, $G'(t) < 0$. 可见,在讲课开始后第 13 min 时小学生的接受能力最大,在此时刻之前接受能力增加,在此时刻之后接受能力减退.

例 4.30 某产品的平均成本 $\overline{C}(x) = 2$,价格函数为 $P(x) = 20 - 4x$,x 为产品数量,国家向企业每件产品征税 t(但在企业投产初期,为鼓励企业生产,国家对企业免征税).试求:

(1) 企业未纳税时生产多少产品,利润最大;

(2) 企业纳税后生产多少产品,利润最大;

(3) 在企业获得税后最大利润的情况下,t 为何值时才能使得总税收最大.

解 (1) 未纳税时,总成本
$$C(x) = x\overline{C}(x) = 2x,$$
总收益 $\qquad R(x) = xP(x) = 20x - 4x^2,$
总利润 $\qquad L(x) = R(x) - C(x) = 18x - 4x^2.$

令 $L'(x) = 18 - 8x = 0$,得唯一驻点 $x = \dfrac{9}{4}$. 又 $L''(x) = -8 < 0$,故最大利润为
$$L\left(\frac{9}{4}\right) = \frac{81}{4}.$$

(2) 纳税后,总税收
$$T(x) = tx,$$
总利润
$$L(x) = R(x) - C(x) - T(x) = (18 - t)x - 4x^2.$$

令 $L'(x) = 18 - t - 8x = 0$,得唯一驻点 $x = \dfrac{18 - t}{8}$. 又 $L''(x) = -8 < 0$,故最大利润为
$$L\left(\frac{18 - t}{8}\right) = \frac{(18 - t)^2}{16}.$$

(3) 获得最大利润时的税收为

$$T = tx = \frac{t(18-t)}{8} = \frac{18t-t^2}{8} \quad (x>0).$$

令 $T' = \frac{9-t}{4} = 0$,得唯一驻点 $t=9$. 又 $T'' = -\frac{1}{4} < 0$,所以当 $t=9$ 时,总税收取得最大值,为

$$T = \frac{9 \times (18-9)}{8} = \frac{81}{8}.$$

例 4.31 到了繁殖季节,大马哈鱼要逆流而上到江河的上游去产卵,而且在这一过程中它始终以某速度前进,从而达到了最少的能量消耗. 生物学家研究发现,大马哈鱼以相对于水的速度 v 逆流游了时间 t h 后,消耗能量 E 的数学模型

$$E(v,t) = cv^3 t,$$

其中 c 为常数. 设水流速度是 4 km/h,大马哈鱼游的路程为 200 km. 问为了使得能量消耗最少,它应保持什么样的速度前进?

解 问题的实质是求消耗能量的最小值. 因为路程较长,所以可假定大马哈鱼匀速前进,所花费时间为

$$t = \frac{200}{v-4}.$$

代入能量消耗公式得

$$E(v) = \frac{200cv^3}{v-4},$$

如图 4.20 所示 $\left(\text{取 } c = \frac{1}{200}\right)$. 对上式求导,可得

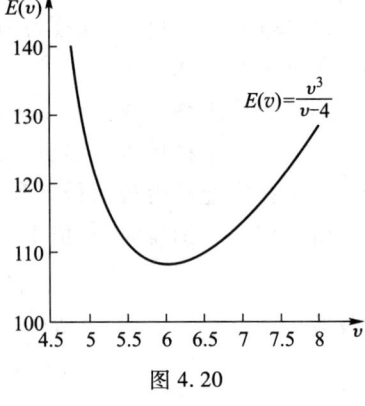

图 4.20

$$\frac{dE}{dv} = \frac{400cv^2(v-6)}{(v-4)^2}.$$

令 $\frac{dE}{dv} = 0$,得唯一非零驻点 $v=6$. 由问题的实际意义可知,能量消耗一定有最小值,所以 $v=6$ 就是最小值点.

因此,为了使得能量消耗最少,它应保持 6 km/h 的速度前进,此速度比水流速度快一半,这正与生物学家的实际观测结果相符.

例 4.32 某租赁公司有 50 套设备要出租,当租金定为每月 180 元/套时,设备可以全部租出;当租金每月提高 10 元/套时,租不出的设备就增加一套. 已租出的设备每月整修维护费为 20 元/套. 问租金定价为多少时可获得最大月收入?

解 首先建立租金与收入之间的函数关系. 设租金为每月 P 元/套,据题设

知 $P \geq 180$. 此时,未租出的设备套数为 $\frac{1}{10}(P-180)$,租出的设备套数为

$$50 - \frac{1}{10}(P-180) = 68 - \frac{P}{10}.$$

从而月收入

$$R(P) = \left(68 - \frac{P}{10}\right)(P-20) = -\frac{P^2}{10} + 70P - 1\,360.$$

对上式求导可得

$$R'(P) = -\frac{P}{5} + 70.$$

令 $R'(P) = 0$,得唯一驻点 $P = 350$.

由本题实际意义知,适当的租金价位必定能使月收入最大,而收入 $R(P)$ 仅有唯一驻点,因此该驻点必定是最大值点. 即租金定为每月 350 元/套时,月收入最大.

习 题 4.4

1. 求下列函数的极值:

(1) $y = x^3 + 3x^2 - 24x - 20$;

(2) $y = 1 - (x-2)^{\frac{2}{3}}$;

(3) $y = (x-4)\sqrt[3]{(x+1)^2}$;

(4) $y = x(x-1)^{\frac{2}{3}}$;

(5) $y = (x-1)^{\frac{1}{3}}(x-2)^{\frac{2}{3}}$;

(6) $y = x^2(1-x)^2$;

(7) $y = \frac{10}{1+\sin^2 x}$;

(8) $y = e^x \sin x$;

(9) $y = \arctan x - \frac{1}{2}\ln(1+x^2)$;

(10) $y = \sqrt{3}\arctan x - 2\arctan\frac{x}{\sqrt{3}}$.

2. 求下列函数在指定区间上的最值:

(1) $y = (x+1)^2$, $[-2, 2]$;

(2) $y = \sqrt[3]{(x^2-2x)^2}$, $[0, 3]$;

(3) $y = \cos x + \frac{1}{2}\cos 2x$, $[0, 2\pi]$;

(4) $y = 2x^2 - \ln x$, $\left[\frac{1}{3}, 3\right]$;

(5) $y = |2x^3 - 9x^2 + 12x|$, $\left[-\frac{1}{4}, \frac{5}{2}\right]$;

(6) $y = x^x$, $[0.1, +\infty)$;

(7) $y = \frac{x}{x^2+1}$, $(-\infty, +\infty)$.

3. 证明下列不等式:

(1) $2^x \geq x^2 + 1$, $x \in [0, 1]$;

(2) $|3x - x^3| \leq 2$, $x \in (-2, 2)$;

(3) $(1-2x)e^{2x} \leq 1$.

4. 试解决下列实际问题:

(1) 将一根长为 a 的铁丝截成两段,一段弯成正方形,一段弯成圆. 试问采用哪种截法可

使得正方形与圆的面积之和最小,哪种截法可使得面积之和最大?

(2) 设月产量(单位:t)为 x 时,总成本(单位:万元)函数为 $C(x) = x^3 - 6x^2 + 10x$.

① 求最低平均成本和相应产量的边际成本;

② 将例子推广至一般情形,得到最低平均成本与相应边际成本的关系.

(3) 已知某产品的需求函数为 $P = 8 - \dfrac{Q}{5}$,其中 P 为价格,Q 为产品数量,成本函数为 $C = 30 + 2Q$.

① 求产量为多少时可获得最大利润;

② 将例子推广至一般情形,得到获取最大利润的必要条件和充分条件.

(4) 某市公共汽车公司举办市内观光旅游活动,每人一张票.若票价为 40 元,则一周游客约为 1 000 人;若每张票价减少 10 元,则一周游客约增加 400 人,即游客人数 x 与票价 p 呈线性关系.

① 为了使得一周的收益最大,票价应该定为多少?

② 若举办此项观光旅游的一周成本(单位:元)为 $C(x) = 20\,000 + 10x$,为了使一周的利润最大,票价应该定为多少?

(5) 某公司生产某种产品,固定成本为 20 000 元,每生产一单位产品,成本增加 100 元. 已知总收益 R 与年产量 x 之间的关系为

$$R = R(x) = \begin{cases} 400x - \dfrac{1}{2}x^2, & 0 \leq x \leq 400, \\ 80\,000, & x > 400. \end{cases}$$

问每年生产多少产品时,可获得最大总利润?此时总利润为多少?

(6) 某商品的总成本(单位:万元)函数和价格(单位:万元/t)函数分别为
$$C(x) = 3x + 1, \quad P(x) = 7 - 0.2x,$$
x 为商品销量. 若每销售一吨商品,国家要征税 a 万元.

① 求该商家获得最大利润时的销量?

② 在商家获得最大利润的条件下,a 为何值时才能使得总税收最大?

(7) 某企业生产的产品年销量为 100 万件. 假设:

① 这些产品分成若干批生产,每批需生产准备费 1 000 元(与批量大小无关);

② 产品均匀销售(即产品的平均库存量为批量的一半),且每件产品库存一年需库存费 0.05 元.

试求使得每年生产所需的生产准备费与库存费之和为最小的最佳批量(称为经济批量).

4.5 函数图形的描绘

本书中复杂的图形大都是用计算机作出的,读者也许会问:随着计算机技术

的普及和发展,完全可以依靠计算机为我们快捷地作出各种函数的图形,真的如此吗?

例如,对于 $y=6x^3-9x^2+4x$,我们可以用计算机画出其图形.

如果选择作图范围为$[-2,3]$,那么计算机作出图形如图 4.21(a)所示.初看此图形,感觉其与 $y=x^3$ 的图形类似,但事实上,易知该函数有极大值和极小值,只是在此图形中看不出而已.

如果选择作图范围为$[-0.3,1.3]$,那么计算机作出图形如图 4.21(b)所示.这时我们才观察到函数在 $x=\dfrac{1}{3}$ 和 $x=\dfrac{2}{3}$ 处分别取得极值的"真面目"了.

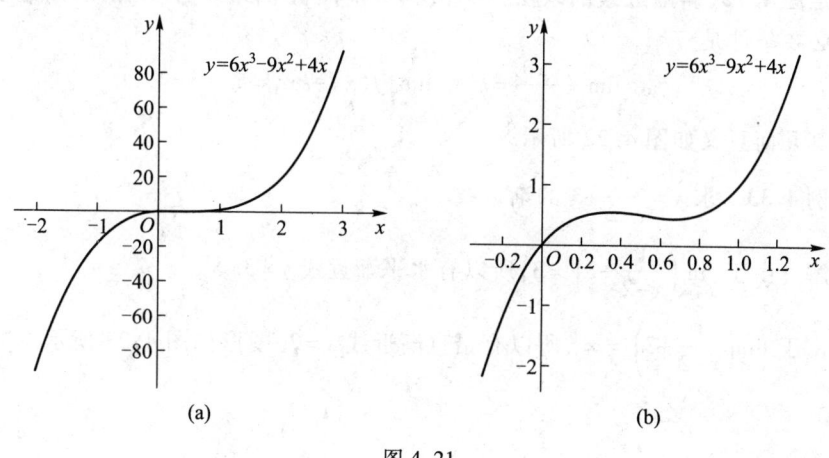

图 4.21

由此可知,虽然计算机作图快捷方便,但还需人工干预,所以只有在掌握了应用微分学知识来刻画函数图形细致变化的基础上,才能保证在描绘出的图形中将曲线的所有特征显现出来.

定位好那些在图形上处于重要位置的点(如"峰""谷"和拐点等),并掌握图形在各个部分区间上的主要性态(如升降、凹凸等),再知道函数的一些变化趋势,就可以比较精确地描绘出函数图形.这是本节的学习内容.

先介绍关于变化趋势的知识.

4.5.1 渐近线

函数的定义域与值域常常是无穷区间,其图形向无穷远处延伸.此时有些曲线会呈现如下特殊的变化趋势.

定义 4.5 若曲线上的一动点沿着曲线无限远离坐标原点,它到某直线的距离无限趋近于零,则称此直线为该曲线的**渐近线**.

渐近线有以下三种类型:

(1) 若 $\lim\limits_{x\to\infty}[f(x)-(kx+b)]=0$,则称曲线 $y=f(x)$ 有**斜渐近线** $y=kx+b$;

(2) 若 $\lim\limits_{x\to\infty}f(x)=b$,则称曲线 $y=f(x)$ 有**水平渐近线** $y=b$;

(3) 若 $\lim\limits_{x\to a}f(x)=\infty$,则称曲线 $y=f(x)$ 有**铅直(垂直)渐近线** $x=a$.

注 实际求渐近线时常常要考察单侧极限. 铅直渐近线只能在曲线的间断点处发生. 水平渐近线可看作斜渐近线的特殊情形,即 $k=0$. 根据斜渐近线的定义式,容易得到更实用的斜渐近线的求法,即有

定理 4.12(斜渐近线的求法) 直线 $y=kx+b$ 是曲线 $y=f(x)$ 的斜渐近线的充分必要条件是

$$\lim_{x\to\infty}\frac{f(x)}{x}=k, \quad \lim_{x\to\infty}[f(x)-kx]=b.$$

其几何意义如图 4.22 所示.

例 4.33 求 $y=\dfrac{1}{x-2}+3$ 的渐近线.

解 由于 $\lim\limits_{x\to\infty}\left(\dfrac{1}{x-2}+3\right)=3$,所以有水平渐近线 $y=3$.

由于 $\lim\limits_{x\to 2}\left(\dfrac{1}{x-2}+3\right)=\infty$,所以有铅直渐近线 $x=2$. 图形如图 4.23 所示.

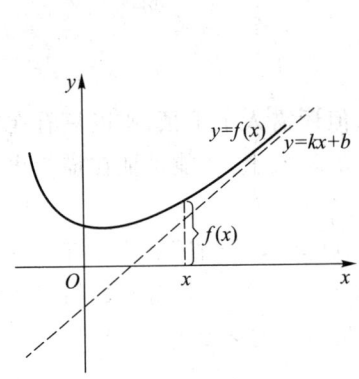

图 4.22

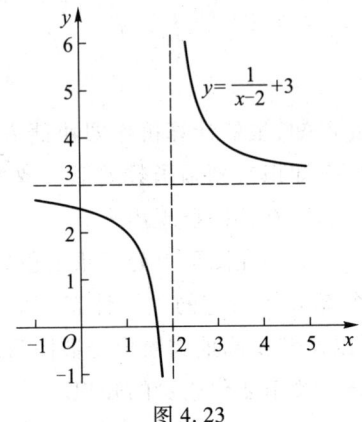

图 4.23

例 4.34 求 $f(x)=\dfrac{x^2}{2x-1}$ 的渐近线.

解 由于

$$\lim_{x\to\left(\frac{1}{2}\right)^-}\frac{x^2}{2x-1}=-\infty, \quad \lim_{x\to\left(\frac{1}{2}\right)^+}\frac{x^2}{2x-1}=+\infty,$$

所以有铅直渐近线
$$x=\frac{1}{2}.$$
由于
$$\lim_{x\to\infty}\frac{f(x)}{x}=\lim_{x\to\infty}\frac{x^2}{x(2x-1)}=\frac{1}{2},\quad \lim_{x\to\infty}\left[f(x)-\frac{x}{2}\right]=\lim_{x\to\infty}\frac{x}{2(2x-1)}=\frac{1}{4},$$
所以有斜渐近线
$$y=\frac{1}{2}x+\frac{1}{4}.$$
其图形在 4.5.2 小节的例 4.35 给出.

4.5.2 描绘函数图形

显然,借助一阶导数可以确定函数图形的升降和极值点,借助二阶导数可以确定函数图形的凹凸性和拐点. 利用导数描绘函数图形的一般步骤如下:

第一步:确定函数 $y=f(x)$ 的定义域及函数所具有的某些特性(如奇偶性、周期性等),并求出函数的一阶导数 $f'(x)$ 和二阶导数 $f''(x)$;

第二步:求出使 $f'(x)=0$,$f''(x)=0$ 及 $f'(x)$,$f''(x)$ 不存在的点,并求出函数 $f(x)$ 的间断点,用这些点把函数的定义域划分成若干个部分区间;

第三步:确定在这些部分区间内 $f'(x)$,$f''(x)$ 的符号,并由此确定函数图形的升降区间和凹凸区间,极值点和拐点;

第四步:确定函数图形的渐近线等变化趋势;

第五步:建立坐标系并描点作图,所描的点包括:① 极值点;② 拐点;③ 辅助特殊点,并用光滑曲线连接这些点.

例 4.35 作函数 $f(x)=\dfrac{x^2}{2x-1}$ 的图形.

解 ① 函数的定义域为 $\left(-\infty,\dfrac{1}{2}\right)\cup\left(\dfrac{1}{2},+\infty\right)$.

② $f'(x)=\dfrac{2x(x-1)}{(2x-1)^2}$,$f''(x)=\dfrac{2}{(2x-1)^3}$.

令 $f'(x)=0$,得驻点 $x_1=0$ 和 $x_2=1$,而 $f''(x)\neq 0$. 以 $x_1=0$ 和 $x_2=1$ 为分点,再考虑间断点 $x_3=\dfrac{1}{2}$,将定义域分成四个部分区间. 为了更清晰明了,列出表 4.2 讨论.

表 4.2

x	$(-\infty, 0)$	0	$\left(0, \dfrac{1}{2}\right)$	$\dfrac{1}{2}$	$\left(\dfrac{1}{2}, 1\right)$	1	$(1, +\infty)$
$f'(x)$	+	0	-		-	0	+
$f''(x)$	-	-	-		+	+	+
$f(x)$	⌒	极大值 0	⌒	间断	⌣	极小值 1	⌣

表中记号 ⌒ 表示曲线弧上升且是凸的,记号 ⌒ 表示曲线弧下降且是凸的,记号 ⌣ 表示曲线弧下降且是凹的,记号 ⌣ 表示曲线弧上升且是凹的.

③ 根据例 4.34 的结果,可知曲线有铅直渐近线 $x = \dfrac{1}{2}$ 和斜渐近线 $y = \dfrac{1}{2}x + \dfrac{1}{4}$.

④ 再取特殊点 $(1,1)$,然后根据表 4.2 中末行所述的函数性质依次描绘出函数的图形,如图 4.24 所示.

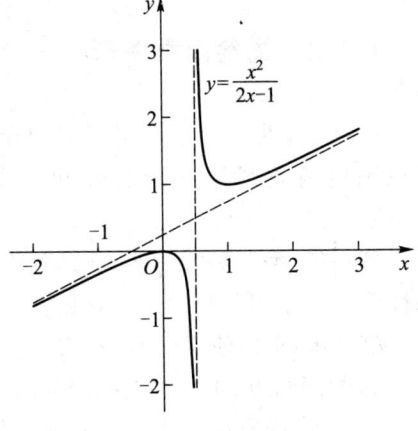

图 4.24

下面再作出两条在实际应用中的重要曲线.

例 4.36 作函数

$$y = \dfrac{c}{1 + be^{-ax}} \quad (a, b, c \text{ 均为正常数})$$

的图形.

解 ① 函数的定义域为 $(-\infty, +\infty)$.

② $y' = \dfrac{abce^{-ax}}{(1 + be^{-ax})^2} > 0$, $y'' = \dfrac{a^2 bce^{-ax}(be^{-ax} - 1)}{(1 + be^{-ax})^3}$.

函数始终单调递增. 令 $y'' = 0$,得 $x = \dfrac{\ln b}{a}$. 以 $x = \dfrac{\ln b}{a}$ 为分点,将定义域分成两个部分区间,列出表 4.3 讨论.

表 4.3

x	$\left(-\infty, \dfrac{\ln b}{a}\right)$	$\dfrac{\ln b}{a}$	$\left(\dfrac{\ln b}{a}, +\infty\right)$
y'	+	+	+
y''	+	0	-
y	↗	拐点$\left(\dfrac{\ln b}{a}, \dfrac{c}{2}\right)$	↗

③ 由于 $\lim\limits_{x\to -\infty} y = 0$,所以有水平渐近线 $y = 0$. 又 $\lim\limits_{x\to +\infty} y = c$,所以还另有水平渐近线 $y = c$.

④ 再取特殊点 $\left(0, \dfrac{c}{1+b}\right)$,然后根据表 4.3 中末行所述的函数性质依次描绘出函数的图形,如图 4.25 所示.

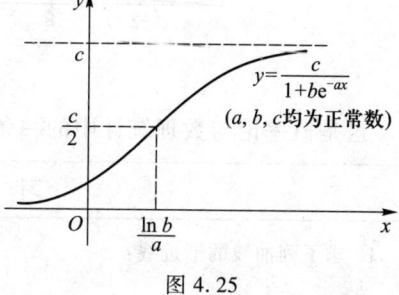

图 4.25

这条曲线称为**逻辑斯谛**(logistic)**曲线**,有重要实用价值.

例 4.37 作函数 $y = \dfrac{1}{\sqrt{2\pi}} e^{-\frac{x^2}{2}}$ 的图形.

解 ① 所给函数的定义域为 $(-\infty, +\infty)$. 由于 $f(x)$ 是偶函数,它的图形关于 y 轴对称. 因此只讨论 $[0, +\infty)$ 上该函数的图形.

② $f'(x) = \dfrac{1}{\sqrt{2\pi}} e^{-\frac{x^2}{2}} \cdot (-x) = -\dfrac{1}{\sqrt{2\pi}} x e^{-\frac{x^2}{2}}$,

$f''(x) = -\dfrac{1}{\sqrt{2\pi}} \left[e^{-\frac{x^2}{2}} + x e^{-\frac{x^2}{2}} \cdot (-x) \right] = \dfrac{1}{\sqrt{2\pi}} e^{-\frac{x^2}{2}} (x^2 - 1)$.

在 $[0, +\infty)$ 内,方程 $f'(x) = 0$ 的根为 $x = 0$;方程 $f''(x) = 0$ 的根为 $x = 1$. 用点 $x = 1$ 把 $[0, +\infty)$ 划分成两个区间,列出表 4.4 讨论.

表 4.4

x	0	(0,1)	1	$(1, +\infty)$
$f'(x)$	0	-	-	-
$f''(x)$	-	-	0	+
$f(x)$	极大值 $\dfrac{1}{\sqrt{2\pi}}$	↘	拐点$\left(1, \dfrac{1}{\sqrt{2\pi e}}\right)$	↘

③ 由于 $\lim\limits_{x\to+\infty}f(x)=0$,所以图形有一条水平渐近线 $y=0$.

④ 再取特殊点 $M_1\left(0,\dfrac{1}{\sqrt{2\pi}}\right)$, $M_2\left(1,\dfrac{1}{\sqrt{2\pi e}}\right)$ 和 $M_3\left(2,\dfrac{1}{\sqrt{2\pi e^2}}\right)$. 然后根据表 4.4 中末行所述的函数性质依次描绘出函数在 $[0,+\infty)$ 上的图形. 最后,利用图形的对称性,便可得到函数的整个图形,如图 4.26 所示.

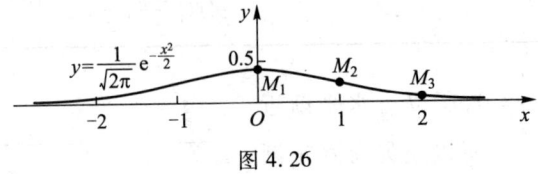

图 4.26

这是概率论与数理统计中的一条重要曲线.

习 题 4.5

1. 求下列曲线的渐近线:

(1) $y=xe^{\frac{1}{x^2}}$;

(2) $y=2x+\operatorname{arccot}\dfrac{x}{2}$;

(3) $y=\dfrac{x^3}{x^2-3}$;

(4) $y=x+\sqrt{x^2-a^2}\ (a>0)$;

(5) $y=x\sqrt{\dfrac{x+a}{x-a}}\ (a>0)$;

(6) $y=(1+e^x)^{\frac{1}{x}}$;

(7) $y=\left(\dfrac{1+e^x}{2}\right)^{\frac{1}{x}}$;

(8) $y=\dfrac{1}{x}+x+e^{-x}$.

2. 手工描绘下列函数的图形,再用计算机作出图形,检查自己手工画图的效果,并比较两者的优势:

(1) $y=6x^3-15x^2+11x$;

(2) $y=\dfrac{3(x+1)}{x^2}-2$;

(3) $y=\dfrac{(x+1)^3}{(x-1)^2}$;

(4) $y=\dfrac{x^2}{x^2-1}$;

(5) $y=x+\dfrac{1}{x}$;

(6) $y^2=x(1-x)^2$;

(7) $y=\ln(1+x^2)$;

(8) $y=\sqrt{\dfrac{x^3}{x-1}}$.

总 习 题 四

1. 在本章学习中,可以发现以一些最简单的函数为例,就可以加深对函数

单调性、凹凸性、极值点和拐点等重要知识的理解和掌握. 比如将 $y=x^3, y=x^2$, $y=-x^2, y=|x|$ 四幅图形作对比,不仅能回忆起这些知识,而且知道极值第一充分条件既解决了什么样的驻点是极值点,更解决了什么样的连续点是极值点的问题等. 请再次回想这些例子,体会它们之间的联系和区别,对这些知识作总复习. 关于其他各章,也请读者类似复习.

2. 下面的做法正确吗? 为什么?

$$\lim_{x \to +\infty} \frac{e^x - e^{-x}}{e^x + e^{-x}} = \lim_{x \to +\infty} \frac{e^{-x}(e^{2x}-1)}{e^{-x}(e^{2x}+1)} = \lim_{x \to +\infty} \frac{e^{2x}-1}{e^{2x}+1} \stackrel{\frac{\infty}{\infty}}{=} \lim_{x \to +\infty} \frac{2e^{2x}}{2e^{2x}} = 1.$$

3. 下面的做法正确吗? 为什么?

定理 4.4 的新证法:因为函数 $f(x), F(x)$ 均满足拉格朗日中值定理的条件,所以由拉格朗日中值公式可知,必存在一点 $\xi \in (a,b)$,使得

$$f(b) - f(a) = f'(\xi), \quad F(b) - F(a) = F'(\xi),$$

上述两式相除,即得定理 4.4 的结论成立.

4. 判断题(举例或画图说明):

(1) 若函数 $f(x)$ 在 $[a,b]$ 上有定义,在 (a,b) 内可导,且 $f(a)=f(b)$,则至少存在一点 $\xi \in (a,b)$,使得 $f'(\xi)=0$;

(2) 若 $f(x)$ 在 (a,b) 内连续、可导,且 $f(a)=f(b)$,则 $f(x)$ 在 (a,b) 内存在驻点;

(3) 若函数 $f(x)$ 在 $[a,b]$ 上可导,且 $f(a) \neq f(b)$,则不存在 $\xi \in (a,b)$,使得 $f'(\xi)=0$;

(4) 若函数 $f(x), g(x)$ 在 (a,b) 内可导且 $f(x) > g(x)$,则在 (a,b) 内必有 $f'(x) > g'(x)$;

(5) 若在 (a,b) 内 $f'(x) > g'(x)$,则在 (a,b) 内必有 $f(x) > g(x)$;

(6) 若函数 $f(x), g(x)$ 在 $[a,b]$ 上连续,在 (a,b) 内可导,且在 $[a,b]$ 上 $f'(x) \leq g'(x)$,则 $f(b) - f(a) \leq g(b) - g(a)$;

(7) 若函数 $f(x)$ 在 $[-2,2]$ 上可导,且 $f(-2)=0, f(0)=2, f(2)=0$,则曲线弧 $C: y=f(x)(-2 \leq x \leq 2)$ 上至少有一点处的切线平行于直线 $x-2y+1=0$.

5. 选择题:

(1) 若函数 $y=f(x)$ 在定义域内可导,其图形如图 4.27 所示,则其导函数 $f'(x)$ 的图形为图 4.28 中的( );

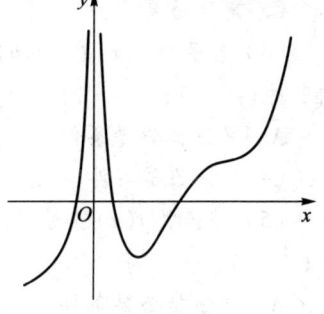

图 4.27

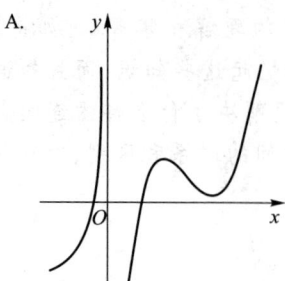
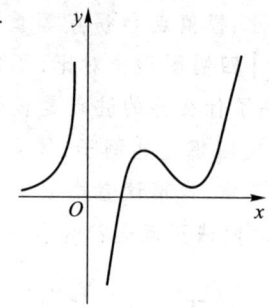

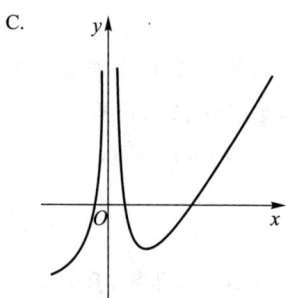
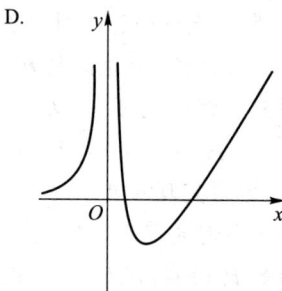

图 4.28

(2) 若函数 $f(x)$ 在 $[0,1]$ 上满足 $f''(x)>0$ 且 $f'(0)=0$,则下列关系中成立的是(　　);

A. $f'(1)>0>f(1)-f(0)$ B. $f'(1)>f(1)-f(0)>0$

C. $f(1)-f(0)>f'(1)>0$ D. $f'(1)>f(0)-f(1)>0$

(3) 若函数 $f(x)$ 在 (a,b) 内可导,则 $f'(x)>0$ 是函数 $f(x)$ 在 (a,b) 内单调递增的(　　);

A. 充分非必要条件   B. 必要非充分条件

C. 充分必要条件   D. 无关条件

(4) 若函数 $f(x)$ 在 (a,b) 内二阶可导,则 $f''(x)>0$ 是曲线 $y=f(x)$ 在 (a,b) 内凹的(　　);

A. 充分非必要条件   B. 必要非充分条件

C. 充分必要条件   D. 无关条件

(5) 若函数 $f(x)$ 连续,则 $f''(x_0)=0$ 是点 $(x_0,f(x_0))$ 为曲线 $y=f(x)$ 的拐点的(　　);

A. 充分非必要条件   B. 必要非充分条件

C. 充分必要条件   D. 以上均不对

(6) 若 $\lim\limits_{x\to a}\dfrac{f(x)-f(a)}{(x-a)^2}=1$,则 $x=a$(　　);

A. 是 $f(x)$ 的极大值点　　　　B. 是 $f(x)$ 的极小值点

C. 是 $f(x)$ 的驻点,但不是极值点　　D. 不是 $f(x)$ 的驻点

(7) 函数 $f(x)=x^2 e^{-x^2}$ 在 $(-\infty,+\infty)$ 内的最小值为(　　);

A. e^{-1}　　　　　　　　　　B. -1

C. 0　　　　　　　　　　　　D. 不存在

(8) 下列曲线中有渐近线的是(　　);

A. $y=x+\sin x$　　　　　　B. $y=x^2+\sin x$

C. $y=x+\sin\dfrac{1}{x}$　　　　　D. $y=x^2+\sin\dfrac{1}{x}$

(9) 设 $P(x)=a+bx+cx^2+dx^3$,当 $x\to 0$ 时,$P(x)-\tan x$ 是比 x^3 高阶的无穷小,则下列选项中错误的是(　　);

A. $a=0$　　　　　　　　　　B. $b=1$

C. $c=0$　　　　　　　　　　D. $d=\dfrac{1}{6}$

(10) 若函数 $f(x)$ 具有二阶导数,$g(x)=f(0)(1-x)+f(1)x$,则在区间 $[0,1]$ 上,(　　);

A. 当 $f'(x)\geqslant 0$ 时,$f(x)\geqslant g(x)$

B. 当 $f'(x)\leqslant 0$ 时,$f(x)\leqslant g(x)$

C. 当 $f''(x)\leqslant 0$ 时,$f(x)\leqslant g(x)$

D. 当 $f''(x)\geqslant 0$ 时,$f(x)\leqslant g(x)$

(11) 函数 $f(x)=xe^{-x}+1$ 的单调性为(　　).

A. 在 $(-\infty,1]$ 内单减,$[1,+\infty)$ 内单增

B. 在 $(-\infty,1]$ 内单增,$[1,+\infty)$ 内单减

C. 在 $(-\infty,+\infty)$ 内单减

D. 无法判定

6. 我们可以通过一题多解或多题一解来加深对知识的理解.例如以下有些题或类似题,我们曾经解决了,学习本章知识后,请问还有别的方法求解它们吗?

(1) $\lim\limits_{x\to a}\dfrac{\sin x-\sin a}{x-a}$;

(2) $\lim\limits_{x\to e}\dfrac{\ln x-\ln e}{x-e}$;

(3) $\lim\limits_{x\to 0}(1+x^2)^{1/x}$;

(4) $\lim\limits_{x\to 0}\left(2-\dfrac{\tan x}{x}\right)^{1/x^2}$;

(5) $\lim\limits_{x\to +\infty}(1+2^x+3^x)^{1/x}$;

(6) $\lim\limits_{x\to +\infty}\ln(1+2^x)\ln\left(1+\dfrac{1}{x}\right)$.

再进一步,对所用知识和方法作比较、归纳和总结.

7. 填空题:

(1) 函数 $y = e^{x^2-2x+3}$ 的极小值是_____;

(2) 数列 $\{\sqrt[n]{n}\}$ 的最大项是_____;

(3) 若某商品的需求函数为 $Q = 60 - 2P$,P 为其价格,则其边际收益为_____;

(4) $\lim\limits_{x \to 0} \dfrac{(1+x)^{1/x} - e}{\arcsin x} =$ _____;

(5) $\lim\limits_{x \to 0} \left[\dfrac{(1+x)^{1/x}}{e} \right]^{1/x} =$ _____;

(6) $\lim\limits_{x \to 0} (e^x + x)^{1/x} =$ _____;

(7) 曲线 $x^3 + y^3 = 3xy$ 的渐近线方程为_____;

(8) 曲线 $y = 3x^5 - 5x^3$ 有_____个拐点;

(9) $\lim\limits_{x \to 1} \dfrac{x^x - x}{\ln x - x + 1} =$ _____;

(10) $\lim\limits_{x \to 0} \dfrac{e^x - e^{\sin x}}{\sqrt[3]{1+x^3} - 1} =$ _____;

(11) $\lim\limits_{x \to +\infty} x^2 [\arctan(x+1) - \arctan x] =$ _____.

8. 某大型健身俱乐部出租一批健身器材,已知其需求函数为 $Q = 120 - 20P$,其中 Q 是每件器材租金为 P 元时每周出租的数量. 记需求弹性为 η.

(1) 求 $P = 2$ 和 $P = 4$ 时的 η,并说明其经济意义;

(2) 求 $|\eta| = 1$ 时 P 的值,并说明其经济意义;

(3) 求每周总收益达到最大时的价格 P;

(4) 将例子推广至一般情形,得到边际收益、需求函数与需求弹性之间的关系式,证明 $|\eta| = 1$ 时达到最大收益.

9. 证明:方程 $x^5 - 5x + 1 = 0$ 有且仅有一个小于 1 的正实根.

*10. 设函数 $f(x)$ 在闭区间 $[0,1]$ 上连续,在开区间 $(0,1)$ 内可导,且 $f(1) = 0$. 试证至少存在一点 $\xi \in (0,1)$,使得
$$\xi f'(\xi) + f(\xi) = 0.$$

再将本题推广为更一般的情形:

设函数 $f(x)$ 在闭区间 $[a,b]$ 上连续,在开区间 (a,b) 内可导. 试证至少存在一点 $\xi \in (a,b)$,使得
$$\xi f'(\xi) + f(\xi) = \dfrac{bf(b) - af(a)}{b - a}.$$

*11. 关于凹凸性,还有一些与定义 4.2 等价的定义,请查阅数学专业书籍,给出这些定义,若有兴趣的话,从中选择一个定义,用它证明定理 4.8.

*12. 总习题四第 5(1) 题是编者用数学软件设计而编成的,本书配套的电子课件给出了相关的程序文件,建议读者去仿照进行数学实验和探究,这样可提高对单调性、凹凸性、渐近线、分段函数、极限以及图形平移、叠加、翻折、放缩等诸多知识的认识. 另外,还可以类似地对本书中许多例题、习题进行自主实验和探究. 读者能体会到,数学软件的价值不只体现在求解、画图等方面,充分发挥其作用,定会有收获,也可显著增强学习微积分的效果.

第5章 不定积分

> 前面所讲的导数、微分、中值定理及导数的应用,都是一元函数微分学知识.从本章开始,我们学习一元函数积分学,包括两部分:不定积分和定积分.本章介绍不定积分的知识.

5.1 不定积分的概念及性质

5.1.1 不定积分的概念

在微分学中,我们通过讨论如何求一个函数的导函数,研究了一个变量随另一个变量变化快慢的有关问题(即变化率),如求物体运动的速度、人口增长的速度、边际成本等.然而现实生活中,也常遇到这些问题的反问题,如根据变速运动物体的速度计算其运动距离、根据人口增长的速度求人口增长的实际总量、根据某产品的边际成本函数求其成本函数等.这需要知道如何寻求一个可导函数,使其导函数等于已知函数.这是积分学的基本问题之一.

定义 5.1 设函数 $f(x)$ 在区间 I 上有定义,如果存在一个可导函数 $F(x)$,使得对于任意 $x \in I$,都有
$$F'(x) = f(x) \quad \text{或} \quad d[F(x)] = f(x)dx,$$
那么称 $F(x)$ 为 $f(x)$ 在区间 I 上的一个**原函数**.

例如,因为 $(\sin x)' = \cos x, x \in (-\infty, +\infty)$,所以 $\sin x$ 是 $\cos x$ 在 $(-\infty, +\infty)$ 内的一个原函数.

再如,因为 $(\ln\sqrt{1+x^2})' = \dfrac{x}{1+x^2}, x \in (-\infty, +\infty)$,所以 $\ln\sqrt{1+x^2}$ 是 $\dfrac{x}{1+x^2}$ 在 $(-\infty, +\infty)$ 内的一个原函数.

关于原函数,下面讨论两个问题:

(1) 函数 $f(x)$ 满足什么条件,能保证它的原函数存在?

这一问题将在下章中具体讨论,这里先介绍一个结论.

定理 5.1(**原函数存在定理**)　如果函数 $f(x)$ 在区间 I 上连续,那么在区间 I 上存在可导函数 $F(x)$,使得对任意 $x\in I$,都有 $F'(x)=f(x)$.

简而言之,连续函数一定有原函数. 于是,初等函数在其定义区间内都有原函数.

(2) 如果函数 $F(x)$ 是 $f(x)$ 的原函数,那么 $f(x)$ 还有没有其他原函数? 若有,它们和 $F(x)$ 有什么关系?

首先,设函数 $F(x)$ 是 $f(x)$ 在区间 I 上的一个原函数,则
$$[F(x)+C]'=F'(x)=f(x),$$
即 $F(x)+C$ 也为 $f(x)$ 的原函数,其中 C 为任意常数. 这表明如果函数 $f(x)$ 有一个原函数,那么 $f(x)$ 就有无限多个原函数.

其次,设 $G(x)$ 是 $f(x)$ 在区间 I 上的另一个原函数,于是对于任意 $x\in I$,有
$$[G(x)-F(x)]'=G'(x)-F'(x)=f(x)-f(x)=0.$$
在第 4 章已经知道,在一个区间上导数恒为零的函数必为常数,所以
$$G(x)-F(x)=C_0\quad(C_0 \text{ 为某个常数}).$$
这表明 $G(x)$ 与 $F(x)$ 只差一个常数.

因此,这一讨论揭示了全体原函数的结构,即当 C 为任意常数时,函数族
$$\{F(x)+C\mid F'(x)=f(x)\}$$
正是 $f(x)$ 的全体原函数所组成的集合. 由此引入不定积分的概念.

定义 5.2　函数 $f(x)$ 的全体原函数称为 $f(x)$ 的**不定积分**,记为 $\int f(x)\mathrm{d}x$.

由不定积分的定义及前面的讨论可知,如果 $F(x)$ 是 $f(x)$ 的一个原函数,那么
$$\int f(x)\mathrm{d}x=\{F(x)+C\mid F'(x)=f(x)\}.$$
简写为 $\int f(x)\mathrm{d}x=F(x)+C$,其中符号 $\int$ 称为**积分号**,$f(x)$ 称为**被积函数**,$f(x)\mathrm{d}x$ 称为**被积表达式**,x 称为**积分变量**,C 称为**积分常数**.

例 5.1　求 $\int x^2\mathrm{d}x$.

解　因为 $\left(\dfrac{x^3}{3}\right)'=x^2$,所以
$$\int x^2\mathrm{d}x=\frac{x^3}{3}+C.$$

例 5.2　求 $\int \dfrac{1}{x}\mathrm{d}x$.

解 因为 $(\ln|x|)' = \dfrac{1}{x}$，所以
$$\int \frac{1}{x}dx = \ln|x| + C.$$

5.1.2 基本积分公式

从不定积分的定义可知，有以下结论：

(1) $\left[\int f(x)dx\right]' = f(x)$ 或 $d\left[\int f(x)dx\right] = f(x)dx$；

(2) $\int F'(x)dx = F(x) + C$ 或 $\int dF(x) = F(x) + C$.

上述结论表明不定积分运算（简称积分运算）与导数（微分）运算是互逆运算，当相继作这两种运算时，或者相互抵消后还原，或者抵消后只差一个常数。

可由基本初等函数的导数公式得到下列常用的基本积分公式：

① $\int k\,dx = kx + C$（k 为常数）；

② $\int x^\mu dx = \dfrac{x^{\mu+1}}{\mu+1} + C$ $(\mu \neq -1)$；

③ $\int \dfrac{dx}{x} = \ln|x| + C$；

④ $\int \dfrac{dx}{1+x^2} = \arctan x + C$；

⑤ $\int \dfrac{dx}{\sqrt{1-x^2}} = \arcsin x + C$；

⑥ $\int \cos x\,dx = \sin x + C$；

⑦ $\int \sin x\,dx = -\cos x + C$；

⑧ $\int \dfrac{dx}{\cos^2 x} = \int \sec^2 x\,dx = \tan x + C$；

⑨ $\int \dfrac{dx}{\sin^2 x} = \int \csc^2 x\,dx = -\cot x + C$；

⑩ $\int \sec x\tan x\,dx = \sec x + C$；

⑪ $\int \csc x\cot x\,dx = -\csc x + C$；

⑫ $\int a^x dx = \dfrac{a^x}{\ln a} + C$ $(a>0$ 且 $a \neq 1)$，特别地，$\int e^x dx = e^x + C$.

以后将陆续补充一些公式,今后复杂的不定积分最终总是化归为这些不定积分,所以应该熟记这些公式.

例 5.3 求 $\int \dfrac{x^2\sqrt{x}}{\sqrt[3]{x}}\mathrm{d}x$.

解 先把被积函数化为幂函数形式,再利用公式②.

$$\int \dfrac{x^2\sqrt{x}}{\sqrt[3]{x}}\mathrm{d}x = \int x^{2+\frac{1}{2}-\frac{1}{3}}\mathrm{d}x = \int x^{\frac{13}{6}}\mathrm{d}x = \dfrac{1}{\frac{13}{6}+1}x^{\frac{13}{6}+1}+C = \dfrac{6}{19}x^{\frac{19}{6}}+C.$$

例 5.4 求 $\int 6^x \mathrm{e}^x \mathrm{d}x$.

解 先对被积函数稍作变形,化为指数函数形式,再利用公式⑫.

$$\int 6^x \mathrm{e}^x \mathrm{d}x = \int (6\mathrm{e})^x \mathrm{d}x = \dfrac{(6\mathrm{e})^x}{\ln(6\mathrm{e})}+C = \dfrac{6^x \mathrm{e}^x}{1+\ln 6}+C.$$

5.1.3 不定积分的几何意义

例 5.5 设曲线过点 $(2,3)$,且其上任一点处切线的斜率是该点横坐标的两倍,求此曲线的方程.

解 设所求曲线方程为 $y=F(x)$,其上任一点 (x,y) 处切线的斜率为

$$F'(x)=2x,$$

从而

$$F(x)=\int 2x\mathrm{d}x = x^2 + C.$$

由 $F(2)=3$,得 $C=-1$. 因此,所求曲线方程为

$$y = x^2 - 1.$$

函数 $f(x)$ 的原函数的图形称为 $f(x)$ 的**积分曲线**;全体原函数的图形称为 $f(x)$ 的**积分曲线族**,它由某条积分曲线沿 y 轴方向平移而得到. 任意给定自变量的一个值 x_0,积分曲线族中所有曲线在相应点的切线彼此平行,切线斜率均为 $f(x_0)$. 图 5.1 中通过点 $(2,3)$ 的那条积分曲线正是本例所求的曲线.

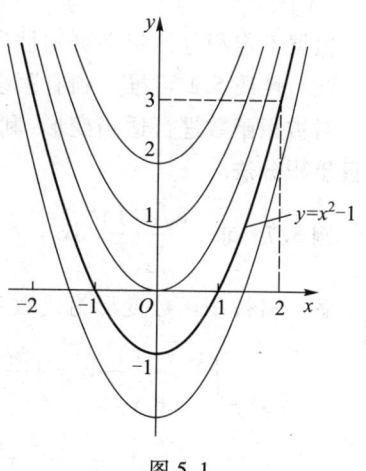

图 5.1

5.1.4 不定积分的实际意义

例 5.6 某工厂生产一种产品,已知其边际成本函数 $C'(Q) = 160Q^{-\frac{1}{3}}$,其中 Q 为该产品的产量. 若当产量 $Q = 512$ 时,成本 $C(512) = 17240$,求成本函数 $C(Q)$.

解 由于 $C'(Q) = 160Q^{-\frac{1}{3}}$,所以

$$C(Q) = \int 160Q^{-\frac{1}{3}} dQ = 160 \cdot \frac{1}{1+\left(-\frac{1}{3}\right)} Q^{-\frac{1}{3}+1} + C = 240Q^{\frac{2}{3}} + C.$$

由 $C(512) = 17240$,代入得 $C = 17240 - 240 \times 512^{\frac{2}{3}} = 1880$. 所以,成本函数

$$C(Q) = 240Q^{\frac{2}{3}} + 1880.$$

5.1.5 不定积分的性质

性质 5.1 若 $f(x)$ 及 $g(x)$ 有原函数,则

$$\int [f(x) \pm g(x)] dx = \int f(x) dx \pm \int g(x) dx.$$

性质 5.2 若 $f(x)$ 有原函数,则 $\int kf(x) dx = k \int f(x) dx$ (k 为不为零的常数).

证 只示范性质 5.1 的证明. 因为

$$\left(\int f(x) dx \pm \int g(x) dx \right)' = \left(\int f(x) dx \right)' \pm \left(\int g(x) dx \right)' = f(x) \pm g(x),$$

所以根据不定积分的定义可知性质 5.1 成立.

注 性质 5.1 可推广到有限多个函数和、差的情形.

对被积函数进行适当变形,利用基本积分公式和性质求不定积分的方法称为**直接积分法**.

例 5.7 求 $\int \frac{(\sqrt{x}-1)^2}{\sqrt{x\sqrt{x}}} dx$.

解 将被积函数变形为代数和的形式,再分项积分.

$$\int \frac{(\sqrt{x}-1)^2}{\sqrt{x\sqrt{x}}} dx = \int \frac{x - 2x^{\frac{1}{2}} + 1}{x^{\frac{3}{4}}} dx = \int \left(x^{\frac{1}{4}} - 2x^{-\frac{1}{4}} + x^{-\frac{3}{4}} \right) dx$$

$$= \frac{4}{5} x^{\frac{5}{4}} - \frac{8}{3} x^{\frac{3}{4}} + 4x^{\frac{1}{4}} + C.$$

注 分项积分后,每个积分都含有一个任意常数,但由于任意常数之和(或

差)仍然为任意常数,所以结果中只需写一个任意常数 C 即可.

例 5.8 求 $\int \dfrac{x^4}{1+x^2}\mathrm{d}x$.

解 被积函数是多项式之商,先利用多项式除法进行分拆,得
$$\dfrac{x^4}{1+x^2}=\dfrac{x^4-1+1}{1+x^2}=\dfrac{(x^2+1)(x^2-1)+1}{1+x^2}=x^2-1+\dfrac{1}{1+x^2}.$$

再分项积分,得
$$\int \dfrac{x^4}{1+x^2}\mathrm{d}x = \int \left(x^2-1+\dfrac{1}{1+x^2}\right)\mathrm{d}x = \int x^2\mathrm{d}x - \int 1\mathrm{d}x + \int \dfrac{1}{1+x^2}\mathrm{d}x$$
$$= \dfrac{x^3}{3}-x+\arctan x+C.$$

例 5.9 求 $\int \cot^2 x\mathrm{d}x$.

解 利用三角恒等式 $1+\cot^2 x=\csc^2 x$ 把被积函数变形后,再分项积分,得
$$\int \cot^2 x\mathrm{d}x = \int (\csc^2 x-1)\mathrm{d}x = \int \csc^2 x\mathrm{d}x - \int \mathrm{d}x = -\cot x - x + C.$$

例 5.10 求 $\int \cos^2 \dfrac{x}{2}\mathrm{d}x$.

解 利用三角函数的半角公式把被积函数的次数降低.
$$\int \cos^2 \dfrac{x}{2}\mathrm{d}x = \int \dfrac{1+\cos x}{2}\mathrm{d}x = \int \dfrac{1}{2}\mathrm{d}x + \dfrac{1}{2}\int \cos x\mathrm{d}x$$
$$= \dfrac{1}{2}(x+\sin x)+C.$$

例 5.11 求 $\int \dfrac{\mathrm{d}x}{\sin^2 x\cos^2 x}$.

解 将被积函数变形:
$$\dfrac{1}{\sin^2 x\cos^2 x}=\dfrac{\sin^2 x+\cos^2 x}{\sin^2 x\cos^2 x}=\dfrac{1}{\cos^2 x}+\dfrac{1}{\sin^2 x}=\sec^2 x+\csc^2 x,$$
故
$$\int \dfrac{\mathrm{d}x}{\sin^2 x\cos^2 x} = \int (\sec^2 x+\csc^2 x)\mathrm{d}x = \tan x - \cot x + C.$$

习 题 5.1

1. 证明下列两组函数分别是同一个函数的原函数,并分别指出这个函数:

   (1) $\left(x+\dfrac{1}{x}\right)^2$, $\left(x-\dfrac{1}{x}\right)^2$;   (2) $(e^x+e^{-x})^2$, $(e^x-e^{-x})^2$.

2. 计算下列不定积分:

(1) $\int \dfrac{(\sqrt{x}+1)^2}{\sqrt[3]{x}} dx$; (2) $\int \left(\dfrac{3}{\sqrt{x}} - \dfrac{x\sqrt{x}}{3}\right) dx$;

(3) $\int \left(\sqrt{\dfrac{1+x}{1-x}} + \sqrt{\dfrac{1-x}{1+x}}\right) dx$; (4) $\int (8^x - x^8) dx$;

(5) $\int \dfrac{e^{2x}-1}{e^x-1} dx$; (6) $\int \dfrac{e^x(x-e^{-x})}{x} dx$;

(7) $\int \dfrac{(x-1)^3}{x^2} dx$; (8) $\int \dfrac{1+x+x^2}{x(1+x^2)} dx$;

(9) $\int \dfrac{\cos 2x}{\cos x - \sin x} dx$; (10) $\int \sec x(\sec x - \tan x) dx$;

(11) $\int \sin^2 \dfrac{x}{2} dx$; (12) $\int \tan^2 x\, dx$;

(13) $\int \dfrac{dx}{\sin^2 \dfrac{x}{2} \cos^2 \dfrac{x}{2}}$; (14) $\int (e^x - 6\cos x) dx$.

3. 分别求下列曲线 $y = f(x)$：
(1) 已知曲线在任一点处的切线斜率等于该点横坐标的倒数，且过点 $(e^2, 3)$；
(2) 已知曲线在任一点 x 处的切线斜率为 $x + e^x$，且过点 $(0, 2)$；
(3) 已知导函数 $y = f'(x)$ 的图像是一条二次抛物线，它开口向着 y 轴的正向，且与 x 轴相交于 $x = 0$ 和 $x = 2$；函数 $f(x)$ 的极大值为 4，极小值为 0.

4. 生产某产品的总成本 C（单位：万元）为产量 x（单位：件）的函数，即 $C = C(x)$. 已知其边际成本函数 $C'(x) = 8 + \dfrac{16}{\sqrt{x}}$，固定成本为 100 万元，试求总成本函数关系式.

5. 一物体由静止开始做直线运动，t s 后的速度是 $3t^2$ m/s，求：
(1) 3 s 后物体离开出发点的距离；
(2) 物体走完 360 m 所用的时间.

6. 请你证明性质 5.2.

5.2　不定积分的换元积分法

利用直接积分法所能计算的不定积分是十分有限的. 我们必须去探寻求解不定积分的新方法. 本节所介绍的积分法是复合函数微分（求导）过程的逆过程，即利用中间变量的代换，沿着复合函数求微分的反方向逐步把被积函数组装回去，称为**换元积分法**. 通常分为两类，即第一类换元积分法和第二类换元积分法.

5.2.1 第一类换元积分法

先看一个例子,求 $\int \cos 2x \mathrm{d}x$. 若误用基本积分公式⑥,则 $\int \cos 2x \mathrm{d}x = \sin 2x + C$,容易验证这一结果是错误的. 这一解法虽失败了,但启发我们将积分拼凑成公式⑥的形式:

$$\int \cos 2x \mathrm{d}x = \frac{1}{2}\int 2\cos 2x \mathrm{d}x = \frac{1}{2}\int \cos 2x \mathrm{d}(2x) \quad (因为 \mathrm{d}(2x) = 2\mathrm{d}x).$$

令 $u = 2x$,则上式可写成

$$\int \cos 2x \mathrm{d}x = \frac{1}{2}\int \cos u \mathrm{d}u.$$

利用基本积分公式⑥,有 $\int \cos u \mathrm{d}u = \sin u + C_1$,因此

$$\int \cos 2x \mathrm{d}x = \frac{1}{2}\int \cos u \mathrm{d}u = \frac{1}{2}\sin u + C = \frac{1}{2}\sin 2x + C \quad \left(C = \frac{1}{2}C_1\right).$$

容易验证这一结果才是正确的. 一般地,有如下定理:

定理 5.2(第一类换元积分法) 设 $f(u)$ 连续,$F(u)$ 是 $f(u)$ 的原函数,$u = \varphi(x)$ 可导,则

$$\int f[\varphi(x)]\varphi'(x)\mathrm{d}x = \int f(u)\mathrm{d}u = F(u) + C = F[\varphi(x)] + C. \qquad (5.1)$$

证 由复合函数微分法则,有

$$\frac{\mathrm{d}}{\mathrm{d}x}F[\varphi(x)] = \frac{\mathrm{d}F}{\mathrm{d}u} \cdot \frac{\mathrm{d}u}{\mathrm{d}x} = f(u)\varphi'(x) = f[\varphi(x)]\varphi'(x),$$

由积分定义可得式(5.1)成立.

注 第一类换元积分法的关键是将 $\varphi'(x)\mathrm{d}x$ 凑成 u 的微分 $\mathrm{d}u$,换元后转化为容易计算的积分 $\int f(u)\mathrm{d}u$. 因此通常也称为**凑微分法**.

例 5.12 求 $\int \cos(\omega t + \varphi)\mathrm{d}t \quad (\omega \neq 0)$.

解
$$\int \cos(\omega t + \varphi)\mathrm{d}t = \frac{1}{\omega}\int \cos(\omega t + \varphi)(\omega t + \varphi)'\mathrm{d}t$$

$$= \frac{1}{\omega}\int \cos(\omega t + \varphi)\mathrm{d}(\omega t + \varphi)$$

$$\xrightarrow{令 u = \omega t + \varphi} \frac{1}{\omega}\int \cos u \mathrm{d}u$$

$$= \frac{1}{\omega}\sin u + C$$

$$\xrightarrow{\text{回代 } u=\omega t+\varphi} \frac{1}{\omega}\sin(\omega t+\varphi)+C.$$

例 5.13 求 $\int x^2 e^{x^3} dx$.

解
$$\int x^2 e^{x^3} dx = \frac{1}{3}\int e^{x^3}(x^3)'dx = \frac{1}{3}\int e^{x^3}d(x^3)$$

$$\xrightarrow{\text{令 } u=x^3} \frac{1}{3}\int e^u du = \frac{1}{3}e^u + C$$

$$\xrightarrow{\text{回代 } u=x^3} \frac{1}{3}e^{x^3} + C.$$

注 熟练掌握凑微分法之后，可以省略变量代换及回代步骤而直接写出结果.

例 5.14 求 $\int \frac{\ln^2 x}{x}dx$.

解 $\int \frac{\ln^2 x}{x}dx = \int \ln^2 x\, d(\ln x) = \frac{1}{3}\ln^3 x + C.$

例 5.15 求下列不定积分：

(1) $\int \tan x\, dx$;   (2) $\int \cot x\, dx$;

(3) $\int \csc x\, dx$;   (4) $\int \sec x\, dx$.

解 (1) $\int \tan x\, dx = \int \frac{\sin x}{\cos x}dx = -\int \frac{1}{\cos x}d(\cos x) = -\ln|\cos x| + C.$

(2) 类似可得
$$\int \cot x\, dx = \ln|\sin x| + C.$$

(3) $\int \csc x\, dx = \int \frac{1}{\sin x}dx = \int \frac{dx}{2\sin\frac{x}{2}\cos\frac{x}{2}} = \int \frac{d\left(\frac{x}{2}\right)}{\tan\frac{x}{2}\cos^2\frac{x}{2}}$

$$= \int \frac{d\left(\tan\frac{x}{2}\right)}{\tan\frac{x}{2}} = \ln\left|\tan\frac{x}{2}\right| + C.$$

因为
$$\tan\frac{x}{2} = \frac{\sin\frac{x}{2}}{\cos\frac{x}{2}} = \frac{2\sin^2\frac{x}{2}}{\sin x} = \frac{1-\cos x}{\sin x} = \csc x - \cot x,$$

所以结果也可写成
$$\int \csc x\, dx = \ln|\csc x - \cot x| + C.$$

(4) 利用上题结果,有

$$\int \sec x \, dx = \int \frac{1}{\cos x} dx = \int \frac{d\left(x+\frac{\pi}{2}\right)}{\sin\left(x+\frac{\pi}{2}\right)}$$

$$= \ln\left|\csc\left(x+\frac{\pi}{2}\right) - \cot\left(x+\frac{\pi}{2}\right)\right| + C$$

$$= \ln|\sec x + \tan x| + C.$$

例 5.16 求下列不定积分：

(1) $\int \frac{dx}{a^2+x^2}$ ($a>0$);   (2) $\int \frac{dx}{\sqrt{a^2-x^2}}$ ($a>0$);   (3) $\int \frac{dx}{x^2-a^2}$ ($a>0$).

解 (1) $\int \frac{dx}{a^2+x^2} = \frac{1}{a^2}\int \frac{dx}{1+\left(\frac{x}{a}\right)^2} = \frac{1}{a}\int \frac{d\left(\frac{x}{a}\right)}{1+\left(\frac{x}{a}\right)^2} = \frac{1}{a}\arctan \frac{x}{a} + C.$

(2) $\int \frac{dx}{\sqrt{a^2-x^2}} = \frac{1}{a}\int \frac{dx}{\sqrt{1-\left(\frac{x}{a}\right)^2}} = \int \frac{d\left(\frac{x}{a}\right)}{\sqrt{1-\left(\frac{x}{a}\right)^2}} = \arcsin \frac{x}{a} + C.$

(3) $\int \frac{dx}{x^2-a^2} = \frac{1}{2a}\int \left(\frac{1}{x-a} - \frac{1}{x+a}\right) dx = \frac{1}{2a}\left[\int \frac{d(x-a)}{x-a} - \int \frac{d(x+a)}{x+a}\right]$

$$= \frac{1}{2a}(\ln|x-a| - \ln|x+a|) + C = \frac{1}{2a}\ln\left|\frac{x-a}{x+a}\right| + C.$$

例 5.17 求 $\int \frac{dx}{e^x+e^{-x}}$.

解 $\int \frac{dx}{e^x+e^{-x}} = \int \frac{1}{1+e^{2x}} \cdot e^x dx = \int \frac{1}{1+(e^x)^2} d(e^x) = \arctan e^x + C.$

例 5.18 求 $\int \frac{\sin\sqrt{x}}{\sqrt{x}} dx$.

解 $\int \frac{\sin\sqrt{x}}{\sqrt{x}} dx = 2\int \sin\sqrt{x} \cdot \frac{1}{2\sqrt{x}} dx = 2\int \sin\sqrt{x} \cdot (\sqrt{x})' dx$

$$= 2\int \sin\sqrt{x} \, d(\sqrt{x}) = -2\cos\sqrt{x} + C.$$

例 5.19 求 $\int \cos^2 x \, dx$.

解 $\int \cos^2 x \, dx = \int \frac{1+\cos 2x}{2} dx = \frac{1}{2}\left(\int dx + \int \cos 2x \, dx\right)$

$$= \frac{1}{2}\int dx + \frac{1}{4}\int \cos 2x d(2x) = \frac{x}{2} + \frac{1}{4}\sin 2x + C.$$

例 5.20 求 $\int \sin^3 x \cos^2 x dx$.

解
$$\int \sin^3 x \cos^2 x dx = \int \sin^2 x \cos^2 x \sin x dx = -\int (1-\cos^2 x)\cos^2 x d(\cos x)$$
$$= \int (\cos^4 x - \cos^2 x) d(\cos x) = \frac{1}{5}\cos^5 x - \frac{1}{3}\cos^3 x + C.$$

一般地,若被积函数中含有正弦(或余弦)函数的奇次幂,则分出一次来凑微分;若被积函数中含有正弦(或余弦)函数的偶次幂,则用半角公式降幂.

例 5.21 求 $\int \cos 2x \cos 5x dx$.

解 利用三角函数的积化和差公式,得
$$\int \cos 2x \cos 5x dx = \frac{1}{2}\int \cos 3x dx + \frac{1}{2}\int \cos 7x dx$$
$$= \frac{1}{6}\int \cos 3x d(3x) + \frac{1}{14}\int \cos 7x d(7x)$$
$$= \frac{1}{6}\sin 3x + \frac{1}{14}\sin 7x + C.$$

例 5.22 求 $\int \tan^2 x \sec^4 x dx$.

解
$$\int \tan^2 x \sec^4 x dx = \int \tan^2 x \sec^2 x \cdot \sec^2 x dx = \int \tan^2 x (1+\tan^2 x) d(\tan x)$$
$$= \int (\tan^2 x + \tan^4 x) d(\tan x) = \frac{1}{3}\tan^3 x + \frac{1}{5}\tan^5 x + C.$$

第一类换元积分法是一种非常灵活的计算方法,始终贯穿着"逆向思维"的特点,因此初学者较难适应,读者应熟悉这些基本例题,同时需要进行适量的解题训练.读者在经过解题训练后,一定能总结体会到下列重要的基本题型和凑微分法:

(1) $\int f(ax+b)dx = \frac{1}{a}\int f(ax+b)d(ax+b)$ $(a\neq 0)$;

(2) $\int f(x^\mu)x^{\mu-1}dx = \frac{1}{\mu}\int f(x^\mu)d(x^\mu)$ $(\mu\neq 0)$;

(3) $\int f(\ln x)\frac{1}{x}dx = \int f(\ln x)d(\ln x)$;

(4) $\int f(a^x)a^x dx = \frac{1}{\ln a}\int f(a^x)d(a^x)$ $(a>0, a\neq 1)$,

特别地,$\int f(e^x)e^x dx = \int f(e^x)d(e^x)$;

(5) $\int f(\sin x)\cos x\mathrm{d}x = \int f(\sin x)\mathrm{d}(\sin x)$;

(6) $\int f(\cos x)\sin x\mathrm{d}x = -\int f(\cos x)\mathrm{d}(\cos x)$;

(7) $\int f(\tan x)\sec^2 x\mathrm{d}x = \int f(\tan x)\mathrm{d}(\tan x)$;

(8) $\int f(\cot x)\csc^2 x\mathrm{d}x = -\int f(\cot x)\mathrm{d}(\cot x)$;

(9) $\int f(\arctan x)\dfrac{1}{1+x^2}\mathrm{d}x = \int f(\arctan x)\mathrm{d}(\arctan x)$;

(10) $\int f(\arcsin x)\dfrac{1}{\sqrt{1-x^2}}\mathrm{d}x = \int f(\arcsin x)\mathrm{d}(\arcsin x)$.

5.2.2 第二类换元积分法

先看一个例子,求 $\int \dfrac{1}{\sqrt{x}-1}\mathrm{d}x$. 由于被积函数中含有无理根式 $\sqrt{x}$,无法采用直接积分法或第一类换元积分法,这启发我们通过换元,将根号去掉.

令 $\sqrt{x}=t$,即 $x=t^2$,则 $\mathrm{d}x=2t\mathrm{d}t$. 于是

$$\int \dfrac{1}{\sqrt{x}-1}\mathrm{d}x = \int \dfrac{2t}{t-1}\mathrm{d}t = 2\int\left(1+\dfrac{1}{t-1}\right)\mathrm{d}t$$
$$= 2t+2\ln|t-1|+C$$
$$= 2\sqrt{x}+2\ln|\sqrt{x}-1|+C.$$

微视频
第二类换元积分法

一般地有如下定理:

定理 5.3(第二类换元积分法) 设 $x=\psi(t)$ 是单调可导函数,且 $\psi'(t)\neq 0$,又设 $f[\psi(t)]\psi'(t)$ 具有原函数 $F(t)$,则

$$\int f(x)\mathrm{d}x = \int f[\psi(t)]\psi'(t)\mathrm{d}t = F(t)+C = F[\psi^{-1}(x)]+C, \quad (5.2)$$

其中 $t=\psi^{-1}(x)$ 为 $x=\psi(t)$ 的反函数.

证 由复合函数及反函数微分法则,有

$$\dfrac{\mathrm{d}}{\mathrm{d}x}F[\psi^{-1}(x)] = \dfrac{\mathrm{d}F}{\mathrm{d}t}\cdot\dfrac{\mathrm{d}t}{\mathrm{d}x} = f[\psi(t)]\psi'(t)\cdot\dfrac{1}{\psi'(t)} = f[\psi(t)] = f(x).$$

由积分定义可得式(5.2)成立.

注 定理的条件保证了 $x=\psi(t)$ 的反函数 $t=\psi^{-1}(x)$ 存在及反函数的导数存在. $x=\psi(t)$ 正是所采取的变量代换,常用的代换有根式代换、三角代换和倒代换.

例 5.23 求 $\int \sqrt{\mathrm{e}^x-1}\mathrm{d}x$.

解 令 $t=\sqrt{e^x-1}$, 则 $x=\ln(t^2+1)$, $dx=\dfrac{2t}{t^2+1}dt$. 于是

$$\int \sqrt{e^x-1}\,dx = \int \frac{t\cdot 2t}{t^2+1}dt = \int \left(2-\frac{2}{t^2+1}\right)dt$$
$$= 2t-2\arctan t+C$$
$$= 2\sqrt{e^x-1}-2\arctan\sqrt{e^x-1}+C.$$

例 5.24 求 $\displaystyle\int \frac{dx}{\sqrt{x}(\sqrt[3]{x}+\sqrt[4]{x})}$.

解 为了使 $\sqrt{x}$, $\sqrt[3]{x}$, $\sqrt[4]{x}$ 都变成有理式, 令 $t=\sqrt[12]{x}$, 则 $x=t^{12}$, $dx=12t^{11}dt$. 于是

$$\int \frac{dx}{\sqrt{x}(\sqrt[3]{x}+\sqrt[4]{x})} = \int \frac{12t^{11}}{t^6(t^4+t^3)}dt = 12\int\left(t-1+\frac{1}{t+1}\right)dt$$
$$= 6t^2-12t+12\ln|t+1|+C$$
$$= 6\sqrt[6]{x}-12\sqrt[12]{x}+12\ln(\sqrt[12]{x}+1)+C.$$

例 5.25 求 $\displaystyle\int \sqrt{a^2-x^2}\,dx$ $(a>0)$.

解 令 $x=a\sin t$ $\left(-\dfrac{\pi}{2}\leqslant t\leqslant \dfrac{\pi}{2}\right)$, 则 $\sqrt{a^2-x^2}=a\cos t$, $dx=a\cos t\,dt$. 于是

$$\int \sqrt{a^2-x^2}\,dx = \int a\cos t\cdot a\cos t\,dt = a^2\int \cos^2 t\,dt.$$

利用例 5.19 的结果得

$$\int \sqrt{a^2-x^2}\,dx = a^2\left(\frac{t}{2}+\frac{\sin 2t}{4}\right)+C$$
$$= a^2\left(\frac{t}{2}+\frac{1}{2}\sin t\cos t\right)+C.$$

由于 $x=a\sin t$ $\left(-\dfrac{\pi}{2}\leqslant t\leqslant \dfrac{\pi}{2}\right)$, 所以

$$t=\arcsin\frac{x}{a},\quad \cos t=\sqrt{1-\sin^2 t}=\sqrt{1-\left(\frac{x}{a}\right)^2}=\frac{\sqrt{a^2-x^2}}{a}.$$

于是

$$\int \sqrt{a^2-x^2}\,dx = \frac{a^2}{2}\arcsin\frac{x}{a}+\frac{x}{2}\sqrt{a^2-x^2}+C.$$

注 根据 $\sin t=\dfrac{x}{a}$ 作辅助三角形(如图 5.2), 有利于快捷地把 $\cos t$ 化成 x 的函数.

例 5.26 求 $\displaystyle\int \frac{dx}{\sqrt{x^2+a^2}}$ $(a>0)$.

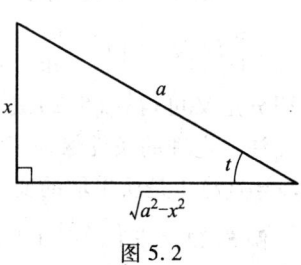

图 5.2

解 令 $x = a\tan t$ $\left(-\dfrac{\pi}{2} < t < \dfrac{\pi}{2}\right)$，则

$$\sqrt{x^2+a^2} = \sqrt{a^2\tan^2 t + a^2} = a\sec t, \quad dx = a\sec^2 t\, dt.$$

于是

$$\int \frac{dx}{\sqrt{x^2+a^2}} = \int \frac{a\sec^2 t}{a\sec t} dt = \int \sec t\, dt$$

$$= \ln|\sec t + \tan t| + C_1.$$

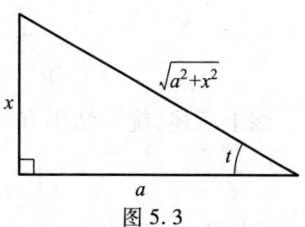

图 5.3

根据 $\tan t = \dfrac{x}{a}$ 作辅助三角形（如图 5.3），有

$$\int \frac{dx}{\sqrt{x^2+a^2}} = \ln\left|\frac{x}{a} + \frac{\sqrt{x^2+a^2}}{a}\right| + C_1$$

$$= \ln(x + \sqrt{x^2+a^2}) + C \quad (C = C_1 - \ln a).$$

例 5.27 求 $\displaystyle\int \frac{dx}{\sqrt{x^2-a^2}}$ $(a>0)$.

解 注意到被积函数的定义域为 $(-\infty, -a) \cup (a, +\infty)$，应在 $(a, +\infty)$ 和 $(-\infty, -a)$ 上分别求不定积分.

① 当 $x \in (a, +\infty)$ 时，令 $x = a\sec t$ $\left(0 < t < \dfrac{\pi}{2}\right)$，则

$$\sqrt{x^2-a^2} = \sqrt{a^2\sec^2 t - a^2} = a\tan t, dx = a\sec t\tan t\, dt.$$

于是

$$\int \frac{dx}{\sqrt{x^2-a^2}} = \int \frac{a\sec t\tan t}{a\tan t} dt = \int \sec t\, dt$$

$$= \ln(\sec t + \tan t) + C_1.$$

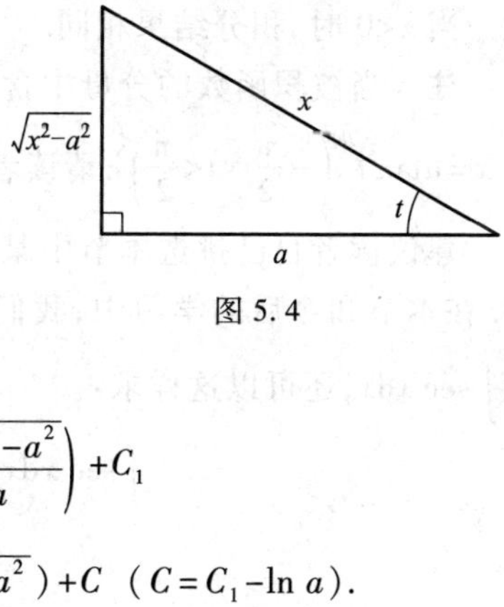

图 5.4

根据 $\sec t = \dfrac{x}{a}$ 作辅助三角形（如图 5.4），有

$$\int \frac{dx}{\sqrt{x^2-a^2}} = \ln\left(\frac{x}{a} + \frac{\sqrt{x^2-a^2}}{a}\right) + C_1$$

$$= \ln(x + \sqrt{x^2-a^2}) + C \quad (C = C_1 - \ln a).$$

② 当 $x \in (-\infty, -a)$ 时，令 $u = -x$，则 $u \in (a, +\infty)$. 由前面结果，有

$$\int \frac{dx}{\sqrt{x^2-a^2}} = -\int \frac{du}{\sqrt{u^2-a^2}}$$

$$= -\ln(u + \sqrt{u^2-a^2}) + C_2$$

$$= -\ln(-x + \sqrt{x^2-a^2}) + C_2$$

$$= \ln \frac{1}{-x+\sqrt{x^2-a^2}} + C_2$$

$$= \ln \frac{-x-\sqrt{x^2-a^2}}{a^2} + C_2$$

$$= \ln(-x-\sqrt{x^2-a^2}) + C \quad (C = C_2 - 2\ln a).$$

综上所述，统一结果有

$$\int \frac{\mathrm{d}x}{\sqrt{x^2-a^2}} = \ln|x+\sqrt{x^2-a^2}| + C.$$

注 今后在计算此类不定积分时，一般不再分区间讨论，而只作"形式"计算.

例 5.28 求 $\int \frac{\sqrt{x^2+1}}{x^4} \mathrm{d}x$.

解 当 $x>0$ 时，令 $x = \frac{1}{t}$，则 $\mathrm{d}x = -\frac{1}{t^2} \mathrm{d}t$. 于是

$$\int \frac{\sqrt{x^2+1}}{x^4} \mathrm{d}x = \int t^4 \cdot \sqrt{\frac{1}{t^2}+1} \cdot \left(-\frac{1}{t^2}\right) \mathrm{d}t = -\int t \cdot \sqrt{t^2+1}\, \mathrm{d}t$$

$$= -\frac{1}{2} \int (t^2+1)^{\frac{1}{2}} \mathrm{d}(t^2+1) = -\frac{1}{3}(t^2+1)^{\frac{3}{2}} + C$$

$$= -\frac{1}{3}\left(\frac{1}{x^2}+1\right)^{\frac{3}{2}} + C = -\frac{(x^2+1)^{\frac{3}{2}}}{3x^3} + C.$$

当 $x<0$ 时，积分结果相同.

注 当被积函数的分母中含 x 的高次方幂时，倒代换常是一种有效的方法. 令 $x = a\tan t\ \left(-\frac{\pi}{2}<t<\frac{\pi}{2}\right)$，请读者试试效果如何.

建议读者自己挑选本节中某些例题所得的结果，将其扩充到基本积分公式中. 在本节和今后的学习中，我们经常看到，熟记这些结果，对解题大有帮助. 例如 $\int \sec x \mathrm{d}x$，还可以这样求：

$$\int \sec x \mathrm{d}x = \int \frac{\cos x}{\cos^2 x} \mathrm{d}x = \int \frac{\mathrm{d}(\sin x)}{1-\sin^2 x}$$

$$= \frac{1}{2} \ln \left|\frac{1+\sin x}{1-\sin x}\right| + C$$

$$= \ln|\sec x + \tan x| + C.$$

习 题 5.2

1. 因为

$$(\sin^2 x)' = 2\sin x\cos x,\quad (-\cos^2 x)' = 2\sin x\cos x,\quad \left(-\frac{1}{2}\cos 2x\right)' = 2\sin x\cos x,$$

所以 $f(x) = 2\sin x\cos x$ 的不定积分有以下三种形式：

$$\int 2\sin x\cos x\,dx = \sin^2 x + C, \quad \int 2\sin x\cos x\,dx = -\cos^2 x + C, \quad \int 2\sin x\cos x\,dx = -\frac{1}{2}\cos 2x + C.$$

请解释为什么会出现这样的结果.

2. 计算下列不定积分：

(1) $\int \sin(9x-10)\,dx$；

(2) $\int e^{3x}\,dx$；

(3) $\int (3x-2)^5\,dx$；

(4) $\int \dfrac{\ln x}{x}\,dx$；

(5) $\int \dfrac{1}{3+2x}\,dx$；

(6) $\int \dfrac{x^2}{1-x^2}\,dx$；

(7) $\int x^2\sqrt{1+x^3}\,dx$；

(8) $\int \dfrac{1}{\sqrt{x+1}}\,dx$；

(9) $\int \dfrac{1}{x(3+2\ln x)}\,dx$；

(10) $\int \dfrac{3e^{3\sqrt{x}}}{\sqrt{x}}\,dx$；

(11) $\int (2xe^{x^2} + x\sqrt{2-x^2})\,dx$；

(12) $\int \sin^2\theta\,d\theta$；

(13) $\int \sin^5 x\cos x\,dx$；

(14) $\int (\sin^3 x + \cos^3 x)\,dx$；

(15) $\int \sin 3x\cos 4x\,dx$；

(16) $\int \tan^3 x\sec^5 x\,dx$；

(17) $\int \sec^6 x\,dx$；

(18) $\int \dfrac{dx}{4x^2+4x+17}$；

(19) $\int \dfrac{dx}{9x^2+12x+4}$；

(20) $\int \dfrac{dx}{\sqrt{2-9x^2}}$.

3. 计算下列不定积分：

(1) $\int \dfrac{1}{x+\sqrt{x}}\,dx$；

(2) $\int \dfrac{x^2}{\sqrt{2x-1}}\,dx$；

(3) $\int \dfrac{dx}{x\sqrt{x-1}}$；

(4) $\int \dfrac{x^2}{\sqrt{4-x^2}}\,dx$；

(5) $\int \dfrac{x^4}{\sqrt{(1-x^2)^3}}\,dx$；

(6) $\int \dfrac{dx}{x^2\sqrt{4+x^2}}$；

(7) $\int \dfrac{dx}{x^2\sqrt{x^2-1}}$；

(8) $\int \dfrac{\sqrt{1-x^2}}{x^4}\,dx$；

(9) $\int \dfrac{1}{x^6(1+x^2)}\,dx$；

(10) $\int \dfrac{1}{x(7+x^7)}\,dx$.

5.3 不定积分的分部积分法

上节利用复合函数求导法则,得到了换元积分法,例如可求 $\int x\mathrm{e}^{x^2}\mathrm{d}x$ 等这类不定积分. 有些积分,例如 $\int x\mathrm{e}^x\mathrm{d}x$,却无法用换元积分法. 但是观察此积分,被积函数为两类基本初等函数的乘积形式,由此得到启发,利用函数乘积的求导法则推出不定积分的另一种积分法.

设函数 $u=u(x)$ 及 $v=v(x)$ 具有连续导数,则
$$\mathrm{d}(uv)=v\mathrm{d}u+u\mathrm{d}v,$$
移项得
$$u\mathrm{d}v=\mathrm{d}(uv)-v\mathrm{d}u.$$
两端求不定积分,得
$$\int u\mathrm{d}v=uv-\int v\mathrm{d}u. \tag{5.3}$$
即
$$\int uv'\mathrm{d}x=uv-\int vu'\mathrm{d}x. \tag{5.4}$$

微视频
不定积分的分部积分法

式(5.3)或(5.4)称为**分部积分公式**.

分部积分法实质上是函数乘积求导(微分)的逆运算.

例 5.29 求 $\int x\mathrm{e}^x\mathrm{d}x$.

解 $\int x\mathrm{e}^x\mathrm{d}x = \int x\mathrm{d}(\mathrm{e}^x) = x\mathrm{e}^x - \int \mathrm{e}^x\mathrm{d}x = x\mathrm{e}^x - \mathrm{e}^x + C.$

注 使用分部积分法的关键是正确选择 u 和 v. 如
$$\int x\mathrm{e}^x\mathrm{d}x = \int \mathrm{e}^x\mathrm{d}\left(\frac{x^2}{2}\right) = \frac{x^2}{2}\mathrm{e}^x - \int \frac{x^2}{2}\mathrm{d}(\mathrm{e}^x) = \frac{x^2}{2}\mathrm{e}^x - \int \frac{x^2}{2}\mathrm{e}^x\mathrm{d}x,$$
由于幂函数的幂次升高,导致积分更加困难.

例 5.30 求 $\int x\cos x\mathrm{d}x$.

解 $\int x\cos x\mathrm{d}x = \int x\mathrm{d}(\sin x) = x\sin x - \int \sin x\mathrm{d}x = x\sin x + \cos x + C.$

注 (1) 有时可以连续多次使用分部积分法,例如 $\int x^2\mathrm{e}^x\mathrm{d}x$, $\int x^2\sin x\mathrm{d}x$ 等.

(2) 由这两例可以看出,当被积函数是幂函数(指数为正整数)与正(余)弦

函数或指数函数的乘积时,取幂函数为 u,其余部分凑微分进入微分号内,使得应用分部积分公式后,幂函数的幂次降低.

例 5.31 求 $\int x\arctan x\mathrm{d}x$.

解
$$\int x\arctan x\mathrm{d}x = \frac{1}{2}\int \arctan x\mathrm{d}(x^2)$$
$$= \frac{1}{2}\left[x^2\arctan x - \int x^2\mathrm{d}(\arctan x) \right]$$
$$= \frac{1}{2}\left(x^2\arctan x - \int \frac{x^2}{1+x^2}\mathrm{d}x \right)$$
$$= \frac{1}{2}\left[x^2\arctan x - \int \left(1-\frac{1}{1+x^2} \right)\mathrm{d}x \right]$$
$$= \frac{1}{2}(x^2\arctan x - x + \arctan x) + C.$$

例 5.32 求 $\int x^3\ln x\mathrm{d}x$.

解
$$\int x^3\ln x\mathrm{d}x = \frac{1}{4}\int \ln x\mathrm{d}(x^4) = \frac{1}{4}\left[x^4\ln x - \int x^4\mathrm{d}(\ln x) \right]$$
$$= \frac{1}{4}\left(x^4\ln x - \int x^3\mathrm{d}x \right) = \frac{1}{4}x^4\ln x - \frac{1}{16}x^4 + C.$$

注 由这两例可以看出,当被积函数是幂函数与对数函数或反三角函数的乘积时,取对数函数或反三角函数为 u,而将幂函数凑微分进入微分号内,使得应用分部积分公式后,对数函数或反三角函数消失.

例 5.33 求 $\int \mathrm{e}^x\sin x\mathrm{d}x$.

解
$$\int \mathrm{e}^x\sin x\mathrm{d}x = \int \sin x\mathrm{d}(\mathrm{e}^x) = \mathrm{e}^x\sin x - \int \mathrm{e}^x\mathrm{d}(\sin x)$$
$$= \mathrm{e}^x\sin x - \int \mathrm{e}^x\cos x\mathrm{d}x = \mathrm{e}^x\sin x - \int \cos x\mathrm{d}(\mathrm{e}^x)$$
$$= \mathrm{e}^x\sin x - \left[\mathrm{e}^x\cos x - \int \mathrm{e}^x\mathrm{d}(\cos x) \right]$$
$$= \mathrm{e}^x\sin x - \mathrm{e}^x\cos x - \int \mathrm{e}^x\sin x\mathrm{d}x.$$

因此
$$\int \mathrm{e}^x\sin x\mathrm{d}x = \frac{1}{2}\mathrm{e}^x(\sin x - \cos x) + C.$$

注 由这例可以看出,当被积函数是指数函数与正(余)弦函数的乘积时,可随意取指数函数或正(余)弦函数为 u.但在两次分部积分中,必须坚持选取该

同类型的 u,使得两次应用分部积分公式后,产生循环式,从而解出所求积分. 读者可以自己去试试,如果选取不一致,会得到什么尴尬的结果.

例 5.34 求 $\int e^{\sqrt{x}} dx$.

解 令 $\sqrt{x} = t$,则 $x = t^2$,$dx = 2t dt$. 因此
$$\int e^{\sqrt{x}} dx = 2\int t e^t dt = 2(te^t - e^t) + C = 2e^{\sqrt{x}}(\sqrt{x} - 1) + C.$$

例 5.35 已知 $f(x)$ 的一个原函数是 $\ln^2 x$,求 $\int xf'(x) dx$.

解 利用分部积分公式,得
$$\int xf'(x) dx = \int x d[f(x)] = xf(x) - \int f(x) dx.$$
根据题意,有
$$\int f(x) dx = \ln^2 x + C_1.$$
上式两边关于 x 求导,得 $f(x) = \dfrac{2\ln x}{x}$,所以
$$\int xf'(x) dx = xf(x) - \int f(x) dx = 2\ln x - \ln^2 x + C \quad (C = -C_1).$$

习　题　5.3

1. 计算下列不定积分:

(1) $\int x \sin x \, dx$;

(2) $\int x \cos^2 x \, dx$;

(3) $\int \dfrac{x}{\cos^2 x} dx$;

(4) $\int (x^2 + 1) e^{-x} dx$;

(5) $\int \ln x \, dx$;

(6) $\int x^2 \ln x \, dx$;

(7) $\int \dfrac{\ln x}{x^2} dx$;

(8) $\int \ln^2 x \, dx$;

(9) $\int \arccos x \, dx$;

(10) $\int \arctan x \, dx$;

(11) $\int x^2 \arctan x \, dx$;

(12) $\int \dfrac{\arctan x}{x^2} dx$;

(13) $\int x \ln(x - 2) dx$;

(14) $\int e^{2x+3}(x + 5) dx$;

(15) $\int \sec^3 x \, dx$;

(16) $\int e^{\sqrt{3x-1}} dx$;

(17) $\int e^x \cos x \, dx$;

(18) $\int \dfrac{e^{\sqrt[3]{x}}}{\sqrt[3]{x}} dx$.

2. 已知 $f(x)$ 的一个原函数是 xe^{-x}，求：

(1) $\int f(x)\,dx$;   (2) $\int xf'(x)\,dx$;   (3) $\int xf(x)\,dx$.

3. 设 $I_n = \int x^n e^x\,dx$，求证 $I_n = x^n e^x - nI_{n-1}$ ($n = 1, 2, \cdots$)，并求 I_3.

5.4 简单有理函数的积分法

本节简要介绍有理函数的积分及可化为有理函数的积分.

5.4.1 有理函数的积分

在有理分式 $\dfrac{P(x)}{Q(x)}$ 中，我们总假定分子多项式 $P(x)$ 与分母多项式 $Q(x)$ 之间没有公因式. 当 $P(x)$ 的次数小于 $Q(x)$ 的次数时，称此有理分式为**真分式**；否则称为**假分式**. 正如例 5.8 那样，利用多项式除法，任一假分式可拆为多项式与真分式之和. 由于多项式的积分容易求得，因此这里仅讨论真分式的积分.

根据多项式理论，任一真分式可用下述方法拆为有限个部分分式之和，即若真分式 $\dfrac{P(x)}{Q(x)}$ 的分母可以分解成有限个多项式之积：

$$Q(x) = Q_1(x) Q_2(x) \cdots Q_n(x),$$

且 $Q_1(x), Q_2(x), \cdots, Q_n(x)$ 没有公因式，则该真分式可拆为有限个简单的部分分式 (真分式) 之和：

$$\frac{P(x)}{Q(x)} = \frac{P_1(x)}{Q_1(x)} + \frac{P_2(x)}{Q_2(x)} + \cdots + \frac{P_n(x)}{Q_n(x)}.$$

将真分式拆成简单的部分分式之和后，就可以解决其积分问题.

例 5.36 求 $\int \dfrac{x+3}{x^2-5x+6}\,dx$.

解 设

$$\frac{x+3}{x^2-5x+6} = \frac{x+3}{(x-2)(x-3)} = \frac{A}{x-2} + \frac{B}{x-3},$$

去分母得

$$x+3 = A(x-3) + B(x-2).$$

令 $x = 2$，代入得 $A = -5$；令 $x = 3$，代入得 $B = 6$. 于是

$$\int \frac{x+3}{x^2-5x+6}dx = -5\int \frac{1}{x-2}dx + 6\int \frac{1}{x-3}dx$$
$$= -5\ln|x-2| + 6\ln|x-3| + C.$$

例 5.37 求 $\int \dfrac{dx}{x^2(x^2+2x+2)}$.

解 设

$$\frac{1}{x^2(x^2+2x+2)} = \frac{Ax+B}{x^2} + \frac{Cx+D}{x^2+2x+2},$$

去分母得

$$1 = (A+C)x^3 + (2A+B+D)x^2 + (2A+2B)x + 2B.$$

比较上式两端同次幂的系数,得

$$\begin{cases} A+C=0, \\ 2A+B+D=0, \\ 2A+2B=0, \\ 2B=1, \end{cases}$$

解得

$$A = -\frac{1}{2}, \quad B = \frac{1}{2}, \quad C = \frac{1}{2}, \quad D = \frac{1}{2}.$$

于是

$$\int \frac{dx}{x^2(x^2+2x+2)} = -\frac{1}{2}\int \frac{dx}{x} + \frac{1}{2}\int \frac{dx}{x^2} + \frac{1}{4}\int \frac{(2x+2)dx}{x^2+2x+2}$$
$$= -\frac{1}{2}\ln|x| - \frac{1}{2x} + \frac{1}{4}\ln(x^2+2x+2) + C.$$

5.4.2 可化为有理函数的积分

由三角函数和常数经过有限次四则运算构成的函数称为三角函数有理式. 由于各种三角函数都可以用 $\sin x$ 和 $\cos x$ 的有理式表示,所以三角函数有理式实际上就是 $\sin x$ 和 $\cos x$ 的有理式. 对于其积分,可以采取以下换元及三角函数中的万能公式,即令 $u = \tan \dfrac{x}{2}$,得

$$\sin x = \frac{2\tan\dfrac{x}{2}}{1+\tan^2\dfrac{x}{2}} = \frac{2u}{1+u^2}, \quad \cos x = \frac{1-\tan^2\dfrac{x}{2}}{1+\tan^2\dfrac{x}{2}} = \frac{1-u^2}{1+u^2}, \quad dx = \frac{2}{1+u^2}du;$$

然后将其积分转化为有理函数的积分.

5.4 简单有理函数的积分法

例 5.38 求 $\int \dfrac{dx}{1+\cos x}$.

解法一 令 $u = \tan \dfrac{x}{2}$，则 $\cos x = \dfrac{1-u^2}{1+u^2}, dx = \dfrac{2}{1+u^2} du$. 于是

$$\int \dfrac{dx}{1+\cos x} = \int \dfrac{1}{1+\dfrac{1-u^2}{1+u^2}} \cdot \dfrac{2}{1+u^2} du = \int du = u + C = \tan \dfrac{x}{2} + C.$$

注 变换 $u = \tan \dfrac{x}{2}$ 对所有的三角函数有理式积分都是"万能"的，但并不一定是最佳方法. 例如，本题还有以下两种解法：

解法二 $\int \dfrac{dx}{1+\cos x} = \int \dfrac{1}{2\cos^2 \dfrac{x}{2}} dx = \tan \dfrac{x}{2} + C.$

解法三 $\int \dfrac{dx}{1+\cos x} = \int \dfrac{1-\cos x}{1-\cos^2 x} dx = \int \dfrac{dx}{\sin^2 x} - \int \dfrac{\cos x}{\sin^2 x} dx = -\cot x + \csc x + C.$

其实前面我们已学习过一些三角函数有理式积分，方法相当灵活，并不是采用万能变换. 再如 $\int \dfrac{\cos x \, dx}{1+\sin x}$，可以应用凑微分法. 如果用万能变换，其计算反而变得烦琐. 因此本书只对万能变换作简要介绍，并建议不要轻易采用.

另外，对于简单无理函数的积分，常通过变换去掉根号，从而转化为有理函数的积分，前面已经学习过，我们不再赘述，下面仅补充一例.

例 5.39 求 $\int \dfrac{1}{x^2-1} \sqrt[3]{\dfrac{x+1}{x-1}} dx$.

解 令 $t = \sqrt[3]{\dfrac{x+1}{x-1}}$，则 $x = \dfrac{t^3+1}{t^3-1}, dx = -\dfrac{6t^2}{(t^3-1)^2} dt$. 于是

$$\int \dfrac{1}{x^2-1} \sqrt[3]{\dfrac{x+1}{x-1}} dx = \int \dfrac{t}{\left(\dfrac{t^3+1}{t^3-1}\right)^2 - 1} \cdot \dfrac{-6t^2}{(t^3-1)^2} dt = -\dfrac{3}{2} \int dt$$

$$= -\dfrac{3}{2} t + C = -\dfrac{3}{2} \sqrt[3]{\dfrac{x+1}{x-1}} + C.$$

在本章结束之前，必须指出，在实际问题中，我们经常遇到一类不定积分，它们虽然存在，但不能用初等函数表示. 例如

$$\int e^{-x^2} dx, \quad \int \dfrac{1}{\ln x} dx, \quad \int \dfrac{\sin x}{x} dx, \quad \int \sqrt{1+x^3} dx, \quad \int \dfrac{1}{\sqrt{1+x^4}} dx$$

等不定积分，就是如此. 对于这些积分，以后将学习其他方法.

通过本章学习，我们发现积分的计算比导数的计算要更复杂、更灵活，因此

在实践中,我们经常借助其他工具来拓展积分能力. 为了有利于实用,人们把常用积分公式汇集成积分表,求积分时,可根据被积函数的类型直接或经过简单变形后,在表内查到所需的结果,这样做通常可以节省时间. 但何时用表,应该具体分析. 例如对于 $\int \sin^2 x \cos^3 x \, dx$,用变换 $u = \sin x$ 求解要比查表更快捷. 另外,对于计算量偏大的不定积分,我们可以使用数学软件,快捷地得到结果,但这绝不意味着我们可以放松对不定积分计算方法及基本技能的学习和掌握. 在掌握了基本积分方法的基础上,积分表和数学软件会起到锦上添花的作用. 请看下例.

例 5.40 求 $\int \dfrac{dx}{x\sqrt{x^2-1}}$ $(x>1)$.

解法一 令 $x = \sec t$ $\left(0 < t < \dfrac{\pi}{2}\right)$,则 $dx = \sec t \tan t \, dt$. 于是

$$\int \frac{dx}{x\sqrt{x^2-1}} = \int \frac{\sec t \tan t \, dt}{\sec t \tan t} = t + C = \arccos \frac{1}{x} + C.$$

解法二 令 $x = \dfrac{1}{t}$,则 $dx = -\dfrac{1}{t^2} dt$. 于是

$$\int \frac{dx}{x\sqrt{x^2-1}} = \int \frac{t}{\sqrt{\dfrac{1}{t^2}-1}} \cdot \frac{-1}{t^2} dt = -\int \frac{dt}{\sqrt{1-t^2}}$$

$$= -\arcsin t + C = -\arcsin \frac{1}{x} + C.$$

解法三 令 $\sqrt{x^2-1} = t$,则 $x = \sqrt{t^2+1}$,$dx = \dfrac{t}{\sqrt{t^2+1}} dt$. 于是

$$\int \frac{dx}{x\sqrt{x^2-1}} = \int \frac{1}{\sqrt{t^2+1} \cdot t} \cdot \frac{t}{\sqrt{t^2+1}} dt = \int \frac{dt}{t^2+1} = \arctan t + C$$

$$= \arctan \sqrt{x^2-1} + C.$$

解法四 利用凑微分法,得

$$\int \frac{dx}{x\sqrt{x^2-1}} = \int \frac{1}{x^2\sqrt{1-\dfrac{1}{x^2}}} dx = -\int \frac{1}{\sqrt{1-\dfrac{1}{x^2}}} d\left(\frac{1}{x}\right) = \arccos \frac{1}{x} + C.$$

解法五 我们可以用数学软件计算其结果(语句是相似的),例如:

(1) 在 Maple 中,语句为 `int(1/(x*sqrt(x^2-1)),x);`

(2) 在 MATLAB 中,语句为 `int(1/(x*sqrt(x^2-1)));`

(3) 在 Mathematica 中,语句为 `Integrate[1/(x*Sqrt[x^2-1]),x];`

但令人诧异的是,三个数学软件中显示的结果均为

$$-\arctan\left(\frac{1}{\sqrt{x^2-1}}\right).$$

其实结果均是正确的,读者可以自己验证,虽然结果形式有些不同,但经过变形,彼此间仅相差一个常数.

可以发现,我们既要重视基础知识技能的训练,也要掌握计算机技术,两者相结合,优势互补,定能增强学习微积分的效果,也有利于我们进一步发展.

习 题 5.4

计算下列不定积分:

(1) $\int \frac{x^3-1}{x^3-x^2-12x} dx$;

(2) $\int \frac{dx}{(1+2x)(1+x^2)}$;

(3) $\int \frac{dx}{(x^2+x)(x^2+1)}$;

(4) $\int \frac{x+3}{(x+1)(x^2-1)} dx$;

(5) $\int \frac{x^2+1}{(x+1)^2(x-1)} dx$;

(6) $\int \frac{x^2+5x+4}{x^4+5x^2+4} dx$;

(7) $\int \frac{2x^6+3x^5+2x^2-4}{x^4-1} dx$;

(8) $\int \frac{1+\sin x}{\sin x(1+\cos x)} dx$;

(9) $\int \frac{x+\sin x}{1+\cos x} dx$;

(10) $\int \frac{dx}{2+\cos x}$;

(11) $\int \frac{1}{(1+x)^2} \sqrt{\frac{1+x}{2-x}} dx$;

(12) $\int \frac{\sqrt{x-1}}{x} dx$.

总习题五

1. 选择题:

(1) $\int \frac{1}{1+x^2} dx \neq (\quad)$;

A. $\arctan \frac{1}{x} + C$
B. $\operatorname{arccot} \frac{1}{x} + C$
C. $-\operatorname{arccot} x + C$
D. $\frac{1}{2} \arctan \frac{2x}{1-x^2} + C$

(2) 若 $f(x)$ 的导函数是 $\sin x$,则 $f(x)$ 的全体原函数为( );

A. $\sin x + C$
B. $-\cos x + C$
C. $\cos x + C$
D. $C_1 x - \sin x + C_2$

(3) 若 $\int f(x) e^{-\frac{1}{x}} dx = x e^{-\frac{1}{x}} + C$, 则 $f(x) = (\quad)$;

A. x
B. $x + C$

C. 1 D. $1+\dfrac{1}{x}$

(4) 若 $f(x)=\ln x$，则 $\int f'(e^x)\,dx =$ (   );

A. $-e^{-x}+C$ B. $e^{-x}+C$
C. $e^{x}+C$ D. $x+C$

(5) 若 $\int \sin f(x)\,dx = x\sin f(x) - \int \cos f(x)\,dx$，且 $f(1)=0$，则 $\int \sin f(x)\,dx =$ (   ).

A. $x\sin \ln|x| - \cos \ln|x| + C$ B. $x\sin \ln|x| + x\cos \ln|x| + C$
C. $\dfrac{x}{2}\sin \ln|x| - \dfrac{x}{2}\cos \ln|x| + C$ D. $\dfrac{x}{2}\sin \ln|x| + \dfrac{x}{2}\cos \ln|x| + C$

2. 填空题：

(1) 设 $\int xf(x)\,dx = \arcsin x + C$，则 $\int \dfrac{1}{f(x)}\,dx =$ _____;

(2) 若 $\int f(x)\,dx = x^2 + C$，则 $\int \dfrac{1}{x^2}f\left(\dfrac{1}{x}\right)dx =$ _____;

(3) 若 $f(x) = e^{-x}$，则 $\int \dfrac{f'(\ln x)\,dx}{x} =$ _____.

3. 计算下列不定积分：

(1) $\int (1+x)^3\,dx$;

(2) $\int x^3(1-5x^2)^{10}\,dx$;

(3) $\int \dfrac{1}{x^2(1+x^2)}\,dx$;

(4) $\int \dfrac{x}{(1+x)^3}\,dx$;

(5) $\int \dfrac{1+\cos^2 x}{1+\cos 2x}\,dx$;

(6) $\int \dfrac{5^x - 2^x}{3^x}\,dx$;

(7) $\int \dfrac{6^x}{4^x + 9^x}\,dx$;

(8) $\int \cos x \cdot e^{\sin x}\,dx$;

(9) $\int \dfrac{1}{\sqrt{x+1}+\sqrt{x-1}}\,dx$;

(10) $\int \dfrac{x^2}{\sqrt{1-x^6}}\,dx$;

(11) $\int \dfrac{\arcsin x}{\sqrt{1-x^2}}\,dx$;

(12) $\int \dfrac{\sqrt{1+2\arctan x}}{1+x^2}\,dx$;

(13) $\int \dfrac{dx}{\sin^4 x \cos^2 x}$;

(14) $\int \dfrac{dx}{\sqrt{x}+(\sqrt{x})^3}$;

(15) $\int \dfrac{e^{\arctan \sqrt{x}}}{\sqrt{x}(1+x)}\,dx$;

(16) $\int \dfrac{e^{\sin(1/x)}\cos(1/x)}{x^2}\,dx$;

(17) $\int \dfrac{\mathrm{d}x}{\mathrm{e}^x+1}$;

(18) $\int \dfrac{x^2-1}{x^4+1}\mathrm{d}x\ (x>0)$;

(19) $\int \dfrac{x^2+1}{x^4+1}\mathrm{d}x\ (x>0)$;

(20) $\int \dfrac{\mathrm{d}x}{x\ln x\ln\ln x}$;

(21) $\int \dfrac{1+\ln x}{1+(x\ln x)^2}\mathrm{d}x$;

(22) $\int \dfrac{\ln x\,\mathrm{d}x}{x\sqrt{1+\ln x}}$;

(23) $\int \dfrac{1-\sin x}{x+\cos x}\mathrm{d}x$;

(24) $\int \dfrac{x^2+1}{(x-1)^3}\mathrm{d}x$;

(25) $\int \dfrac{x^2+2}{(x+2)(x^2+3x+4)}\mathrm{d}x$;

(26) $\int \sqrt{x^2+1}\,\mathrm{d}x$;

(27) $\int \dfrac{\mathrm{d}x}{\sqrt{x}(1+\sqrt[4]{x})^3}$;

(28) $\int \dfrac{\mathrm{d}x}{\mathrm{e}^{x/2}+\mathrm{e}^x}$;

(29) $\int \dfrac{\mathrm{d}x}{\sqrt{x-1}\sqrt{x}}$;

(30) $\int x^3 \mathrm{e}^{-x^2}\mathrm{d}x$;

(31) $\int \ln(1+\sqrt{x})\,\mathrm{d}x$;

(32) $\int \ln(x+\sqrt{1+x^2})\,\mathrm{d}x$;

(33) $\int \left(\sqrt{\dfrac{x+1}{x-1}}+\sqrt{\dfrac{x-1}{x+1}}\right)\mathrm{d}x$.

4. 设 $f(\ln x)=\dfrac{\ln(1+x)}{x}$，计算 $\int f(x)\,\mathrm{d}x$.

5. 设 $f'(\ln x)=\begin{cases}1, & 0<x\leqslant 1,\\ x, & x>1,\end{cases}$ 且 $f(0)=1$，求 $f(x)$.

*6. 试解决下列问题：

(1) 求 $\int \dfrac{\mathrm{d}x}{(x^2+1)^2}$;

(2) 更进一步，由此得到启发，证明对于

$$I_n=\int \dfrac{\mathrm{d}x}{(x^2+1)^n}\ (n\in\mathbf{N}_+),$$

有如下递推公式：

$$I_n=\dfrac{1}{2(n-1)}\left[\dfrac{x}{(x^2+1)^{n-1}}+(2n-3)I_{n-1}\right]\ (n\geqslant 2).$$

类似地，可以证明对于 $I_n=\int \cos^n x\,\mathrm{d}x\ (n\in\mathbf{N}_+)$，$I_n=\int \sin^n x\,\mathrm{d}x\ (n\in\mathbf{N}_+)$ 等积分，分别有如下递推公式：

$$I_n=\dfrac{\sin x\cos^{n-1}x}{n}+\dfrac{n-1}{n}I_{n-2},\quad I_n=-\dfrac{\sin^{n-1}x\cos x}{n}+\dfrac{n-1}{n}I_{n-2}\ (n\geqslant 3);$$

(3) 利用上述结果，求 $\int \dfrac{x^3-x+1}{x^5-x^4+2x^3-2x^2+x-1}dx$；

(4) 利用数学软件求第(3)题．

*7. 有人这样用以下两种方法求 $\int \dfrac{dx}{\sqrt{(x-1)(2-x)}}$：

(1) 令 $t=\sqrt{\dfrac{2-x}{x-1}}$，通过手工计算可得结果 $-2\arctan\sqrt{\dfrac{2-x}{x-1}}+C$；

(2) 用数学软件得结果 $\arcsin(2x-3)+C$，在计算机上也不显示中间过程．

他发现两种结果很不一样，互化也困难，因此怀疑自己或计算机解错了，也不明白计算机怎么会得到第二种结果．请你做做，找找原因，帮他解决这个问题．

本书配套的电子课件中还有很多例子，如 $\int \dfrac{x^4+1}{x^6+1}dx$ 等，请读者去实验、探究．

8. 某商品的需求量(单位:件)Q是价格(单位:元)P的函数，该商品的最大需求量为 1 000 件，即 $P=0$ 时，$Q=1\,000$．已知需求量的变化率为

$$Q'(P)=-1\,000\ln 3 \cdot \left(\dfrac{1}{3}\right)^P,$$

求需求量关于价格的弹性．

9. 已知世界范围内每年的石油消耗率呈指数增长，增长指数大约为 0.07．在 1970 年初，消耗率大约为每年 161 亿桶．设 $R(t)$ 表示从 1970 年起第 t 年的石油消耗率，则 $R(t)=161e^{0.07t}$ 亿桶．试用此式估算从 1970 年到 2010 年间石油消耗的总量．更进一步，按此模型估算从 1970 年到 2020 年间石油消耗的总量．从数学、生态、能源等各种角度看，这一数学模型和结果给你什么启示？

10. 设某函数 $y=f(x)$ 的图形上有一拐点 $P(2,4)$，在拐点 P 处曲线 $y=f(x)$ 的切线斜率为 -3．又知该函数的二阶导数具有形式 $y''=6x+C$，求此函数并作出其图形．

第 6 章 定积分及其应用

在本章中,我们将通过实例引进定积分的概念,介绍定积分的基本性质、定积分与不定积分的关系、定积分的计算与简单应用.

6.1 定积分的概念

6.1.1 引例

例 6.1(曲边梯形面积) 设 $y=f(x)$ 在区间 $[a,b]$ 上非负、连续,由直线 $x=a$, $x=b$,x 轴及曲线 $y=f(x)$ 所围成的图形,称为**曲边梯形**,其中曲线弧称为**曲边**. 如图 6.1 所示. 如果用平行于 y 轴的直线细分曲边梯形,就会得到许多窄曲边梯形. 每个窄曲边梯形的边用直线段去代替(称为"以直代曲"),这样就可以用窄矩形的面积和近似代替曲边梯形面积,再取极限即可得到曲边梯形面积. 详细做法如下:

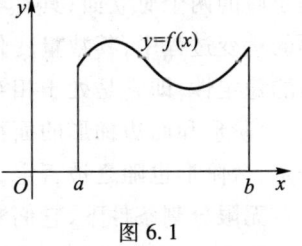

图 6.1

(1) 分割——化整为零.

在区间 $[a,b]$ 中任意插入 $n-1$ 个分点
$$a=x_0<x_1<x_2<\cdots<x_{n-1}<x_n=b,$$
把 $[a,b]$ 分成 n 个小区间
$$[x_0,x_1],[x_1,x_2],\cdots,[x_{n-1},x_n],$$
它们的长度依次为
$$\Delta x_1=x_1-x_0,\Delta x_2=x_2-x_1,\cdots,\Delta x_n=x_n-x_{n-1}.$$
经过每一个分点作平行于 y 轴的直线段,把曲边梯形分成 n 个窄曲边梯形,分别

记它们的面积为 ΔA_i,如图 6.2 所示.

(2) 近似——以直代曲.

由于 $f(x)$ 连续,当分割很细时,在小区间内 $f(x)$ 的值仅发生细微变化,所以在每个小区间 $[x_{i-1}, x_i]$ 上任意取一点 ξ_i,以 Δx_i 为底,$f(\xi_i)$ 为高的窄矩形近似代替第 i 个窄曲边梯形,即

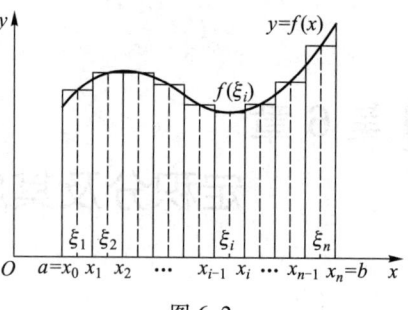

图 6.2

$$\Delta A_i \approx f(\xi_i) \Delta x_i \quad (i=1,2,\cdots,n).$$

(3) 求和——积零为整.

把这样得到的 n 个窄矩形面积之和作为所求曲边梯形面积 A 的近似值,即

$$A \approx f(\xi_1)\Delta x_1 + f(\xi_2)\Delta x_2 + \cdots + f(\xi_n)\Delta x_n = \sum_{i=1}^{n} f(\xi_i)\Delta x_i.$$

(4) 取极限——精确求值.

当分点非常稠密,即分割充分细时,和式 $\sum_{i=1}^{n} f(\xi_i)\Delta x_i$ 就无限逼近曲边梯形面积 A. 记 $\lambda = \max\{\Delta x_1, \Delta x_2, \cdots, \Delta x_n\}$,当 $\lambda \to 0$ 时,可得曲边梯形的面积

$$A = \lim_{\lambda \to 0} \sum_{i=1}^{n} f(\xi_i)\Delta x_i.$$

我们把这 n 个窄矩形拼成的图形称为**台阶形**. 可以看出台阶形和曲边梯形是矛盾的两个对立面,具有不同质,同时又相互联系,处在一个统一体中. 在台阶形的量变过程中,其数量变化规律是只要分割的份数 n 有限,就不影响台阶形的质的稳定性,即它是处于相对静止的量变状态. 当 $\lambda \to 0$ 时,n 由有限发展到无穷大,台阶形和曲边梯形的面积之差的绝对值愈来愈小,而且是无穷小. 随着 n 被否定,台阶形也随之被否定,实现质的飞跃而转化为它的对立面(曲边梯形). 同时在无限分割条件下,它们实现了相互转化,从对立走向统一.

例 6.2(**经济问题**) 设某产品的总产量 Q 是时间 t 的连续函数. 如果生产率(即总产量对时间的变化率)为 $q(t)$,求从 $t = T_1$ 到 $t = T_2$ 这段时间内的总产量 Q.

显然,当 $q(t)$ 恒为常数 k 时,由

$$总产量 = 生产率 \times 时间,$$

有

$$Q = k(T_2 - T_1).$$

当 $q(t)$ 为变量时,与求曲边梯形面积的方法类似,详细做法如下:

(1) 分割——化整为零.

在 $[T_1, T_2]$ 内任意插入 $n-1$ 个分点

$$T_1 = t_0 < t_1 < t_2 < \cdots < t_{n-1} < t_n = T_2,$$

把$[T_1,T_2]$分成 n 个小段时间
$$[t_0,t_1],[t_1,t_2],\cdots,[t_{n-1},t_n],$$
各小段时间长依次为
$$\Delta t_1=t_1-t_0,\Delta t_2=t_2-t_1,\cdots,\Delta t_n=t_n-t_{n-1},$$
相应地,各小段时间内的总产量依次为 $\Delta Q_1,\Delta Q_2,\cdots,\Delta Q_n$.

(2) 近似——以常代变.

在$[t_{i-1},t_i]$上任取一个时刻 τ_i ($t_{i-1}\leqslant\tau_i\leqslant t_i$),以 τ_i 时的生产率$q(\tau_i)$来代替 $[t_{i-1},t_i]$上各个时刻的生产率,则有
$$\Delta Q_i\approx q(\tau_i)\Delta t_i\ (i=1,2,\cdots,n).$$

(3) 求和——积零为整.
$$Q\approx q(\tau_1)\Delta t_1+q(\tau_2)\Delta t_2+\cdots+q(\tau_n)\Delta t_n=\sum_{i=1}^n q(\tau_i)\Delta t_i.$$

(4) 取极限——精确求值.

记 $\lambda=\max\{\Delta t_1,\Delta t_2,\cdots,\Delta t_n\}$,可得该产品在$[T_1,T_2]$内的总产量为
$$Q=\lim_{\lambda\to 0}\sum_{i=1}^n q(\tau_i)\Delta t_i.$$

6.1.2 定积分的概念

由上述两例可见,虽然所涉及的实际背景不同,但它们都取决于一个函数及其自变量的变化区间,并且解决问题的思想方法是一致的,即通过"分割、近似、求和及取极限"得到,且归结为求"和式极限".

事实上,许多问题都可以归结为求这种特定的和式极限,例如旋转体的体积、变速直线运动的路程、变力做功、由边际求总量等.一般地,将这些问题在数量关系上共同的本质与特性加以概括与抽象,精确叙述成如下定积分的定义.

定义 6.1 设函数$f(x)$在区间$[a,b]$上有界,在(a,b)内任意插入 $n-1$ 个分点
$$a=x_0<x_1<x_2<\cdots<x_{n-1}<x_n=b,$$
把区间$[a,b]$分成 n 个小区间,第 i 个小区间$[x_{i-1},x_i]$的长度为
$$\Delta x_i=x_i-x_{i-1}(i=1,2,\cdots,n).$$
在每个小区间$[x_{i-1},x_i]$上任取一点 ξ_i ($x_{i-1}\leqslant\xi_i\leqslant x_i$),作乘积$f(\xi_i)\Delta x_i$ ($i=1,2,\cdots,n$),并求和
$$S_n=\sum_{i=1}^n f(\xi_i)\Delta x_i.$$

记 $\lambda=\max\limits_{1\leqslant i\leqslant n}\{\Delta x_i\}$,若不论对$[a,b]$怎样分割,也不论 ξ_i 怎样选取,只要当 $\lambda\to 0$

时,和 S_n 总趋于确定的常数 I,则称此常数 I 为函数 $f(x)$ 在区间 $[a,b]$ 上的**定积分**,记作 $\int_a^b f(x)\mathrm{d}x$,即

$$\int_a^b f(x)\mathrm{d}x = I = \lim_{\lambda \to 0}\sum_{i=1}^n f(\xi_i)\Delta x_i. \tag{6.1}$$

此时称函数 $f(x)$ 在区间 $[a,b]$ 上**可积**,a 称为**积分下限**,b 称为**积分上限**,$[a,b]$ 称为**积分区间**,其他名称与不定积分相同.

注 (1) 由定义 6.1 知,定积分是一个数值,仅与被积函数及积分区间有关,而与积分变量的记法无关,即

$$\int_a^b f(x)\mathrm{d}x = \int_a^b f(t)\mathrm{d}t = \cdots = \int_a^b f(u)\mathrm{d}u.$$

(2) 取极限的过程是 $\lambda \to 0$(表示无限细分),但不仅仅是 $n \to \infty$(表示分点无限增加).无限细分必然导致分点无限增加,但分点无限增加并不能保证无限细分.

(3) 关于函数的可积性,不作深入的理论探讨和证明,只给出以下重要结论:
① (可积的必要条件)若 $f(x)$ 在闭区间 $[a,b]$ 上可积,则 $f(x)$ 在 $[a,b]$ 上有界.
② (可积的充分条件)若 $f(x)$ 在闭区间 $[a,b]$ 上连续,则 $f(x)$ 在 $[a,b]$ 上可积.
③ (可积的充分条件)若 $f(x)$ 在闭区间 $[a,b]$ 上有界,且只有有限个间断点,则 $f(x)$ 在 $[a,b]$ 上可积.

有了定积分的定义,可知例 6.1 中的曲边梯形的面积为

$$A = \int_a^b f(x)\mathrm{d}x.$$

例 6.2 中从 $t=T_1$ 到 $t=T_2$ 这段时间内的总产量为

$$Q = \int_{T_1}^{T_2} q(t)\mathrm{d}t.$$

6.1.3 定积分的几何意义

我们已经知道,当 $y=f(x)$ 在闭区间 $[a,b]$ 上非负且连续时,$\int_a^b f(x)\mathrm{d}x$ 为由直线 $x=a, x=b, x$ 轴及曲线 $y=f(x)$ 所围成的曲边梯形的面积. 当 $f(x)$ 可正可负或有有限个间断点时(如图 6.3),函数 $f(x)$ 在 c_3 点处间断,在 c_1 与 c_2 之间 $f(x) \leq 0$. $\int_a^b f(x)\mathrm{d}x$ 的几何意义是介于直线 $x=a, x=b, x$ 轴及曲线 $y=f(x)$

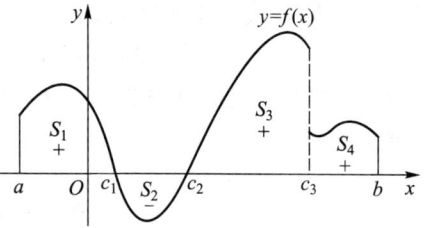

图 6.3

之间的各部分图形面积的代数和:在 x 轴上方部分的面积前取正号,在 x 轴下方部分的面积前取负号,即

$$\int_a^b f(x)\,dx = S_1 - S_2 + S_3 + S_4.$$

*例 6.3 求由直线 $x=0, x=1, x$ 轴及曲线 $y=e^x$ 所围成的曲边梯形的面积 A.

解 如图 6.4 所示,根据定积分的几何意义知 $A = \int_0^1 e^x dx$. 下面利用定积分定义求其值. 由于 $f(x) = e^x$ 在 $[0,1]$ 上连续,故在 $[0,1]$ 上可积. 又因为积分值是唯一的,它与积分区间的划分及 ξ_i 的取法无关,所以为方便计算,对 $[0,1]$ 进行特殊分割. 将 $[0,1]$ 等分成 n 个小区间 $\left[\dfrac{i-1}{n}, \dfrac{i}{n}\right]$,而且 ξ_i 取各个小区间的右端点,即 $\xi_i = \dfrac{i}{n}$($i=1, 2, \cdots, n$),则

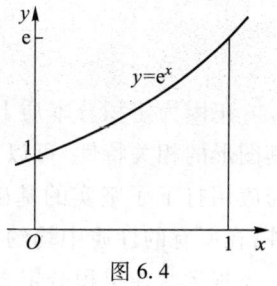

图 6.4

$$S_n = \sum_{i=1}^n f(\xi_i) \Delta x_i = \sum_{i=1}^n \left(e^{\frac{i}{n}} \cdot \frac{1}{n}\right) = \frac{1}{n} \sum_{i=1}^n (e^{\frac{1}{n}})^i,$$

其中 $\sum_{i=1}^n (e^{\frac{1}{n}})^i$ 是首项为 $e^{\frac{1}{n}}$,公比为 $e^{\frac{1}{n}}$ 的等比数列前 n 项和. 于是

$$S_n = \frac{1}{n} \cdot \frac{e^{\frac{1}{n}} - (e^{\frac{1}{n}})^n \cdot e^{\frac{1}{n}}}{1 - e^{\frac{1}{n}}} = (e-1) \cdot e^{\frac{1}{n}} \cdot \frac{1/n}{e^{\frac{1}{n}} - 1}.$$

从而

$$A = \int_0^1 e^x dx = \lim_{\lambda \to 0} S_n = \lim_{n \to \infty} S_n = \lim_{n \to \infty} \left[(e-1) \cdot e^{\frac{1}{n}} \cdot \frac{1/n}{e^{\frac{1}{n}} - 1}\right] = e-1.$$

注 解决问题的前三步,即分割、近似及求和,是初等数学方法的体现,是形式逻辑思维的体现;只有取极限,其中蕴含于变量数学中的丰富的辩证逻辑思维,才使得微积分巧妙而有效地解决了初等数学所不能解决的问题.

习 题 6.1

1. 试用引例的方法解决下述问题:设某物体沿直线做变速运动,已知速度 $v=v(t)$ 是时间 t 的连续函数,且 $v(t) \geqslant 0$,简要介绍在时间间隔 $[T_1, T_2]$ 内物体所经过的路程 S 的计算步骤及其表达式.

*2. 利用定积分的定义或几何意义求:

(1) $\int_0^1 x\,dx$; (2) $\int_0^1 x^2\,dx$;

(3) $\int_0^1 \sqrt{1-x^2}\,dx$;

(4) $\int_0^{2\pi} \sin x\,dx$;

(5) $\int_0^{2\pi} \cos x\,dx$;

(6) $\int_{-\frac{\pi}{2}}^{\frac{3\pi}{2}} \cos x\,dx$.

6.2 定积分的基本性质

正因为定积分本质上是一种极限,所以根据极限的运算性质,再结合函数及其图形的相关特性,可以推导得到定积分的一些性质,这些性质为定积分的计算与应用打下了坚实的基础. 这些性质的几何意义明显,所以大多数略去证明. 另外,在所有的性质中均约定相关函数在给定的积分区间上可积.

规定 在定积分定义中,总假定 $a<b$. 为了运算的需要,规定当 $a>b$ 时,
$$\int_a^b f(x)\,dx = -\int_b^a f(x)\,dx,$$
即交换积分上、下限,定积分的值变号. 当 $a=b$ 时,
$$\int_a^a f(x)\,dx = 0.$$

性质 6.1 若在闭区间 $[a,b]$ 上, $f(x)\equiv 1$,则
$$\int_a^b 1\,dx = \int_a^b dx = b-a.$$
其几何意义为底是 $b-a$,高是 1 的矩形面积.

性质 6.2 两个函数代数和的定积分等于各函数定积分的代数和,即
$$\int_a^b [f(x)\pm g(x)]\,dx = \int_a^b f(x)\,dx \pm \int_a^b g(x)\,dx.$$
此性质可以推广到有限个函数的代数和的情形.

性质 6.3 被积函数的常数因子可以提到积分号外面,即
$$\int_a^b kf(x)\,dx = k\int_a^b f(x)\,dx \quad (k \text{ 是常数}).$$

性质 6.4(定积分对积分区间的可加性)
$$\int_a^b f(x)\,dx = \int_a^c f(x)\,dx + \int_c^b f(x)\,dx \quad (a,b,c \text{ 为常数}).$$

当 $a<c<b$ 时,其几何意义是面积的分块相加,如图 6.5 所示. 事实上,不论 a,b,c 的相对位置如何,该性质都成立. 例如,当 $a<b<c$ 时,由于

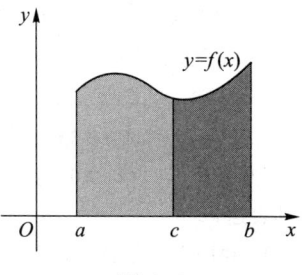

图 6.5

$$\int_a^c f(x)\,\mathrm{d}x = \int_a^b f(x)\,\mathrm{d}x + \int_b^c f(x)\,\mathrm{d}x,$$

移项得

$$\int_a^b f(x)\,\mathrm{d}x = \int_a^c f(x)\,\mathrm{d}x - \int_b^c f(x)\,\mathrm{d}x$$

$$= \int_a^c f(x)\,\mathrm{d}x + \int_c^b f(x)\,\mathrm{d}x.$$

性质 6.5 若在区间 $[a,b]$ 上,$f(x) \leqslant g(x)$,则

$$\int_a^b f(x)\,\mathrm{d}x \leqslant \int_a^b g(x)\,\mathrm{d}x.$$

特别地,若 $f(x) \geqslant 0$,则 $\int_a^b f(x)\,\mathrm{d}x \geqslant 0$.

其几何意义如图 6.6 所示.

推论 $\left| \int_a^b f(x)\,\mathrm{d}x \right| \leqslant \int_a^b |f(x)|\,\mathrm{d}x \quad (a<b).$

性质 6.6(积分估值定理) 设 M 与 m 分别是函数 $f(x)$ 在闭区间 $[a,b]$ 上的最大值及最小值,则

$$m(b-a) \leqslant \int_a^b f(x)\,\mathrm{d}x \leqslant M(b-a).$$

其几何意义如图 6.7 所示.

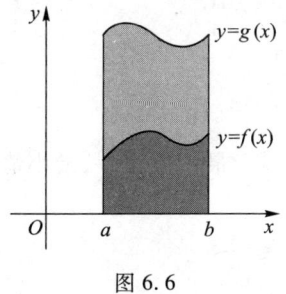
图 6.6

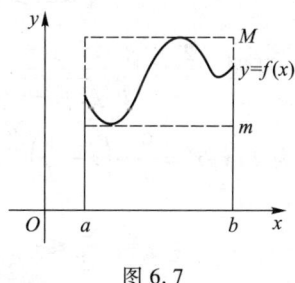
图 6.7

性质 6.7(积分中值定理) 若函数 $f(x)$ 在积分区间 $[a,b]$ 上连续,则在 $[a,b]$ 上至少存在一点 ξ,使得

$$\int_a^b f(x)\,\mathrm{d}x = f(\xi)(b-a) \quad (a \leqslant \xi \leqslant b).$$

证 利用性质 6.6,$m \leqslant \dfrac{1}{b-a}\int_a^b f(x)\,\mathrm{d}x \leqslant M$. 再由闭区间上连续函数的介值定理知,在 $[a,b]$ 上至少存在一点 ξ,使

$$f(\xi) = \frac{1}{b-a}\int_a^b f(x)\,\mathrm{d}x,$$

故得此性质.

注 无论 $a>b$,还是 $a<b$,此公式都成立. 此公式称为**积分中值公式**.

这个性质的几何意义是在 $[a,b]$ 上至少存在一点 ξ,使得以 $[a,b]$ 为底,曲线 $y=f(x)$ 为曲边的曲边梯形的面积与同底且高为 $f(\xi)$ 的矩形的面积相等,如图 6.8 所示. 因此从几何角度看,$f(\xi)$ 可以看作是曲边梯形的曲顶的平均高度. 从函数值角度看,$f(\xi)$ 当然是 $f(x)$ 在区间 $[a,b]$ 上的平均值. 因此积分中值定理解决了如何求一个连续变化量的平均值问题.

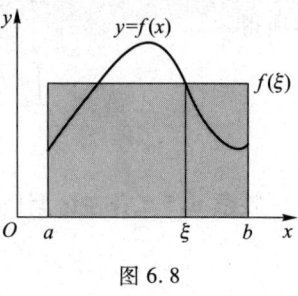

图 6.8

例 6.4 不计算定积分,比较积分 $\int_0^1 x\,dx$ 与 $\int_0^1 \ln(x+1)\,dx$ 的大小.

解 设 $f(x)=x-\ln(x+1), x\in[0,1]$. 由于

$$f'(x)=1-\frac{1}{x+1}=\frac{x}{x+1}>0,$$

所以 $f(x)$ 在区间 $[0,1]$ 上单调增加,且 $f(0)=0$,故 $f(x)>0$. 即

$$x>\ln(x+1), x\in[0,1].$$

从而

$$\int_0^1 x\,dx \geqslant \int_0^1 \ln(x+1)\,dx.$$

例 6.5 证明:$\dfrac{2}{3} \leqslant \int_0^1 \dfrac{1}{\sqrt{2+x-x^2}}\,dx \leqslant \dfrac{1}{\sqrt{2}}$.

证 因为 $2+x-x^2=\dfrac{9}{4}-\left(x-\dfrac{1}{2}\right)^2$ 在 $[0,1]$ 上最大值为 $\dfrac{9}{4}$,最小值为 2,所以

$$\frac{2}{3} \leqslant \frac{1}{\sqrt{2+x-x^2}} \leqslant \frac{1}{\sqrt{2}}.$$

从而

$$\frac{2}{3} \leqslant \int_0^1 \frac{1}{\sqrt{2+x-x^2}}\,dx \leqslant \frac{1}{\sqrt{2}}.$$

例 6.6 设某商品从时刻 0 到时刻 t 的销量为 $x(t)=kt, t\in[0,T], k>0$,欲在 T 时将数量为 A 的该商品销售完.

(1) 试求 t 时的商品剩余量,并求 k 的值;

(2) 试求在时段 $[0,T]$ 上的平均剩余量.

解 (1) t 时的商品剩余量为

$$y(t)=A-x(t)=A-kt, t\in[0,T].$$

因在 T 时将数量为 A 的该商品销售完,故有 $A-kT=0$,所以 $k=\dfrac{A}{T}$. 因此,有

$$y(t)=A-\dfrac{A}{T}t, t\in[0,T].$$

(2) 在时段 $[0,T]$ 上的平均剩余量

$$\bar{y}(t)=\dfrac{1}{T}\int_0^T y(t)\,\mathrm{d}t=\dfrac{1}{T}\int_0^T\left(A-\dfrac{A}{T}t\right)\mathrm{d}t.$$

由定积分的几何意义知 $\int_0^T \mathrm{d}t=T$, $\int_0^T t\,\mathrm{d}t=\dfrac{1}{2}T^2$. 再由定积分的性质得

$$\bar{y}(t)=\dfrac{A}{2}.$$

习 题 6.2

1. 用定积分的几何意义及性质求:

(1) $\int_{-2}^1 |x+1|\,\mathrm{d}x$; (2) $\int_{-4}^4 \left(4+\sqrt{16-x^2}\right)\mathrm{d}x$.

2. 比较下列定积分的大小:

$$I_1=\int_0^1 \mathrm{e}^{x^2}\,\mathrm{d}x,\quad I_2=\int_0^1 \mathrm{e}^{\sqrt{x}}\,\mathrm{d}x,\quad I_3=\int_0^1 x\mathrm{e}^x\,\mathrm{d}x,\quad I_4=\int_0^1 \mathrm{e}^x\,\mathrm{d}x,\quad I_5=\int_0^1 x\mathrm{e}^{x^2}\,\mathrm{d}x.$$

3. 估计下列定积分的取值范围:

(1) $\int_0^1 \mathrm{e}^{x^2}\,\mathrm{d}x$; (2) $\int_1^2 \dfrac{x}{x^2+1}\,\mathrm{d}x$; (3) $\int_{\frac{\pi}{4}}^{\frac{\pi}{2}} \dfrac{\sin x}{x}\,\mathrm{d}x$.

4. 美国某地某天上午 $t(t\geqslant 9)$ 时刻的华氏温度函数为

$$T(t)=50+14\sin\dfrac{\pi t}{12},$$

求上午 9 点到晚上 9 点内的平均温度.

6.3 微积分基本公式

一般地,利用定积分的定义计算定积分是不可取的.

回忆 6.1 节中的例 6.2,我们发现从 $t=T_1$ 到 $t=T_2$ 这段时间内的总产量为

$$Q=\int_{T_1}^{T_2} q(t)\,\mathrm{d}t=Q(T_2)-Q(T_1).$$

注意到 $Q'(t)=q(t)$,即 $Q(t)$ 是 $q(t)$ 的原函数,所以定积分值等于被积函数的原

函数在积分区间上的增量.

本节正是由此得到启发,将其推广到一般情形,得到微积分基本定理及计算定积分的有效方法——牛顿-莱布尼茨公式.

6.3.1 积分上限函数及其可导性

设函数 $f(x)$ 在 $[a,b]$ 上连续、可积. 对于任意一个 $x \in [a,b]$,由于 $f(x)$ 在 $[a,x]$ 上可积,所以积分 $\int_a^x f(x) \mathrm{d}x$ 存在. 随着其积分上限 x 在 $[a,b]$ 上变动,则对每一个确定的 x,都有唯一积分值与它对应. 于是就在 $[a,b]$ 上定义了一个函数,记为

$$\Phi(x) = \int_a^x f(x) \mathrm{d}x,$$

称此函数为**积分上限函数**或**变上限积分**,这里 x 既是积分上限,又是积分变量. 为了避免混淆,不妨把积分变量改写为 t,即

$$\Phi(x) = \int_a^x f(x) \mathrm{d}x = \int_a^x f(t) \mathrm{d}t.$$

$\Phi(x)$ 是 x 的函数,而与积分变量是 t 或 u 等其他记法无关. 其几何意义是右侧直线可平行移动的曲边梯形的面积,如图 6.9 所示. 类似地可定义积分下限函数. 由 6.2 节的规定可知,我们只需讨论积分上限函数.

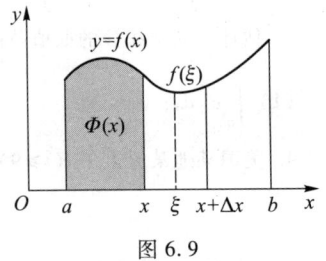

图 6.9

定理 6.1 若函数 $f(x)$ 在闭区间 $[a,b]$ 上连续,则积分上限函数

$$\Phi(x) = \int_a^x f(t) \mathrm{d}t$$

在 $[a,b]$ 上可导,并且其导数

$$\Phi'(x) = \frac{\mathrm{d}}{\mathrm{d}x} \int_a^x f(t) \mathrm{d}t = f(x), \quad x \in [a,b].$$

证 只证 $x \in (a,b)$ 时结论成立,对于左(或右)端点的右(或左)导数类似可证. 设 $x \in (a,b)$,上限获得增量 Δx,且 $x+\Delta x \in (a,b)$,如图 6.9 所示. 根据性质 6.4 和性质 6.7 可得

$$\Delta \Phi = \Phi(x+\Delta x) - \Phi(x) = \int_a^{x+\Delta x} f(t) \mathrm{d}t - \int_a^x f(t) \mathrm{d}t$$

$$= \int_x^{x+\Delta x} f(t) \mathrm{d}t = f(\xi) \Delta x,$$

ξ 介于 x 与 $x+\Delta x$ 之间. 令 $\Delta x \to 0$, 则 $\xi \to x$. 由于 $f(x)$ 在 $[a,b]$ 上连续, 因此 $\lim\limits_{\Delta x \to 0} f(\xi) = f(x)$, 从而

$$\Phi'(x) = \lim_{\Delta x \to 0} \frac{\Delta \Phi}{\Delta x} = \lim_{\Delta x \to 0} f(\xi) = f(x).$$

根据原函数定义, 可知有如下定理.

定理 6.2 (原函数存在定理) 若函数 $f(x)$ 在闭区间 $[a,b]$ 上连续, 则函数

$$\Phi(x) = \int_a^x f(t)\,\mathrm{d}t$$

是 $f(x)$ 在 $[a,b]$ 上的一个原函数.

该定理不仅证明了定理 5.1 的正确性, 而且初步揭示了定积分和原函数之间的联系, 即将为我们开辟一条通过原函数来计算定积分的新途径.

6.3.2 牛顿-莱布尼茨公式

下面定理正是给出了利用原函数计算定积分的公式.

定理 6.3 (微积分基本定理) 如果函数 $F(x)$ 是连续函数 $f(x)$ 在闭区间 $[a,b]$ 上的一个原函数, 那么

$$\int_a^b f(x)\,\mathrm{d}x = F(b) - F(a). \tag{6.2}$$

证 因为函数 $F(x)$ 与 $\Phi(x) = \int_a^x f(t)\,\mathrm{d}t$ 都是 $f(x)$ 在闭区间 $[a,b]$ 上的原函数, 所以这两个原函数之差为某个常数 (5.1 节), 即

$$\Phi(x) - F(x) = C.$$

在上式中分别令 $x=a, x=b$, 代入后相减得

$$\Phi(b) - \Phi(a) = F(b) - F(a).$$

注意到 $\Phi(a) = 0$, 因此

$$\int_a^b f(x)\,\mathrm{d}x = F(b) - F(a).$$

注 为方便起见, 以后把 $F(b) - F(a)$ 记成 $[F(x)]_a^b$ 或 $F(x)\big|_a^b$. 公式 (6.2) 称为**牛顿-莱布尼茨公式** (Newton-Leibniz 公式). 它揭示了定积分与被积函数的原函数或不定积分之间的本质联系: 一个连续函数在区间 $[a,b]$ 上的定积分等于它的任一个原函数在该区间上的增量. 它给定积分提供了一种有效而简便的计算方法, 因此被誉为**微积分基本公式**.

微视频
微积分基本公式

例 6.7 再次计算定积分 $\int_0^1 e^x dx$.

解 因为 e^x 是其自身的一个原函数,所以由牛顿–莱布尼茨公式,有

$$\int_0^1 e^x dx = e^x \Big|_0^1 = e - 1.$$

比起用定积分定义计算定积分值,用牛顿–莱布尼茨公式计算定积分值的优势不言而喻。

例 6.8 计算定积分 $\int_{-3}^{-1} \frac{1}{x} dx$.

解 因为 $\ln|x|$ 是 $\frac{1}{x}$ 的一个原函数,所以

$$\int_{-3}^{-1} \frac{1}{x} dx = \ln|x| \Big|_{-3}^{-1} = \ln 1 - \ln 3 = -\ln 3.$$

例 6.9 计算定积分 $\int_0^\pi \sqrt{1 + \cos 2x}\, dx$.

解
$$\int_0^\pi \sqrt{1+\cos 2x}\, dx = \int_0^\pi \sqrt{2\cos^2 x}\, dx = \sqrt{2} \int_0^\pi |\cos x|\, dx$$
$$= \sqrt{2} \int_0^{\frac{\pi}{2}} \cos x\, dx + \sqrt{2} \int_{\frac{\pi}{2}}^\pi (-\cos x)\, dx$$
$$= \sqrt{2} \sin x \Big|_0^{\frac{\pi}{2}} - \sqrt{2} \sin x \Big|_{\frac{\pi}{2}}^\pi = 2\sqrt{2}.$$

例 6.10 设

$$f(x) = \begin{cases} \dfrac{1}{\sqrt{1-x^2}}, & 0 \le x \le \dfrac{\sqrt{3}}{2}, \\ x, & \dfrac{\sqrt{3}}{2} < x \le 1, \end{cases}$$

求 $\int_0^1 f(x) dx$.

解
$$\int_0^1 f(x) dx = \int_0^{\frac{\sqrt{3}}{2}} f(x) dx + \int_{\frac{\sqrt{3}}{2}}^1 f(x) dx = \int_0^{\frac{\sqrt{3}}{2}} \frac{1}{\sqrt{1-x^2}} dx + \int_{\frac{\sqrt{3}}{2}}^1 x\, dx$$
$$= \arcsin x \Big|_0^{\frac{\sqrt{3}}{2}} + \frac{1}{2} x^2 \Big|_{\frac{\sqrt{3}}{2}}^1 = \frac{\pi}{3} + \frac{1}{8}.$$

例 6.11 计算:

(1) $\dfrac{d}{dx} \int_a^x \sin u\, du$; (2) $\dfrac{d}{dx} \int_x^a \sin u\, du$;

(3) $\dfrac{\mathrm{d}}{\mathrm{d}x}\displaystyle\int_a^{3x}\sin u\mathrm{d}u$; 　　　　(4) $\dfrac{\mathrm{d}}{\mathrm{d}x}\displaystyle\int_{2x}^{3x}\sin u\mathrm{d}u$;

(5) $\dfrac{\mathrm{d}}{\mathrm{d}x}\displaystyle\int_a^b\sin x\mathrm{d}x$;　　　　(6) $\dfrac{\mathrm{d}}{\mathrm{d}x}\displaystyle\int_a^b\sin u\mathrm{d}u$.

解 (1) $\dfrac{\mathrm{d}}{\mathrm{d}x}\displaystyle\int_a^x\sin u\mathrm{d}u=\sin x$.

(2) $\dfrac{\mathrm{d}}{\mathrm{d}x}\displaystyle\int_x^a\sin u\mathrm{d}u=-\sin x$.

(3) $\dfrac{\mathrm{d}}{\mathrm{d}x}\displaystyle\int_a^{3x}\sin u\mathrm{d}u=\sin 3x\cdot(3x)'=3\sin 3x$.

(4) $\dfrac{\mathrm{d}}{\mathrm{d}x}\displaystyle\int_{2x}^{3x}\sin u\mathrm{d}u=\left(\displaystyle\int_a^{3x}\sin u\mathrm{d}u-\displaystyle\int_a^{2x}\sin u\mathrm{d}u\right)'=3\sin 3x-2\sin 2x$.

(5) $\dfrac{\mathrm{d}}{\mathrm{d}x}\displaystyle\int_a^b\sin x\mathrm{d}x=0$.

(6) $\dfrac{\mathrm{d}}{\mathrm{d}x}\displaystyle\int_a^b\sin u\mathrm{d}u=0$.

例 6.12 计算:

(1) $\displaystyle\lim_{x\to 0}\dfrac{\displaystyle\int_0^{x^2}\sin u\mathrm{d}u}{x\ln(1+x^3)}$;　　　　(2) $\displaystyle\lim_{x\to 0}\dfrac{1}{x}\displaystyle\int_0^x(1+t^2)\mathrm{e}^{t^2-x^2}\mathrm{d}t$.

解 (1) 这是 $\dfrac{0}{0}$ 型未定式. 先作等价无穷小替换, 再用洛必达法则, 得

$$\lim_{x\to 0}\dfrac{\displaystyle\int_0^{x^2}\sin u\mathrm{d}u}{x\ln(1+x^3)}=\lim_{x\to 0}\dfrac{\displaystyle\int_0^{x^2}\sin u\mathrm{d}u}{x^4}=\lim_{x\to 0}\dfrac{2x\sin x^2}{4x^3}=\dfrac{1}{2}.$$

(2) 因为积分变量是 t, 故积分号内含有的因式 e^{-x^2} 是常数, 可以提到积分号外. 经过变形可得 $\dfrac{0}{0}$ 型未定式, 再用洛必达法则求极限. 即

$$\lim_{x\to 0}\dfrac{1}{x}\int_0^x(1+t^2)\mathrm{e}^{t^2-x^2}\mathrm{d}t=\lim_{x\to 0}\dfrac{\mathrm{e}^{-x^2}\displaystyle\int_0^x(1+t^2)\mathrm{e}^{t^2}\mathrm{d}t}{x}$$

$$=\lim_{x\to 0}\dfrac{\displaystyle\int_0^x(1+t^2)\mathrm{e}^{t^2}\mathrm{d}t}{x\mathrm{e}^{x^2}}\qquad\left(\dfrac{0}{0}\text{型}\right)$$

$$=\lim_{x\to 0}\dfrac{(1+x^2)\mathrm{e}^{x^2}}{\mathrm{e}^{x^2}+2x^2\mathrm{e}^{x^2}}=\lim_{x\to 0}\dfrac{1+x^2}{1+2x^2}$$

$$=1.$$

例 6.13 设 $f(x)$ 在 $[0,1]$ 上连续, 且满足 $f(x)=x\displaystyle\int_0^1 f(t)\mathrm{d}t+1$, 求 $\displaystyle\int_0^1 f(x)\mathrm{d}x$

及 $f(x)$.

解 因为定积分 $\int_0^1 f(x)\,dx$ 是与积分变量无关的常数,可设其为 A,故
$$f(x) = Ax+1.$$
从而
$$A = \int_0^1 f(x)\,dx = \int_0^1 (Ax+1)\,dx = \frac{A}{2}+1,$$
解得 $A = \int_0^1 f(x)\,dx = 2.$ 于是
$$f(x) = 2x+1.$$

习 题 6.3

1. 计算下列定积分:

(1) $\int_{-1}^1 x^2\,dx$; (2) $\int_{-1}^1 x^3\,dx$;

(3) $\int_0^1 \dfrac{x^2}{1+x^2}\,dx$; (4) $\int_{-1}^1 |x^2-3x|\,dx$;

(5) $\int_0^{\frac{\pi}{2}} \sqrt{1-\sin 2x}\,dx$.

2. 设 $f(x) = \begin{cases} 1+x, & 0<x\leq 2, \\ 1, & x\leq 0, \end{cases}$ 求 $\int_{-1}^1 f(x)\,dx$.

3. 求 $\Phi(x) = \int_0^x \sin t^2\,dt$ 分别在 $x=0$,$\dfrac{\sqrt{\pi}}{2}$ 两点处的导数.

4. 计算:

(1) $\lim\limits_{x\to 1^-} \dfrac{\int_1^x \arctan t\,dt}{\sqrt{1-x^2}}$; (2) $\lim\limits_{x\to 0} \dfrac{x-\int_0^x e^{-u^2}\,du}{x\sin x\arcsin x}$.

5. 已知某产品总产量的变化率为 $\dfrac{dx}{dt} = 30+12t-\dfrac{3}{2}t^2$,求从第 2 天到第 10 天生产该产品的总量.

6.4 定积分的换元积分法和分部积分法

由微积分基本公式知道,计算定积分最终归结为求原函数. 第 5 章求原函数(不定积分)的两种基本方法——换元积分法和分部积分法仍然适用于求定积分. 下面分别进行讨论,并请注意与不定积分的异同.

6.4.1 定积分的换元积分法

定理 6.4 假设函数 $f(x)$ 在区间 $[a,b]$ 上连续,作变换 $x=\varphi(t)$,若满足条件

(1) $x=\varphi(t)$ 在区间 $[\alpha,\beta]$ 或 $[\beta,\alpha]$ 上有定义,且是单调的;

(2) $\varphi'(t)$ 在 $[\alpha,\beta]$ 或 $[\beta,\alpha]$ 上连续;

(3) $\varphi(\alpha)=a, \varphi(\beta)=b$,

则

$$\int_a^b f(x)\,\mathrm{d}x = \int_\alpha^\beta f[\varphi(t)]\varphi'(t)\,\mathrm{d}t. \tag{6.3}$$

此公式称为定积分的**换元公式**.

注 (1) 此公式与不定积分换元公式的推导过程类似,请读者自己证明.

(2) 用 $x=\varphi(t)$ 把原来的变量 x 代换成新变量 t 时,积分限也要换成相应于新变量 t 的积分限,简称"换元必换限".

(3) 求出 $f[\varphi(t)]\varphi'(t)$ 的一个原函数 $\Phi(t)$ 后,不必像不定积分那样再把 $\Phi(t)$ 变换成原来变量 x 的函数,而只要把新变量 t 的上、下限分别代入 $\Phi(t)$ 中相减即可,简称"不必再还原".

例 6.14 求 $\int_0^a \sqrt{a^2-x^2}\,\mathrm{d}x$ ($a>0$).

解 设 $x=a\sin t$ $\left(0\leqslant t\leqslant \dfrac{\pi}{2}\right)$,则 $\mathrm{d}x=a\cos t\,\mathrm{d}t$,且 $x=0$ 时 $t=0$;$x=a$ 时 $t=\dfrac{\pi}{2}$.
于是

$$\begin{aligned}\int_0^a \sqrt{a^2-x^2}\,\mathrm{d}x &= a^2\int_0^{\frac{\pi}{2}} \cos^2 t\,\mathrm{d}t = \frac{a^2}{2}\int_0^{\frac{\pi}{2}} (1+\cos 2t)\,\mathrm{d}t\\ &= \frac{a^2}{2}\left(t+\frac{1}{2}\sin 2t\right)\bigg|_0^{\frac{\pi}{2}} = \frac{\pi a^2}{4}.\end{aligned}$$

注 此定积分的几何意义是以原点为圆心,a 为半径的四分之一圆的面积.

例 6.15 求 $\int_1^e \dfrac{2+\ln x}{x}\mathrm{d}x$.

解 设 $u=\ln x$,则 $\mathrm{d}u=\dfrac{1}{x}\mathrm{d}x$,且 $x=1$ 时 $u=0$;$x=\mathrm{e}$ 时 $u=1$. 于是

$$\int_1^e \frac{2+\ln x}{x}\mathrm{d}x = \int_0^1 \frac{2+u}{\mathrm{e}^u}\cdot \mathrm{e}^u\,\mathrm{d}u = \int_0^1 (2+u)\,\mathrm{d}u = 2+\frac{1}{2}=\frac{5}{2}.$$

注 换元公式(6.3)也可以反过来使用. 为了符合使用习惯,改写积分变量的记号,则得到相应于不定积分的第一类换元法在定积分中的如下公式形式:

$$\int_\alpha^\beta f[\varphi(x)]\varphi'(x)\,dx = \int_a^b f(t)\,dt. \tag{6.4}$$

当然,利用公式(6.4)时,也可以略去 $\varphi(x)=t$ 这一换元步骤. 例如,本题还可以这样凑微分来求解:

$$\int_1^e \frac{2+\ln x}{x}dx = \int_1^e (2+\ln x)\,d(2+\ln x)$$
$$= \frac{1}{2}(2+\ln x)^2 \Big|_1^e$$
$$= \frac{1}{2}\cdot(9-4) = \frac{5}{2}.$$

例 6.16 计算 $\int_{-\frac{\pi}{2}}^{\frac{\pi}{2}} \sqrt{\cos x - \cos^3 x}\,dx.$

解
$$\int_{-\frac{\pi}{2}}^{\frac{\pi}{2}} \sqrt{\cos x - \cos^3 x}\,dx = \int_{-\frac{\pi}{2}}^{\frac{\pi}{2}} \sqrt{\cos x(1-\cos^2 x)}\,dx$$
$$= \int_{-\frac{\pi}{2}}^{\frac{\pi}{2}} |\sin x|\sqrt{\cos x}\,dx$$
$$= \int_{-\frac{\pi}{2}}^{0} (-\sin x)\sqrt{\cos x}\,dx + \int_0^{\frac{\pi}{2}} \sin x\sqrt{\cos x}\,dx$$
$$= \int_{-\frac{\pi}{2}}^{0} \sqrt{\cos x}\,d(\cos x) - \int_0^{\frac{\pi}{2}} \sqrt{\cos x}\,d(\cos x)$$
$$= \frac{2}{3}(\cos x)^{\frac{3}{2}} \Big|_{-\frac{\pi}{2}}^{0} - \frac{2}{3}(\cos x)^{\frac{3}{2}} \Big|_0^{\frac{\pi}{2}}$$
$$= \frac{2}{3} + \frac{2}{3} = \frac{4}{3}.$$

注 如果忽略 $\sin x$ 在 $\left[-\frac{\pi}{2}, 0\right]$ 上非正,而按 $\sqrt{\cos x - \cos^3 x} = \sin x \sqrt{\cos x}$ 计算,将导致错误.

例 6.17 设函数 $f(x)$ 在区间 $[-a,a]$ 上连续,证明:

$$\int_{-a}^{a} f(x)\,dx = \int_0^a [f(x)+f(-x)]\,dx.$$

并由此证明:

(1) 当 $f(x)$ 为奇函数时,有 $\int_{-a}^{a} f(x)\,dx = 0$;

(2) 当 $f(x)$ 为偶函数时,有 $\int_{-a}^{a} f(x)\,dx = 2\int_0^a f(x)\,dx.$

证 根据定积分对区间的可加性,可得

$$\int_{-a}^{a} f(x)\,dx = \int_{-a}^{0} f(x)\,dx + \int_0^a f(x)\,dx.$$

对上式右边第一个积分 $\int_{-a}^{0} f(x)\,dx$，作变换 $x=-t$，得

$$\int_{-a}^{0} f(x)\,dx = -\int_{a}^{0} f(-t)\,dt = \int_{0}^{a} f(-t)\,dt = \int_{0}^{a} f(-x)\,dx.$$

所以

$$\int_{-a}^{a} f(x)\,dx = \int_{0}^{a} f(-x)\,dx + \int_{0}^{a} f(x)\,dx = \int_{0}^{a} [f(x)+f(-x)]\,dx.$$

（1）若 $f(x)$ 为奇函数，则 $f(x)+f(-x)=0$. 所以

$$\int_{-a}^{a} f(x)\,dx = 0.$$

（2）若 $f(x)$ 为偶函数，则 $f(x)+f(-x)=2f(x)$. 所以

$$\int_{-a}^{a} f(x)\,dx = 2\int_{0}^{a} f(x)\,dx.$$

注 本例结果的几何意义如图 6.10 所示.

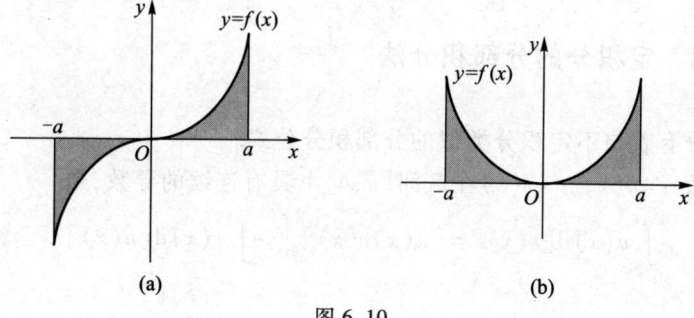

图 6.10

例 6.18 设 $f(x)$ 是以 T（$T>0$）为周期的连续函数，证明：
$$\int_{a}^{a+T} f(x)\,dx = \int_{0}^{T} f(x)\,dx \quad (a \text{ 为常数}).$$

证 根据定积分对区间的可加性，可得

$$\int_{a}^{a+T} f(x)\,dx = \int_{a}^{0} f(x)\,dx + \int_{0}^{T} f(x)\,dx + \int_{T}^{a+T} f(x)\,dx.$$

对积分 $\int_{T}^{a+T} f(x)\,dx$ 作变换 $x=t+T$，得

$$\int_{T}^{a+T} f(x)\,dx = \int_{0}^{a} f(t+T)\,dt = \int_{0}^{a} f(t)\,dt = \int_{0}^{a} f(x)\,dx.$$

所以

$$\int_{a}^{a+T} f(x)\,dx = \int_{a}^{0} f(x)\,dx + \int_{0}^{T} f(x)\,dx + \int_{0}^{a} f(x)\,dx = \int_{0}^{T} f(x)\,dx.$$

注 本例也可构造函数 $F(x) = \int_{x}^{x+T} f(t)\,dt$，通过证明 $F'(x)=0$ 得到 $F(x)$ 恒为常数，从而证得结论. 本例结果的几何意义如图 6.11 所示. 还可以将本例结果

推广至一般情形,即有
$$\int_a^{a+nT} f(x)\,\mathrm{d}x = n\int_0^T f(x)\,\mathrm{d}x \quad (n \in \mathbf{N}).$$

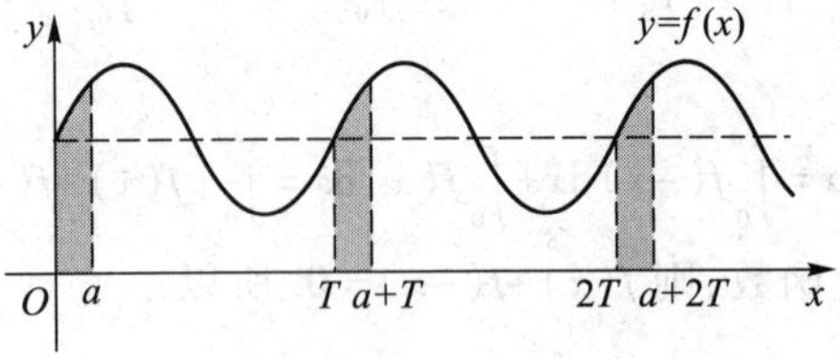

图 6.11

利用这两个例题结果,在计算定积分时,如果能考虑被积函数的某些特性,就会使得计算更快捷. 例如
$$\int_{-1}^1 x^3\sqrt{1-x^2}\,\mathrm{d}x = 0, \quad \int_{-\pi}^{\pi} \sin nx\cos mx\,\mathrm{d}x = 0.$$

6.4.2 定积分的分部积分法

定积分有着与不定积分类似的分部积分公式.

设函数 $u = u(x), v = v(x)$ 在区间 $[a,b]$ 上具有连续的导数,则
$$\int_a^b u(x)\,\mathrm{d}[v(x)] = [u(x)v(x)]\Big|_a^b - \int_a^b v(x)\,\mathrm{d}[u(x)]. \tag{6.5}$$

简记为
$$\int_a^b u\,\mathrm{d}v = (uv)\Big|_a^b - \int_a^b v\,\mathrm{d}u. \tag{6.6}$$

这就是定积分的分部积分公式.

例 6.19 计算 $\int_0^{\frac{\sqrt{3}}{2}} \arcsin x\,\mathrm{d}x$.

解
$$\begin{aligned}
\int_0^{\frac{\sqrt{3}}{2}} \arcsin x\,\mathrm{d}x &= (x\arcsin x)\Big|_0^{\frac{\sqrt{3}}{2}} - \int_0^{\frac{\sqrt{3}}{2}} \frac{x}{\sqrt{1-x^2}}\,\mathrm{d}x \\
&= \frac{\sqrt{3}}{2}\arcsin\frac{\sqrt{3}}{2} + \frac{1}{2}\int_0^{\frac{\sqrt{3}}{2}} \frac{1}{\sqrt{1-x^2}}\,\mathrm{d}(1-x^2) \\
&= \frac{\sqrt{3}}{2}\cdot\frac{\pi}{3} + \sqrt{1-x^2}\Big|_0^{\frac{\sqrt{3}}{2}} = \frac{\sqrt{3}\pi}{6} - \frac{1}{2}.
\end{aligned}$$

例 6.20 某油田的一口新井原油的生产速度为
$$v(t) = 1 - 0.02t\sin(2\pi t),$$
求该井投产后 5 年内生产的原油总量 Q.

解　$Q = \int_0^5 [1 - 0.02t\sin(2\pi t)] dt$

$= \int_0^5 dt - 0.02 \int_0^5 t\sin(2\pi t) dt$

$= t\Big|_0^5 + \dfrac{0.02}{2\pi} \int_0^5 t\, d[\cos(2\pi t)]$

$= 5 + \dfrac{0.01}{\pi} \left\{ [t\cos(2\pi t)]\Big|_0^5 - \int_0^5 \cos(2\pi t) dt \right\}$

$= 5 + \dfrac{0.01}{\pi} \left\{ 5 - \dfrac{1}{2\pi} [\sin(2\pi t)]\Big|_0^5 \right\}$

$= 5 + \dfrac{0.05}{\pi} \approx 5.016.$

习　题　6.4

1. 计算下列定积分：

(1) $\int_0^{\frac{\pi}{2}} \sin^2 x \cos x\, dx$;

(2) $\int_0^{\frac{1}{2}} \dfrac{2x+1}{\sqrt{1-x^2}} dx$;

(3) $\int_0^2 x\sqrt{1+x^2}\, dx$;

(4) $\int_{-1}^0 x\sqrt{1-x^2}\, dx$;

(5) $\int_{-3}^3 x^2 \sqrt{9-x^2}\, dx$;

(6) $\int_0^{\frac{\pi}{4}} \tan x\, dx$;

(7) $\int_{-1}^1 \dfrac{x+(\arctan x)^2}{1+x^2} dx$;

(8) $\int_{-2}^2 \left(\dfrac{x^2 \arctan x}{1+x^2} + \sqrt{|x|} \right) dx$;

(9) $\int_{\frac{1}{e}}^e (\ln|x| + |\ln x|)\, dx$;

(10) $\int_0^{\pi} \sqrt{\sin x - \sin^3 x}\, dx$;

(11) $\int_0^a \dfrac{1}{\sqrt{a^2+x^2}} dx\ (a>0)$;

(12) $\int_0^{\pi} x\cos x\, dx$;

(13) $\int_0^1 \ln(1+x^2)\, dx$;

(14) $\int_1^{e^2} \dfrac{(\ln x)^2}{\sqrt{x}} dx$;

(15) $\int_1^e \sin(\ln x)\, dx$;

(16) $\int_0^9 e^{\sqrt{x}}\, dx$.

2. 设 $f(x)$ 在 $[-1,1]$ 上连续，且满足 $f(x) + \int_0^1 f(x) dx = 1 - x^3$，求 $\int_{-1}^1 f(x)\sqrt{1-x^2}\, dx$.

6.5　反常积分

前面讨论的定积分都是有界函数在有限区间上的积分，但在实际应用和理论研究中,常常会遇到无穷区间,或者积分区间有限但被积函数无界的情形,这时需要对定积分概念加以推广. 在无穷区间上的积分称为**无穷限积分**,对无界函数的积分称为**瑕积分**. 无穷限积分和瑕积分统称为**反常积分**(或**广义积分**).

6.5.1 无穷区间上的积分

定义 6.2 (1) 设函数 $f(x)$ 在区间 $[a,+\infty)$ 上连续,取 $b>a$. 若极限

$$\lim_{b\to+\infty}\int_a^b f(x)\mathrm{d}x$$

存在,则称此极限为 $f(x)$ 在**无穷区间** $[a,+\infty)$ **上的反常积分**,记作

$$\int_a^{+\infty} f(x)\mathrm{d}x = \lim_{b\to+\infty}\int_a^b f(x)\mathrm{d}x.$$

此时也称**反常积分** $\int_a^{+\infty} f(x)\mathrm{d}x$ **收敛**. 若上述极限不存在,则称**反常积分** $\int_a^{+\infty} f(x)\mathrm{d}x$ **发散**.

(2) 设函数 $f(x)$ 在区间 $(-\infty,b]$ 上连续,可类似地定义 $f(x)$ **在无穷区间** $(-\infty,b]$ **上的反常积分**,记作

$$\int_{-\infty}^b f(x)\mathrm{d}x = \lim_{a\to-\infty}\int_a^b f(x)\mathrm{d}x.$$

(3) 若函数 $f(x)$ 在区间 $(-\infty,+\infty)$ 内连续,且对任一常数 $c\in(-\infty,+\infty)$,反常积分 $\int_{-\infty}^c f(x)\mathrm{d}x$ 和 $\int_c^{+\infty} f(x)\mathrm{d}x$ 都收敛,则称**反常积分** $\int_{-\infty}^{+\infty} f(x)\mathrm{d}x$ **收敛**,记作

$$\int_{-\infty}^{+\infty} f(x)\mathrm{d}x = \int_{-\infty}^c f(x)\mathrm{d}x + \int_c^{+\infty} f(x)\mathrm{d}x.$$

若 $\int_{-\infty}^c f(x)\mathrm{d}x$ 和 $\int_c^{+\infty} f(x)\mathrm{d}x$ 至少有一个发散,则称**反常积分** $\int_{-\infty}^{+\infty} f(x)\mathrm{d}x$ **发散**.

为了书写简便,计算反常积分的解题过程中经常省略极限符号而直接使用定积分的计算方法与记号,当无穷积分限代入原函数时,理解为取极限过程.

例 6.21 计算积分 $\int_0^{+\infty} x\mathrm{e}^{-x}\mathrm{d}x$.

解
$$\int_0^{+\infty} x\mathrm{e}^{-x}\mathrm{d}x = -\int_0^{+\infty} x\mathrm{d}(\mathrm{e}^{-x}) = -(x\mathrm{e}^{-x})\Big|_0^{+\infty} + \int_0^{+\infty} \mathrm{e}^{-x}\mathrm{d}x$$

$$= -\lim_{x\to+\infty} x\mathrm{e}^{-x} - \mathrm{e}^{-x}\Big|_0^{+\infty} = -\lim_{x\to+\infty} x\mathrm{e}^{-x} - (\lim_{x\to+\infty}\mathrm{e}^{-x}-1)$$

$$= 1.$$

注 (1) 计算 $\lim\limits_{x\to+\infty} x\mathrm{e}^{-x}$ 时用到了洛必达法则.

（2）这个反常积分值的几何意义是在无穷区间$[0,+\infty)$上，曲线$y=xe^{-x}$和x轴之间的图形面积为1，如图6.12所示.

（3）请思考$\int_{-\infty}^{0}xe^{x}dx$是否收敛？若收敛，如何求其值？它与本题有联系吗？

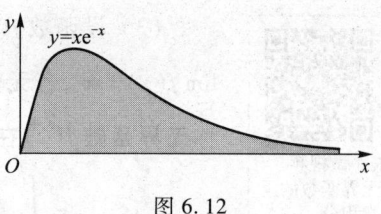

图 6.12

例 6.22 证明：反常积分$\int_{1}^{+\infty}\dfrac{dx}{x^{p}}$当$p>1$时收敛，当$p\leqslant 1$时发散.

证 当$p=1$时，$\int_{1}^{+\infty}\dfrac{dx}{x^{p}}=\int_{1}^{+\infty}\dfrac{1}{x}dx=\ln x\Big|_{1}^{+\infty}=+\infty$.

当$p\neq 1$时，$\int_{1}^{+\infty}\dfrac{dx}{x^{p}}=\dfrac{x^{1-p}}{1-p}\Big|_{1}^{+\infty}=\begin{cases}+\infty, & p<1,\\ \dfrac{1}{p-1}, & p>1.\end{cases}$

从而该反常积分当$p>1$时收敛，当$p\leqslant 1$时发散.

注 该反常积分的几何意义如图6.13所示. 由图可知，$\int_{a}^{+\infty}\dfrac{dx}{x^{p}}$ ($a>0$) 也有同样的结论.

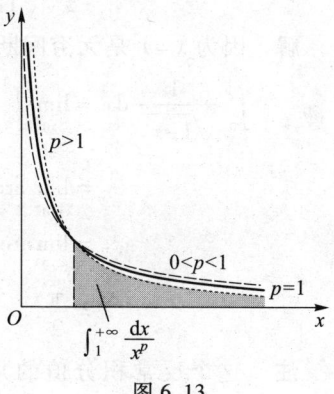

图 6.13

6.5.2 无界函数的积分

定义 6.3 （1）设函数$f(x)$在$(a,b]$上连续，且$\lim\limits_{x\to a^{+}}f(x)=\infty$. 若极限
$$\lim_{\varepsilon\to 0^{+}}\int_{a+\varepsilon}^{b}f(x)dx$$
存在，则称此极限为**无界函数$f(x)$在$(a,b]$上的反常积分**，记作
$$\int_{a}^{b}f(x)dx=\lim_{\varepsilon\to 0^{+}}\int_{a+\varepsilon}^{b}f(x)dx.$$
此时也称**反常积分$\int_{a}^{b}f(x)dx$ 收敛**. 若极限$\lim\limits_{\varepsilon\to 0^{+}}\int_{a+\varepsilon}^{b}f(x)dx$不存在，则称**反常积分$\int_{a}^{b}f(x)dx$ 发散**.

（2）设函数$f(x)$在$[a,b)$上连续，且$\lim\limits_{x\to b^{-}}f(x)=\infty$，可类似地定义**无界函数$f(x)$在$[a,b)$上的反常积分**，记作
$$\int_{a}^{b}f(x)dx=\lim_{\varepsilon\to 0^{+}}\int_{a}^{b-\varepsilon}f(x)dx.$$

微视频
无界函数的反常积分

(3) 设函数 $f(x)$ 在区间 $[a,b]$ 上除点 c ($a<c<b$) 外连续,且 $\lim\limits_{x\to c}f(x)=\infty$,若无界函数积分 $\int_a^c f(x)\mathrm{d}x$ 与 $\int_c^b f(x)\mathrm{d}x$ 都收敛,则称无界函数 $f(x)$ 在 $[a,b]$ 上的反常积分收敛,记作

$$\int_a^b f(x)\mathrm{d}x = \int_a^c f(x)\mathrm{d}x + \int_c^b f(x)\mathrm{d}x.$$

若 $\int_a^c f(x)\mathrm{d}x$ 和 $\int_c^b f(x)\mathrm{d}x$ 至少有一个发散,则称**反常积分** $\int_a^b f(x)\mathrm{d}x$ 发散.

例 6.23 计算积分 $\int_0^1 \dfrac{1}{\sqrt{1-x^2}}\mathrm{d}x$.

解 因为 $x=1$ 是无穷间断点,所以

$$\begin{aligned}\int_0^1 \frac{1}{\sqrt{1-x^2}}\mathrm{d}x &= \lim_{\varepsilon\to 0^+}\int_0^{1-\varepsilon}\frac{1}{\sqrt{1-x^2}}\mathrm{d}x \\ &= \lim_{\varepsilon\to 0^+}\arcsin x \Big|_0^{1-\varepsilon} \\ &= \lim_{\varepsilon\to 0^+}\arcsin(1-\varepsilon) \\ &= \frac{\pi}{2}.\end{aligned}$$

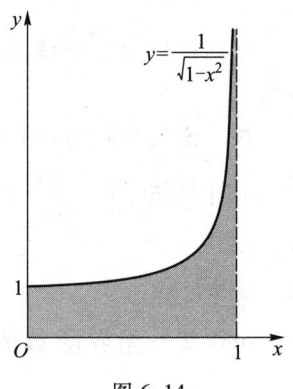

图 6.14

注 这个反常积分值的几何意义是位于曲线 $y=\dfrac{1}{\sqrt{1-x^2}}$ 之下,x 轴之上,直线 $x=0,x=1$ 之间的图形面积,如图 6.14 所示.

例 6.24 证明:反常积分 $\int_0^1 \dfrac{1}{x^p}\mathrm{d}x$ 当 $0<p<1$ 时收敛,当 $p\geqslant 1$ 时发散.

证 当 $p=1$ 时,

$$\begin{aligned}\int_0^1 \frac{1}{x^p}\mathrm{d}x &= \lim_{\varepsilon\to 0^+}\int_\varepsilon^1 \frac{1}{x}\mathrm{d}x = \lim_{\varepsilon\to 0^+}(\ln|x|)\Big|_\varepsilon^1 \\ &= \lim_{\varepsilon\to 0^+}(-\ln\varepsilon) = +\infty.\end{aligned}$$

当 $p>0$ 且 $p\neq 1$ 时,

$$\begin{aligned}\int_0^1 \frac{1}{x^p}\mathrm{d}x &= \lim_{\varepsilon\to 0^+}\int_\varepsilon^1 \frac{1}{x^p}\mathrm{d}x = \lim_{\varepsilon\to 0^+}\left(\frac{x^{1-p}}{1-p}\right)\Big|_\varepsilon^1 \\ &= \lim_{\varepsilon\to 0^+}\left(\frac{1-\varepsilon^{1-p}}{1-p}\right) = \begin{cases}\dfrac{1}{1-p}, & 0<p<1, \\ +\infty, & p>1.\end{cases}\end{aligned}$$

从而该反常积分当 $0<p<1$ 时收敛，当 $p\geqslant1$ 时发散.

注 该反常积分的几何意义如图 6.15 所示.

图 6.15

6.5.3 Γ 函数

现在讨论在理论和应用方面都有重要意义的 Γ 函数，它在概率论中与某些概率分布有着密切联系.

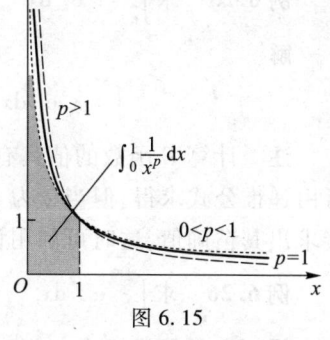

定义 6.4 反常积分

$$\int_0^{+\infty}e^{-t}t^{x-1}dt\ \ (x>0) \tag{6.7}$$

是参变量 x 的函数，称为 **Γ 函数**，记为 $\Gamma(x)$.

图 6.16

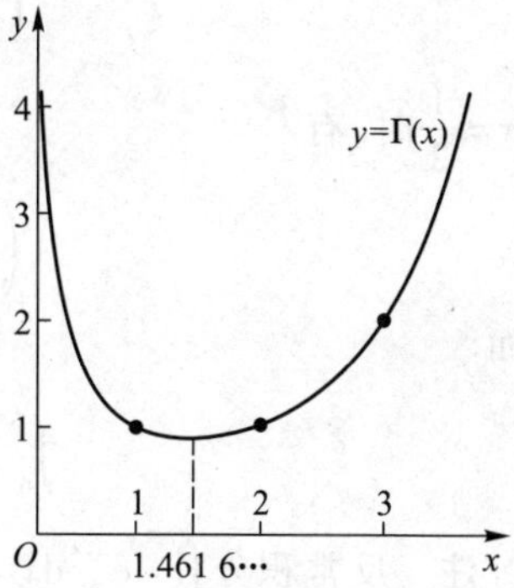

Γ 函数是最重要的非初等函数之一. 可以证明 Γ 函数是收敛的，并且是 $(0,+\infty)$ 内的连续函数，最小值为 $\Gamma(1.461\ 6\cdots)=0.885\ 6\cdots$. 其图形如图 6.16 所示.

Γ 函数有下面两个重要性质.

性质 6.8（递推公式）

$$\Gamma(x+1)=x\Gamma(x). \tag{6.8}$$

证 由分部积分公式，有

$$\begin{aligned}\Gamma(x+1)&=\int_0^{+\infty}e^{-t}t^{x}dt=-e^{-t}t^{x}\Big|_0^{+\infty}+x\int_0^{+\infty}e^{-t}t^{x-1}dt\\&=x\int_0^{+\infty}e^{-t}t^{x-1}dt=x\Gamma(x).\end{aligned}$$

注 $\lim\limits_{t\to+\infty}e^{-t}t^{x}=0$ 可由洛必达法则求出. 利用此递推公式，Γ 函数的任意一个函数值都可用该函数在 $(0,1]$ 上的函数值来表示. 特别地，当 x 为正整数 n 时，有

$$\Gamma(n+1)=n\Gamma(n)=n(n-1)\Gamma(n-1)=\cdots=n!\,\Gamma(1).$$

又因为 $\Gamma(1)=\int_0^{+\infty}e^{-t}dt=1$，所以 $\Gamma(n+1)=n!$. 可以把 Γ 函数看成是阶乘的推广.

性质 6.9（余元公式）

$$\Gamma(x)\Gamma(1-x)=\frac{\pi}{\sin\pi x}\ \ (0<x<1).$$

注 本书不介绍此性质的证明. 当 $x=\frac{1}{2}$ 时，由余元公式可得 $\Gamma\left(\frac{1}{2}\right)=\sqrt{\pi}$.

例 6.25　求 $\int_0^{+\infty} x^3 e^{-x} dx$.

解
$$\int_0^{+\infty} x^3 e^{-x} dx = \int_0^{+\infty} x^{4-1} e^{-x} dx = \Gamma(4) = 3! = 6.$$

注　计算 Γ 函数的值具有非常重要的实际意义. 当参变量 x 为整数时, 其值可由递推公式求得; 但当 x 为大于零的非整数时, 除某些特殊值外, 一般很难直接求出其精确值, 这时可利用计算机快捷地求出其近似值.

例 6.26　求 $\int_0^{+\infty} e^{-x^2} dx$.

解　在 Γ 函数中令 $t = u^2$, 则
$$\Gamma(x) = 2\int_0^{+\infty} e^{-u^2} u^{2x-1} du.$$

当 $x = \dfrac{1}{2}$ 时, 有
$$\Gamma\left(\frac{1}{2}\right) = 2\int_0^{+\infty} e^{-u^2} du = \sqrt{\pi},$$

从而
$$\int_0^{+\infty} e^{-x^2} dx = \frac{1}{2}\Gamma\left(\frac{1}{2}\right) = \frac{\sqrt{\pi}}{2}.$$

注　反常积分 $\int_{-\infty}^{+\infty} e^{-x^2} dx$ 与 $\int_0^{+\infty} e^{-x^2} dx$ 分别称为高斯积分与泊松积分. 由于它们在概率论与数理统计及相关课程中有重要作用, 所以它们也被称为概率积分. 虽然被积函数的原函数难以求出, 但现在其值却可以用 Γ 函数求得. 后面我们还会学习概率积分的其他求法.

习　题　6.5

1. 讨论下列反常积分的敛散性, 如果收敛, 求其值:

   (1) $\int_{-\infty}^{+\infty} \sin x\, dx$;

   (2) $\int_{-\infty}^{0} e^x\, dx$;

   (3) $\int_{-\infty}^{+\infty} \dfrac{1}{1+x^2}\, dx$;

   (4) $\int_{-\infty}^{+\infty} \dfrac{e^x}{1+e^{2x}}\, dx$;

   (5) $\int_0^{+\infty} x e^{-x^2}\, dx$;

   (6) $\int_{-\infty}^{0} x e^{-x^2}\, dx$;

   (7) $\int_2^{+\infty} \dfrac{dx}{x^2-1}$;

   (8) $\int_1^{+\infty} \dfrac{dx}{x^2+x}$;

   (9) $\int_3^{+\infty} \dfrac{1}{x^2-x-2}\, dx$;

   (10) $\int_0^{+\infty} \dfrac{dx}{(x^2+1)^{3/2}}$;

   (11) $\int_0^1 \ln x\, dx$;

   (12) $\int_{-1}^{1} \dfrac{1}{\sqrt{1-x^2}}\, dx$;

(13) $\int_0^1 \dfrac{\mathrm{d}x}{\sqrt{1-x}}$;

(14) $\int_1^2 \dfrac{x}{\sqrt{x-1}}\mathrm{d}x$;

(15) $\int_1^{+\infty} \dfrac{1}{x^2}\mathrm{d}x$;

(16) $\int_{-1}^1 \dfrac{1}{x^2}\mathrm{d}x$;

(17) $\int_1^{+\infty} \dfrac{\mathrm{d}x}{\sqrt{x-1}}$;

(18) $\int_0^{+\infty} \mathrm{e}^{-x}\sin x\mathrm{d}x$;

(19) $\int_0^2 \dfrac{1}{\sqrt[3]{(x-1)^2}}\mathrm{d}x$;

(20) $\int_0^2 \dfrac{1}{x^2-4x+3}\mathrm{d}x$.

2. 证明：反常积分 $\int_a^b \dfrac{\mathrm{d}x}{(x-a)^p}$ 当 $0<p<1$ 时收敛，当 $p\geqslant 1$ 时发散.

6.6 定积分的应用

定积分是求某种总量的数学模型，它在几何学、物理学、经济学和社会学等领域有着广泛的应用. 在学习的过程中，我们不仅要掌握计算某些实际问题的公式，更要深刻领会用定积分解决实际问题的基本思想方法，不断积累和提高应用数学的能力.

6.6.1 定积分的元素法

从 6.1 节的两个引例中已经看出，用定积分解决实际问题的思想方法是"分割、近似、求和与取极限". 正因为它有更广泛的应用价值，下面将其加以提炼，叙述成一种简单且直观的分析方法，即**元素法**，或称**微元法**.

为了更好地说明这种方法，我们以求曲边梯形面积为例，对比列成表 6.1.

一般地，若某实际问题中的所求量 U(总量)符合下列条件：

① U 是一个与变量 x 的变化区间 $[a,b]$ 有关的量；

② U 对于 $[a,b]$ 具有可加性，即若把 $[a,b]$ 分成许多部分区间，则 U 相应地分成许多部分量，且 U 等于所有部分量之和；

③ 部分量 ΔU_i 可近似地表示为 $f(\xi_i)\Delta x_i$，其中 $f(x)$ 在 $[a,b]$ 上连续.

则可以用定积分的元素法来计算这个量 U. 具体步骤如下：

（1）**由分割写出微元**：根据具体问题的特点，选取一个变量(比如 x)作为积分变量，并确定它的变化区间 $[a,b]$. 任取一个有代表性的细小区间 $[x,x+\mathrm{d}x]$，如果相应于这个小区间上的部分量 ΔU 的近似值能表示为连续函数 $f(x)$ 在

表 6.1

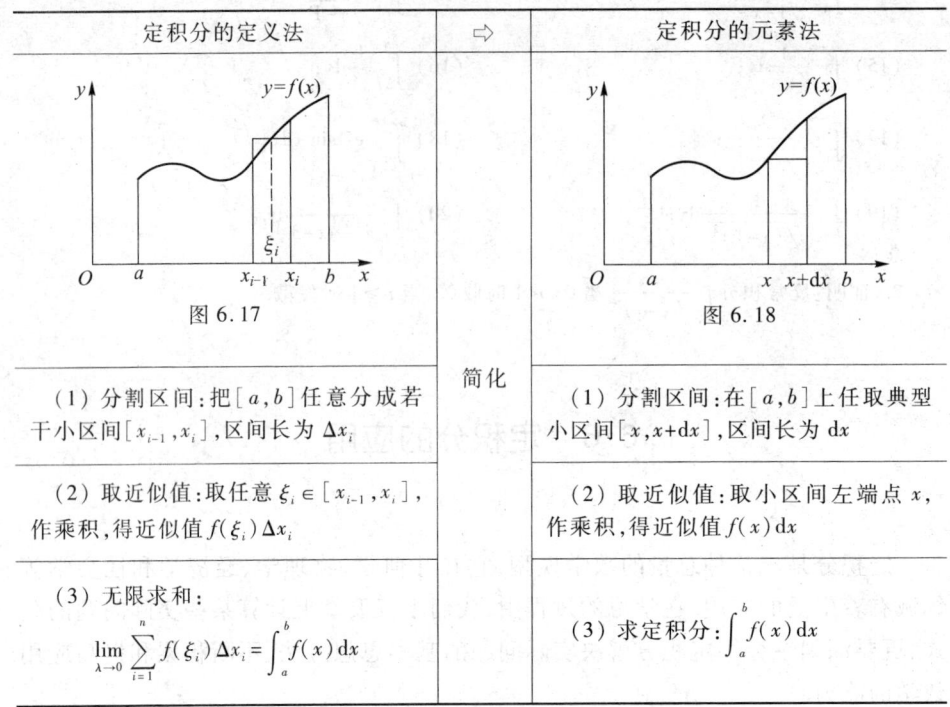

定积分的定义法	⇨	定积分的元素法
图 6.17	简化	图 6.18
(1) 分割区间:把$[a,b]$任意分成若干小区间$[x_{i-1},x_i]$,区间长为Δx_i		(1) 分割区间:在$[a,b]$上任取典型小区间$[x,x+dx]$,区间长为dx
(2) 取近似值:取任意$\xi_i \in [x_{i-1},x_i]$,作乘积,得近似值$f(\xi_i)\Delta x_i$		(2) 取近似值:取小区间左端点x,作乘积,得近似值$f(x)dx$
(3) 无限求和: $\lim\limits_{\lambda \to 0}\sum\limits_{i=1}^{n}f(\xi_i)\Delta x_i = \int_a^b f(x)dx$		(3) 求定积分: $\int_a^b f(x)dx$

$[x,x+dx]$左端点 x 处的函数值与区间长 dx 的乘积,即 $\Delta U \approx dU = f(x)dx$,这里 ΔU 与 dU 相差一个比 dx 高阶的无穷小,那么称 dU 为所求总量 U 的**微元**(或称**元素**).

(2) **由微元写出积分**:根据微元即可写出表示总量的定积分

$$U = \int_a^b f(x)dx.$$

本书重点介绍元素法在几何学和经济学中的应用.

6.6.2 定积分在几何中的应用

约定下面所涉及的函数均为连续函数.

1. 平面图形的面积

应用定积分的元素法,不但可以计算曲边梯形的面积,而且还可以计算一些更复杂的平面图形的面积.

一般地,考察由两条曲线 $y=f(x)$, $y=g(x)$ 及直线 $x=a$, $x=b$ ($a<b$) 所围成的图形面积 A,如图 6.19 所示. 取 x 为积分变量,在$[a,b]$上任取小区间$[x,x+dx]$,

则面积微元为 $dA = |f(x) - g(x)|dx$，即得

$$A = \int_a^b |f(x) - g(x)|dx. \quad (6.9)$$

类似地，考察由两条曲线 $x = \varphi(y), x = \psi(y)$ 及直线 $y = c, y = d$ $(c < d)$ 所围成的图形面积 A. 如图 6.20 所示，任取一个小区间 $[y, y+dy]$，则面积微元为 $dA = |\varphi(y) - \psi(y)|dy$，即得

$$A = \int_c^d |\varphi(y) - \psi(y)|dy. \quad (6.10)$$

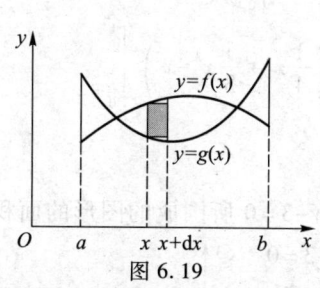
图 6.19

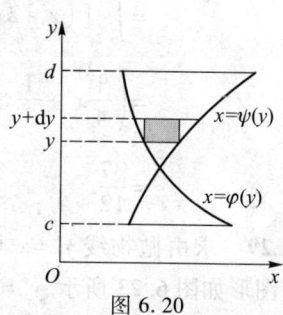
图 6.20

例 6.27 求由两条曲线 $y = x^3$ 和 $y^3 = x$ 在第一象限内所围成的图形面积.

解 这两条曲线所围成的图形如图 6.21 所示. 联立两个方程得交点 $(0,0)$ 和 $(1,1)$. 当 $x \in [0,1]$ 时，$y = \sqrt[3]{x}$ 总在 $y = x^3$ 上方. 应用式(6.9)可得

$$A = \int_0^1 (\sqrt[3]{x} - x^3) dx$$

$$= \left(\frac{3}{4} x^{\frac{4}{3}} - \frac{1}{4} x^4 \right) \Big|_0^1$$

$$= \frac{1}{2}.$$

例 6.28 求由曲线 $y = x^2$ 和 $y = x^3 + 2x^2 - 2x$ 所围成的图形面积.

解 这两条曲线所围成的图形如图 6.22 所示. 由

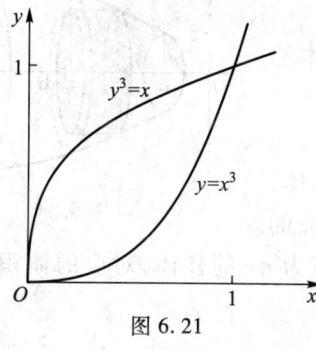
图 6.21

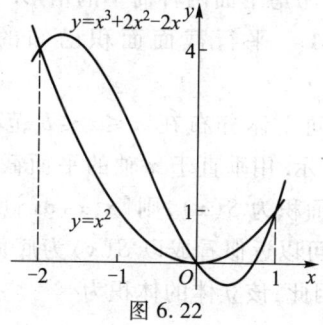
图 6.22

$$(x^3+2x^2-2x)-x^2 = x(x+2)(x-1) = 0$$

解得交点
$$x=-2, \quad x=0, \quad x=1.$$

可知当 $-2 \leqslant x \leqslant 0$ 时,$y=x^3+2x^2-2x$ 在 $y=x^2$ 上方;当 $0<x \leqslant 1$ 时,$y=x^2$ 在 $y=x^3+2x^2-2x$ 上方. 应用式(6.9)可得

$$\begin{aligned}A &= \int_{-2}^{1} |(x^3+2x^2-2x)-x^2| \, dx \\ &= \int_{-2}^{0} [(x^3+2x^2-2x)-x^2] \, dx + \int_{0}^{1} [x^2-(x^3+2x^2-2x)] \, dx \\ &= \left(\frac{1}{4}x^4 + \frac{1}{3}x^3 - x^2\right) \bigg|_{-2}^{0} - \left(\frac{1}{4}x^4 + \frac{1}{3}x^3 - x^2\right) \bigg|_{0}^{1} \\ &= \frac{37}{12}.\end{aligned}$$

例 6.29 求由抛物线 $y^2=x$ 与直线 $x-2y-3=0$ 所围成的图形的面积.

解 图形如图 6.23 所示. $y^2=x$ 与 $x-2y-3=0$ 的交点为 $(1,-1)$ 和 $(9,3)$. 选择 y 作积分变量,当 $-1 \leqslant y \leqslant 3$ 时,$x=2y+3$ 在 $x=y^2$ 的右方. 应用式(6.10)可得

$$\begin{aligned}A &= \int_{-1}^{3} (2y+3-y^2) \, dy \\ &= \left(y^2+3y-\frac{y^3}{3}\right) \bigg|_{-1}^{3} \\ &= \frac{32}{3}.\end{aligned}$$

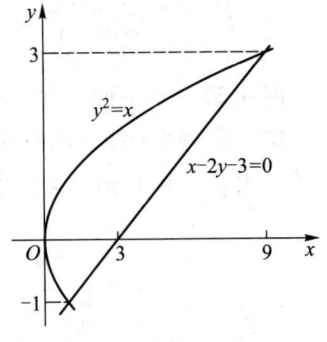

图 6.23

注 请读者自己试试,若以 x 为积分变量,能否计算出结果?效果会怎样?

2. 立体的体积

应用定积分的元素法可以计算立体的体积,我们只考虑下面两种简单的情形.

情形 1 平行截面面积已知的立体的体积.

设空间立体分布在 $a \leqslant x \leqslant b$ 范围内,如图 6.24 所示. 用垂直于 x 轴的平面截该立体,已知截面面积为 $S(x)$,则 $[x, x+dx]$ 所对应的部分薄片可以近似看成以 $S(x)$ 为底面,高为 dx 的柱体,对应的体积微元 $dV = S(x) dx$. 因此,该立体的体积为

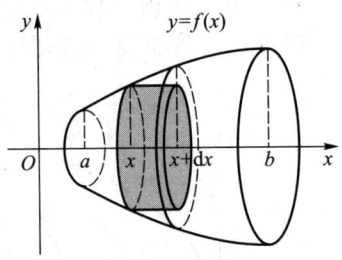

图 6.24

$$V = \int_a^b S(x)\,dx. \tag{6.11}$$

例 6.30 设埃及金字塔塔基的形状是边长为 230 m 的正方形,塔高为 125 m, 如图 6.25 所示. 计算金字塔的体积(以 m^3 为单位).

解 用平行于水平面的平面去截金字塔,所得截面都是正方形. 设对应于区间 $[h, h+dh]$ 内的立体段可近似地看成长方体,其体积为

$$dV = S(h)\,dh = l^2\,dh,$$

其中 $S(h)$ 是高为 h 时截金字塔所得正方形的面积 l^2. 过塔顶作垂直于塔基的三角形截面,如图 6.26 所示,利用其中的相似三角形关系

$$\frac{l}{230} = \frac{125-h}{125},$$

把 l 用 h 表示为

$$l = \frac{230(125-h)}{125}.$$

则得体积微元

$$dV = \left(\frac{230}{125}\right)^2 (125-h)^2 \,dh.$$

应用式(6.11)可得金字塔的体积

$$\begin{aligned}V &= \int_0^{125} \left(\frac{230}{125}\right)^2 (125-h)^2 \,dh \\ &= \left(\frac{230}{125}\right)^2 \left[-\frac{(125-h)^3}{3}\right]\bigg|_0^{125} \\ &= \frac{1}{3}\cdot 230^2 \cdot 125 \approx 2.2\times 10^6 (m^3).\end{aligned}$$

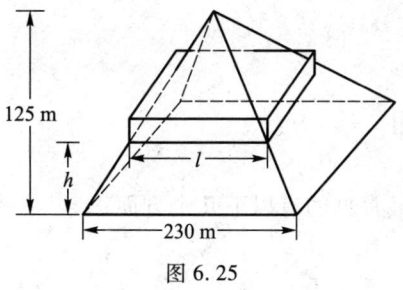

图 6.25

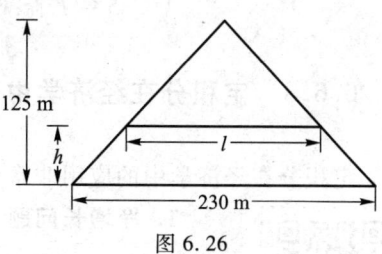

图 6.26

注 $V = \frac{1}{3}\cdot 230^2 \cdot 125 = \frac{1}{3}L^2 H$,其中 L 为金字塔的底面边长,H 为塔高. 这正是正棱锥体的体积公式.

情形 2 旋转体的体积.

由一个平面图形绕着该平面内一条定直线旋转一周而生成的立体称为**旋转体**,该定直线称为**旋转轴**.

考察由曲线 $y=f(x)$,直线 $x=a,x=b$ ($a<b$) 及 x 轴所围成的曲边梯形绕 x 轴旋转一周而生成的旋转体的体积,如图 6.24 所示. 显然,旋转体是一类特殊的平行截面面积已知的立体. 事实上,在任意点 x 处,用垂直于 x 轴的平面去截该立体,所得截面都是圆,面积为 $S(x) = \pi [f(x)]^2$. 用式(6.11)即可得到旋转体的体积

$$V = \int_a^b \pi [f(x)]^2 dx. \tag{6.12}$$

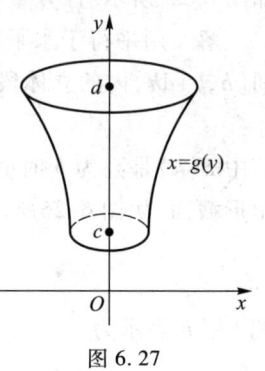

类似地,由曲线 $x=g(y)$,直线 $y=c,y=d$ ($c<d$) 及 y 轴所围成的曲边梯形绕 y 轴旋转一周而生成的旋转体,如图 6.27 所示,其体积

$$V = \int_c^d \pi [g(y)]^2 dy. \tag{6.13}$$

图 6.27

例 6.31 求由曲线 $y=x^3$,直线 $x=1,y=0$ 所围图形分别绕 x 轴和 y 轴旋转而成的旋转体体积.

解 所围成的图形绕 x 轴旋转而成的旋转体如图 6.28 所示. 由式(6.12)可得旋转体体积

$$V_x = \pi \int_0^1 x^6 dx = \frac{\pi}{7}.$$

由式(6.13)可得绕 y 轴旋转而成的旋转体体积

$$V_y = \pi \int_0^1 [1^2 - (\sqrt[3]{y})^2] dy$$

$$= \pi \left(y - \frac{3}{5} y^{\frac{5}{3}} \right) \Big|_0^1 = \frac{2\pi}{5}.$$

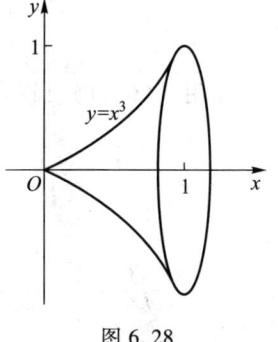

图 6.28

6.6.3 定积分在经济学中的应用

定积分在经济学中的应用非常广泛,最常见的有以下几个方面:

1. 净增长问题

微视频
定积分在经济
上的应用

在牛顿–莱布尼茨公式 $\int_a^b f(x) dx = F(b) - F(a)$ 中,由导数的定义,我们知道 $f(x)$ 是 $F(x)$ 关于 x 的变化率,而 $F(b) - F(a)$ 是 $F(x)$ 在 $[a,b]$ 上的净改变量,所以微积分基本定理又可表述为

定理 6.5(净增长定理) 连续变化率的积分等于净增长,即

$$\int_a^b f'(x)\,\mathrm{d}x = F(b)-F(a). \tag{6.14}$$

因此在经济学中,由边际函数(即经济函数的导函数,亦即变化率)求总量的问题,比如由边际需求求总需求、由边际成本求总成本、由边际收益求总收益、由边际利润求总利润等问题都可以用净增长定理来解决。

例 6.32 某种商品的需求量 Q 是价格 P 的函数,该商品的最大需求量为 2 000,且需求量关于价格的变化率(即边际需求)为

$$Q'(P) = -2\,000\ln 5 \left(\frac{1}{5}\right)^P.$$

(1) 求需求量 Q 关于价格 P 的函数关系;

(2) 求当价格从 $P=1$ 上涨到 $P=2$ 时,需求量减少的数量。

解 (1) 由于需求量 $Q(P)$ 是 $Q'(P)$ 的原函数,所以 $Q(P)-Q(0)$ 等于 $Q'(P)$ 从 0 到 P 的定积分。因此,需求量 Q 关于价格 P 的函数关系为

$$\begin{aligned}Q(P) &= Q(0)+\int_0^P \left[-2\,000\ln 5\left(\frac{1}{5}\right)^t\right]\mathrm{d}t \\ &= 2\,000+2\,000\cdot\left(\frac{1}{5}\right)^t\bigg|_0^P = 2\,000\cdot\left(\frac{1}{5}\right)^P.\end{aligned}$$

(2) 当价格从 $P=1$ 上涨到 $P=2$ 时,需求量的增量为

$$\begin{aligned}\int_1^2 \left[-2\,000\ln 5\left(\frac{1}{5}\right)^t\right]\mathrm{d}t &= 2\,000\cdot\left(\frac{1}{5}\right)^t\bigg|_1^2 \\ &= 2\,000\cdot\left(\frac{1}{5}\right)^2 - 2\,000\cdot\frac{1}{5} \\ &= -320,\end{aligned}$$

即需求量减少了 320。

例 6.33 已知生产某种产品的固定成本为 10 万元,边际成本和边际收益分别为(单位:万元/t)

$$C'(Q) = Q^2-5Q+50, \quad R'(Q) = -2Q+60.$$

求:

(1) 总成本函数;

(2) 总收益函数;

(3) 总利润函数;

(4) 在使得总利润达最大的产量基础上又多生产 1t 时总利润的改变量。

解 (1) 总成本函数为

$$C(Q) = C(0) + \int_0^Q C'(Q)\,\mathrm{d}Q = 10 + \int_0^Q (Q^2 - 5Q + 50)\,\mathrm{d}Q$$
$$= \frac{1}{3}Q^3 - \frac{5}{2}Q^2 + 50Q + 10.$$

(2) 总收益函数为
$$R(Q) = \int_0^Q R'(Q)\,\mathrm{d}Q = \int_0^Q (-2Q + 60)\,\mathrm{d}Q = -Q^2 + 60Q.$$

(3) 总利润函数为
$$L(Q) = R(Q) - C(Q) = -\frac{1}{3}Q^3 + \frac{3}{2}Q^2 + 10Q - 10.$$

(4) 边际利润函数为
$$L'(Q) = -Q^2 + 3Q + 10 = (5-Q)(2+Q).$$

令 $L'(Q) = 0$,得唯一驻点 $Q = 5$. 再由
$$L''(5) = (3-2Q)\big|_{Q=5} = -7 < 0$$

知当 $Q = 5$ 时,总利润达极大值,从而必取最大值. 在 $Q = 5$ 的基础上,又追加生产了 1t,总利润的改变量为
$$L(6) - L(5) = \int_5^6 L'(Q)\,\mathrm{d}Q = \int_5^6 (-Q^2 + 3Q + 10)\,\mathrm{d}Q$$
$$= \left(-\frac{1}{3}Q^3 + \frac{3}{2}Q^2 + 10Q\right)\bigg|_5^6 = -\frac{23}{6}.$$

这说明当 $Q = 5$ 时总利润已达最大. 若再追加生产,则总利润不但不会增加,反而会减少.

注 在实际问题中,当求得唯一驻点时,可根据实际意义立即得其为最大值点.

*2. 消费者剩余和生产者剩余

在市场中,如果不考虑价格以外的其他因素,需求量、供给量与价格的关系就是

商品价格越低,需求量越大;商品价格越高,需求量越小.

商品价格越低,供给量越小;商品价格越高,供给量越大.

经济学中用供给曲线和需求曲线来描述上述关系. 按理说,供给量和需求量依赖于价格,均是以价格为自变量的函数. 但经济学家习惯用纵坐标表示价格,用横坐标表示供给量或需求量. 典型的供给曲线和需求曲线都是单调的,即供给曲线单调上升,需求曲线单调下降,如图 6.29 所示. 请读者自己给出图中几个特殊点坐标的实际意义.

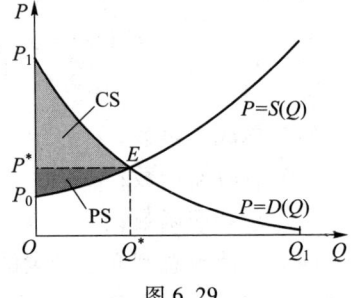

图 6.29

供给量和需求量是两个可以相互作用的函数,在市场经济下,价格和数量在不断调整,最终趋向于平衡价格 P^* 和平衡数量 Q^*,即人们经常关心图 6.29 中的一个特殊点——生产者供给曲线与消费者需求曲线的交点 $E(Q^*,P^*)$.

当消费者以平衡价格 P^* 而没有以较高的原价购买该商品 Q^* 时得到的好处(即节余的钱数)称为**消费者剩余**(或**盈余**),记为 CS. 在图 6.29 中,消费者剩余就是曲边三角形 P_1EP^* 的面积,可表示为

$$\text{CS} = \int_0^{Q^*} [D(Q) - P^*] dQ = \int_0^{Q^*} D(Q) dQ - P^* Q^*. \tag{6.15}$$

即消费者剩余就是消费者按他对商品的需求函数计算应该花的钱 $\int_0^{Q^*} D(Q) dQ$ 与他按实际价格 P^* 购买该商品时实际花的钱 $P^* Q^*$ 的差额.

当生产者以平衡价格 P^* 而没有以较低的原价出售该商品 Q^* 时得到的好处(即获得的额外钱数)称为**生产者剩余**(或**盈余**),记为 PS. 在图 6.29 中,生产者剩余就是曲边三角形 P^*EP_0 的面积,可表示为

$$\text{PS} = \int_0^{Q^*} [P^* - S(Q)] dQ = P^* Q^* - \int_0^{Q^*} S(Q) dQ. \tag{6.16}$$

即生产者剩余就是生产者按实际价格 P^* 出售该商品时实际收的钱 $P^* Q^*$ 与按他对商品的供给函数计算应该收的钱 $\int_0^{Q^*} S(Q) dQ$ 的差额.

例 6.34 某品牌电器的需求函数为
$$P = -Q + 2\,000 \quad (0 \leqslant Q < 2\,000).$$
若售价为每台 1 800 元,求消费者剩余.

解 该电器的实际价格为 $P^* = 1\,800$,代入需求函数,得 $Q^* = 200$. 因此,应用式(6.15)可得消费者剩余为

$$\text{CS} = \int_0^{200} (-Q + 2\,000) dQ - 1\,800 \times 200$$
$$= -\frac{1}{2} Q^2 \bigg|_0^{200} + 200 \times 200 = 20\,000 (元).$$

注 本例的实际意义是:当电器的售价为每台 1 800 元时,消费者的需求量为 200 台,其中第 1—199 台的购买者总计便宜了 20 000 元;第 200 台的购买者没占便宜也没吃亏,第 201—1 999 台的购买者都要吃亏,而且越后买者越吃亏;当该电器的售价为每台 2 000 元时,就没人购买了.

例 6.35 某汽车的供给函数为

$$S(Q) = \begin{cases} \dfrac{Q^2}{120}, & 0 \leqslant Q < 120, \\ Q, & Q \geqslant 120. \end{cases}$$

若售价为每辆 a 万元 $(a\geqslant 120)$，求生产者剩余.

解 该汽车的实际价格为 $P^*=a$，且 $a\geqslant 120$ 时，$Q\geqslant 120$. 而 $S(Q)=Q$，所以当 $P^*=a$ 时，$Q^*=a$. 因此，应用式(6.16)可得生产者剩余为

$$\text{PS}=a^2-\int_0^a S(Q)\mathrm{d}Q=a^2-\left(\int_0^{120}\frac{Q^2}{120}\mathrm{d}Q+\int_{120}^a Q\mathrm{d}Q\right)$$

$$=a^2-\frac{Q^3}{360}\bigg|_0^{120}-\frac{Q^2}{2}\bigg|_{120}^a=\frac{a^2}{2}+2\,400(万元).$$

*3. 投资问题

在第 2 章中已经介绍了连续复利及资金的终值与现值的概念，这是现代经济管理理论中的两个重要概念，因为利用它们可将不同时期的资金转化为同一时期的资金加以比较，从而衡量交易款项的时间价值，进行分析和决策.

对于一个正常运营的企业，其收入（或支出）往往是分散地在一定时刻发生的，比如购买一批原料后支出费用、售出产品后得到货款等. 这种资金的流转在企业经营过程中经常发生，特别对于大型企业，其收入（或支出）更是频繁地进行着. 在实际分析时为了计算方便，我们将收入（或支出）款项近似地看作是连续发生的，随时流进或流出，并称为**收入流**（或**支出流**），把 t 时刻单位时间的收入流（或支出流）称为**收入率**（或**支出率**），记为 $f(t)$，它是一变化率（速率），所以也称为**流速**. 特别地，$f(t)=a$（常数）时的收入流（或支出流）称为**均匀收入流**（**或均匀支出流**）.

设收入率（或支出率）是 $f(t)$ 的收入流（支出流）按年利率 r 作连续复利计息，下面给出从 $t=0$ 到 $t=T$ 时段收入（或支出）的现值和终值计算公式.

根据元素法，在 $[0,T]$ 内任取一小时间段 $[t,t+\mathrm{d}t]$，在此小时间段上近似把 $f(t)$ 看成常数，因此在此小时间段上的收入（或支出）为 $f(t)\mathrm{d}t$. 从而现值微元为 $f(t)\mathrm{e}^{-rt}\mathrm{d}t$，终值微元为 $f(t)\mathrm{e}^{r(T-t)}\mathrm{d}t$. 所以，收入流或支出流的现值为

$$N=\int_0^T f(t)\mathrm{e}^{-rt}\mathrm{d}t, \tag{6.17}$$

收入流或支出流的终值为

$$F=\int_0^T f(t)\mathrm{e}^{r(T-t)}\mathrm{d}t. \tag{6.18}$$

对于其他形式的利率，只需把公式稍作修改即可. 显然，现值和终值之间的关系为

$$N=F\mathrm{e}^{-rT} \quad 或 \quad F=N\mathrm{e}^{rT}.$$

例 6.36 假设某工厂准备采购一台机器，其使用寿命为 10 年，购置此机器需资金 8.6 万元；而如果租用此机器，每月需付租金 1 000 元. 若资金的年利率为 6%，按连续复利计息，请你为该工厂作决策：购进机器与租用机器相比较，哪种方式更划算？

解 将10年租金总值的现值与购进费用相比较,即可作决策.

由于每月租金为1 000元,所以每年租金为12 000元,故 $f(t) = 12\ 000$. 于是,由公式(6.17)得租金流总量的现值为

$$\int_0^{10} 12\ 000 e^{-0.06t} dt = -\frac{12\ 000}{0.06} e^{-0.06t} \Big|_0^{10} = 200\ 000(1 - e^{-0.6}).$$

用数学软件算得其值约为90 238元,与购进费用8.6万元相比,可知购进机器更划算.

注 本题也可以将购进费用折算成按每年租用付款,然后再与实际租金相比较,请读者自己解答.

习 题 6.6

1. 解决下列几何问题:

(1) 求由曲线 $y = x^3$,直线 $x = -1, x = 2, y = 0$ 所围成的图形的面积;

(2) 设有三条曲线 $C_1 : y = x^2, C_2 : y = x^3$ 和 $C_3 : y^2 = x$,分别求由其中两条曲线所围成的图形面积;

(3) 求由曲线 $y = \sqrt{x}, y = \sin x$ 以及 $x = \pi$ 所围成的图形的面积;

(4) 求由抛物线 $y^2 = 4x$ 与直线 $x + y = 3$ 所围成的图形的面积;

(5) 求由抛物线 $y = x^2 - 1$ 与直线 $y = x + 1$ 所围成的图形的面积;

(6) 求由 $y = x$ 和 $y = x^2$ 所围图形分别绕 x 轴和 y 轴旋转而成的旋转体体积;

(7) 求由曲线 $y = \frac{1}{2} e^x, y = \frac{1}{2} e^{-x}$ 及直线 $x = -1, x = 1$ 所围成的图形的面积;

(8) 求由曲线 $y = \frac{1}{2}(e^x + e^{-x})$ 及直线 $x = 0, x = 1, y = 0$ 所围成的图形绕 x 轴旋转而成的旋转体体积;

(9) 求圆 $x^2 + (y - 5)^2 = 1$ 绕 x 轴旋转而成的旋转体体积;

(10) 求椭圆 $\frac{x^2}{a^2} + \frac{y^2}{b^2} = 1 \ (a > 0, b > 0)$ 分别绕 x 轴和 y 轴旋转而成的旋转体体积;

(11) 一平面经过半径为 R 的圆柱体的底面圆的中心,并且与底面交成角 α,计算此平面截圆柱体所得立体的体积.

2. 解决下列实际问题:

(1) 修一个水池,底面是面积为 2 m×3 m 的矩形,上口为 3 m×4 m 的矩形,深为 2 m,它的各个侧面均为等腰梯形,求它的容积;

(2) 设某化工产品关于投资 x 的边际利润函数为 $ML = 0.15(1 - 0.1 e^{-0.1x})$,现拟投资20万元,问可望获利多少?

(3) 设商场销售某商品的边际利润(单位:元/件)函数为 $ML = 250 - \frac{x}{10}$,其中 x 为销量(单位:件),试求售出60件时,前30件与后30件的平均利润;

(4) 某煤矿投资 2 000 万元建成,在时刻 t(单位:年)的追加成本(单位:百万元/年)和增加收益(单位:百万元/年)分别为

$$C'(t) = 6+2t^{\frac{2}{3}}, \quad R'(t) = 18-t^{\frac{2}{3}},$$

试确定该煤矿在何时停止生产方可获得最大利润. 最大利润为多少?

(5) 设某产品每天生产 Q 件时固定成本为 20 元,边际成本(单位:元/件)函数为 $MC = 2+0.4Q$,求总成本函数 $C(Q)$;若规定售价为 18 元,且产品可以全部售出,求总利润函数 $L(Q)$,并求每天生产多少件时才能获得最大利润;

*(6) 某商品的买卖双方为消费者和生产者,已知供给函数和需求函数分别为

$$P = 20+\frac{Q}{10}, \quad P = 50-\frac{Q}{20},$$

其中 Q 为商品的数量(单位:件),P 为商品的价格(单位:元),求:

① 该商品买卖的平衡价格;

② 消费者剩余和生产者剩余;

*(7) 若购车营运,则一辆车为 11 万元;若租车营运,则每月需付租金 1 000 元. 假设此车使用寿命为 10 年,年利率为 2%,按连续复利计息,问购车营运与租车营运相比较,哪种方式更划算?

*(8) 某企业将投资 800 万元生产一种产品,假设在投资的前 20 年中该企业以每年 200 万元的速度均匀地收回资金,按年利率为 5%作连续复利计息,试求:

① 该项投资收入的现值;

② 这 20 年中可获得的纯利润;

③ 投资回收期;

*(9) 有一个大型投资项目,投资成本为 10 000 万元. 假设该投资是无限期的,以每年 2 000 万元的速度均匀地收回资金,按年利率为 5%作连续复利计息,求该投资的纯利润的贴现值(或称为投资的价值).

总习题六

1. 利用定积分的几何意义比较下列定积分的大小:

$$I_1 = \int_1^2 e^{-x} dx, \quad I_2 = \int_{-2}^{-1} e^{-x} dx, \quad I_3 = \int_2^3 e^x dx.$$

再用定积分的基本性质说明理由.

2. 下列解题过程或说法正确吗? 如果不正确,该如何改正?

(1) 令 $u = x^2$,当 $x = \pm 1$ 时,$u = 1$,则 $\int_{-1}^{1} x^4 dx = \frac{1}{2}\int_1^1 u^{\frac{3}{2}} du = 0$;

(2) 对于 $\int_{-1}^{1} \frac{1}{x^3} dx$,因为 $x = 0$ 是无穷间断点,所以

$$\int_{-1}^{1} \frac{1}{x^3} dx = \int_{-1}^{0} \frac{1}{x^3} dx + \int_{0}^{1} \frac{1}{x^3} dx$$

$$= \lim_{\varepsilon \to 0^+} \int_{-1}^{-\varepsilon} \frac{1}{x^3} dx + \lim_{\varepsilon \to 0^+} \int_{\varepsilon}^{1} \frac{1}{x^3} dx$$

$$= \lim_{\varepsilon \to 0^+} \left[\left(-\frac{1}{2x^2} \right) \Big|_{-1}^{-\varepsilon} + \left(-\frac{1}{2x^2} \right) \Big|_{\varepsilon}^{1} \right]$$

$$= \lim_{\varepsilon \to 0^+} \left(-\frac{1}{2\varepsilon^2} + \frac{1}{2} - \frac{1}{2} + \frac{1}{2\varepsilon^2} \right) = 0;$$

(3) $\int_{-1}^{1} \frac{1}{x^3} dx = \left(-\frac{1}{2x^2} \right) \Big|_{-1}^{1} = 0;$

(4) 因为 $f(x) = \frac{1}{x^3}$ 在区间 $[-1,1]$ 上是奇函数,所以积分 $\int_{-1}^{1} \frac{1}{x^3} dx$ 显然为零;

(5) $\int_{0}^{2} \frac{1}{\sqrt[3]{x-1}} dx = \frac{3}{2} (x-1)^{\frac{2}{3}} \Big|_{0}^{2} = \frac{3}{2} (1-1) = 0;$

(6) 因为 $f(x) = \frac{x}{\sqrt{1+x^2}}$ 是 $(-\infty, +\infty)$ 内的奇函数,所以 $\int_{-\infty}^{+\infty} \frac{x dx}{\sqrt{1+x^2}} = 0;$

(7) $\int_{-\infty}^{+\infty} x^3 dx = \lim_{a \to +\infty} \int_{-a}^{a} x^3 dx = \lim_{a \to +\infty} \left(\frac{1}{4} x^4 \right) \Big|_{-a}^{a} = 0;$

(8) $\int_{1}^{+\infty} \left(\frac{1}{x} - \frac{x}{1+x^2} \right) dx = \int_{1}^{+\infty} \frac{1}{x} dx - \int_{1}^{+\infty} \frac{x}{1+x^2} dx$

$$= \lim_{A \to +\infty} \ln A - \lim_{B \to +\infty} \frac{1}{2} [\ln(1+B^2) - \ln 2],$$

因为 $\int_{1}^{+\infty} \frac{1}{x} dx$ 与 $\int_{1}^{+\infty} \frac{x}{1+x^2} dx$ 均发散,所以 $\int_{1}^{+\infty} \left(\frac{1}{x} - \frac{x}{1+x^2} \right) dx$ 发散;

(9) 曲线 $y = (x-1)^3$ 以及直线 $y=0, x=0, x=2$ 所围成图形的面积为 $\int_{0}^{2} (x-1)^3 dx.$

3. 选择题:

(1) 下列积分中可直接使用牛顿-莱布尼茨公式的是(   );

A. $\int_{0}^{-5} \frac{x^3}{x^2+1} dx$
B. $\int_{-1}^{1} \frac{dx}{\sqrt{1-x^2}}$

C. $\int_{0}^{8} \frac{x dx}{(x^{3/2}-5)^2}$
D. $\int_{e^{-1}}^{e} \frac{dx}{x \ln x}$

(2) 设函数 $y=f(x)$ 具有三阶连续导数,其图形如图 6.30 所示,那么下列积分中值小于零的是(   );

A. $\int_{-1}^{2} f(x) dx$
B. $\int_{-1}^{2} f'(x) dx$

C. $\int_{-1}^{2} f''(x) dx$
D. $\int_{-1}^{2} f'''(x) dx$

(3) 设 $G(x)=\int_0^x f(u)\mathrm{d}u$,其中 $f(x)$ 在区间 $[0,6]$ 上连续,$y=f(x)$ 的图形如图 6.31 所示,则在区间 $(0,6)$ 内,以下结论正确的是(　　);

　　A. 函数 $G(x)$ 有 2 个极值点,曲线 $y=G(x)$ 有 4 个拐点
　　B. 函数 $G(x)$ 有 4 个极值点,曲线 $y=G(x)$ 有 2 个拐点
　　C. 函数 $G(x)$ 有 3 个极值点,曲线 $y=G(x)$ 有 4 个拐点
　　D. 函数 $G(x)$ 有 4 个极值点,曲线 $y=G(x)$ 有 3 个拐点

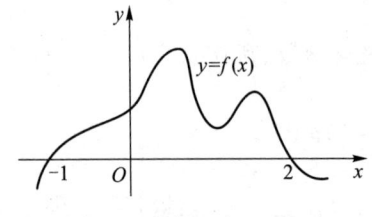

图 6.30　　　　　　图 6.31

(4) 若 $f(x)=\int_0^x \dfrac{1}{1+u^2}\mathrm{d}u+\int_0^{\frac{1}{x}}\dfrac{1}{1+u^2}\mathrm{d}u$,$x\neq 0$,则(　　);

　　A. $f(x)\equiv 0$　　　　　　　　B. $f(x)\equiv \dfrac{\pi}{2}$

　　C. $f(x)\equiv -\dfrac{\pi}{2}$　　　　　　D. $f(x)=\arctan x+\arctan\dfrac{1}{x}$

(5) 若 $f(x)$ 在区间 $[0,1]$ 上连续且单调递减,则 $F(x)=x\int_0^1[f(xu)-f(u)]\mathrm{d}u$ 在 $(0,1)$ 内(　　);

　　A. 单调递增　　　　　　　B. 单调递减
　　C. 有极大值　　　　　　　D. 有极小值

(6) 若函数 $y=f(x)$ 有连续导数,原点是 $f(x)$ 的零点,但不是其驻点,当 $x\rightarrow 0$ 时,$F(x)=\int_0^x(\sin^2 x-\sin^2 u)f(u)\mathrm{d}u$ 是 x^k 的同阶无穷小,则 $k=$(　　);

　　A. 1　　　　　　　　　　B. 2
　　C. 3　　　　　　　　　　D. 4

(7) 若函数 $y=f(x)$ 在 $[-3,3]$ 上连续,则 $x=0$ 是函数 $g(x)=\dfrac{\int_0^x f(u)\mathrm{d}u}{x}$ 的(　　).

　　A. 跳跃间断点　　　　　　B. 可去间断点
　　C. 无穷间断点　　　　　　D. 振荡间断点

4. 填空题：

（1）$\lim\limits_{n\to\infty}\int_0^{\frac{\pi}{4}}\sin^n x\,dx =$ _____；

（2）若 a 为常数，f 有连续导数，则 $\dfrac{d}{dx}\int_a^x (x-u)f'(u)\,du =$ _____；

（3）$\int_{-1}^1 (|t|+2t+1)^2\,dt =$ _____；

（4）若在区间 $[a,b]$ 上 $f(x)>0$，$f'(x)<0$，$f''(x)>0$，记
$$s_1=\int_a^b f(u)\,du,\quad s_2=f(b)(b-a),$$
$$s_3=\frac{1}{2}[f(a)+f(b)](b-a),\quad s_4=\frac{f(b)-f(a)}{b-a},$$
则 $s_i\ (i=1,2,3,4)$ 按从小到大顺序排列的不等式为 _____；

（5）若将 $x\to 0^+$ 时的无穷小 $\alpha=\int_0^x\cos u^2\,du$，$\beta=\int_0^{x^2}\tan\sqrt{u}\,du$，$\gamma=\int_0^{\sqrt{x}}\sin u^3\,du$ 进行排列，使得排在后面的是前一个的高阶无穷小，则排列次序是 _____；

（6）设可导函数 $y=f(x)$ 由方程 $\int_0^{x+y} e^{-t^2}\,dt = \int_0^x x\sin^2 t\,dt$ 确定，则曲线 $y=f(x)$ 在 $x=0$ 处的切线方程为 _____；

（7）关于 x 的方程 $\int_{-\infty}^x te^{3t}\,dt = \lim\limits_{t\to\infty}\left(\dfrac{t+2x}{t-x}\right)^t$ 的解为 $x=$ _____；

（8）积分 $\int_2^{+\infty}\dfrac{dx}{x(\ln x)^k}$ 当 k _____ 1 时，收敛；当 k _____ 1 时，发散；当 $k=$ _____ 时，取得最小值；

（9）当 $x\geq$ _____ 时，$\int_1^x \dfrac{e^u\,du}{u} \geq \ln x$；

（10）函数 $f(x)=\int_0^{x^2-x^4} e^{-u^2}\,du$ 的极大值点为 $x=$ _____，极小值点为 $x=$ _____；

（11）函数 $f(x)=\begin{cases}2x+1, & -2\leq x\leq 0\\ 1-x^2, & 0<x\leq 2\end{cases}$ 在 $k\in[-2,2]$ 内当 $k=$ _____ 时，$\int_k^1 f(x)\,dx = \dfrac{2}{3}$；

（12）$\lim\limits_{x\to 0}\dfrac{\int_0^x [u^2(e^u-1)-u]\,du}{x\ln(1+x)} =$ _____．

*5. 用定积分计算下列极限：

(1) $\lim\limits_{n\to\infty}\left(\dfrac{n}{n^2+1^2}+\dfrac{n}{n^2+2^2}+\cdots+\dfrac{n}{n^2+n^2}\right)$；

(2) $\lim\limits_{n\to\infty}\dfrac{1}{n}\left(\sin\dfrac{\pi}{n}+\sin\dfrac{2\pi}{n}+\cdots+\sin\dfrac{n\pi}{n}\right)$；

(3) $\lim\limits_{n\to\infty}\left(\dfrac{\mathrm{e}^{1/n}}{n+n\mathrm{e}^{2/n}}+\dfrac{\mathrm{e}^{2/n}}{n+n\mathrm{e}^{4/n}}+\cdots+\dfrac{\mathrm{e}^{n/n}}{n+n\mathrm{e}^{2n/n}}\right)$.

6. 计算下列积分：

(1) $\displaystyle\int_{-1}^{1}(2\,012x^{2\,013}+2\,013x^{2\,014})\mathrm{d}x$；

(2) $\displaystyle\int_{-1}^{1}\dfrac{2x^2-x\cos x}{1+\sqrt{1-x^2}}\mathrm{d}x$；

(3) $\displaystyle\int_{-1}^{1}\dfrac{x^2}{1+\mathrm{e}^x}\mathrm{d}x$；

(4) $\displaystyle\int_{0}^{\pi/2}\dfrac{\cos x}{\sin x+\cos x}\mathrm{d}x$；

(5) $\displaystyle\int_{-\infty}^{+\infty}(x+|x|)\mathrm{e}^{-|x|}\mathrm{d}x$.

7. 设 m,n 为正整数，求：

(1) $I_1=\displaystyle\int_{-\pi}^{\pi}\sin mx\sin nx\,\mathrm{d}x$；

(2) $I_2=\displaystyle\int_{-\pi}^{\pi}\cos mx\cos nx\,\mathrm{d}x$.

8. 若 $f(x)$ 在 $[0,1]$ 上连续，证明：

$$\int_0^\pi xf(\sin x)\mathrm{d}x=\pi\int_0^{\pi/2}f(\sin x)\mathrm{d}x=\pi\int_0^{\pi/2}f(\cos x)\mathrm{d}x=\dfrac{\pi}{2}\int_0^\pi f(\sin x)\mathrm{d}x,$$

并由此计算 $\displaystyle\int_0^\pi\dfrac{x\sin x}{1+\cos^2 x}\mathrm{d}x$.

9. 证明定积分公式：

$$I_n=\int_0^{\pi/2}\sin^n x\,\mathrm{d}x=\int_0^{\pi/2}\cos^n x\,\mathrm{d}x$$

$$=\begin{cases}\dfrac{n-1}{n}\cdot\dfrac{n-3}{n-2}\cdot\cdots\cdot\dfrac{3}{4}\cdot\dfrac{1}{2}\cdot\dfrac{\pi}{2}, & n\text{ 为正偶数},\\ \dfrac{n-1}{n}\cdot\dfrac{n-3}{n-2}\cdot\cdots\cdot\dfrac{4}{5}\cdot\dfrac{2}{3}, & n\text{ 为大于 1 的正奇数},\end{cases}$$

并计算 I_5 和 I_8.

10. 设 $f(x)$ 是连续函数，证明：

$$\int_a^b f(x)\mathrm{d}x=(b-a)\int_0^1 f[a+(b-a)x]\mathrm{d}x.$$

11. 试解决下列问题：

(1) 设 $f(x)$ 在 $[0,2]$ 上连续，且 $f(x)+f(2-x)\neq 0$，求

$$\int_0^2\dfrac{f(x)}{f(x)+f(2-x)}(2x-x^2)\mathrm{d}x;$$

(2) 推广为一般情形,设 $f(x)$ 在 $[0,a]$ 上连续,且 $f(x)+f(a-x)\neq 0$,求
$$\int_0^a \frac{f(x)}{f(x)+f(a-x)}(ax-x^2)\,\mathrm{d}x;$$

(3) 更进一步,由此得到启发,设 $f(x)$ 在 $[a,b]$ 上连续,证明:
$$\int_a^b f(x)\,\mathrm{d}x = \int_a^b f(a+b-x)\,\mathrm{d}x;$$

(4) 由此得到启发,证明:
$$\int_0^1 x^m(1-x)^n\,\mathrm{d}x = \int_0^1 x^n(1-x)^m\,\mathrm{d}x;$$

(5) 利用上述结论,求 $\int_0^1 x^2(1-x)^{2014}\,\mathrm{d}x$.

12. 设 $f(x)=\mathrm{e}^{-x^2}$,求 $\int_0^1 f'(x)f''(x)\,\mathrm{d}x$. 一般地,设 $\varphi''(x)$ 在 $[a,b]$ 上连续,且 $\varphi'(b)=a,\varphi'(a)=b$,求 $\int_a^b \varphi'(x)\varphi''(x)\,\mathrm{d}x$.

13. 计算 $\int_0^2 f(x-1)\,\mathrm{d}x$,其中
$$f(x)=\begin{cases}\dfrac{1}{1+x}, & x\geqslant 0,\\[4pt]\dfrac{1}{1+\mathrm{e}^x}, & x<0.\end{cases}$$

有兴趣的读者可以再计算 $\int_1^3 f(x-2)\,\mathrm{d}x$,找出其中规律,用定积分的几何意义加以解释.

14. 设 $f(x)$ 是 $(-\infty,+\infty)$ 内的连续函数,且满足 $\int_0^x uf(x-u)\,\mathrm{d}u=\mathrm{e}^x-x-1$,求 $f(x)$.

15. 设 $f(x)=\int_1^{\sqrt{x}}\mathrm{e}^{-u^2}\,\mathrm{d}u$,求 $\int_0^1 \dfrac{f(x)\,\mathrm{d}x}{\sqrt{x}}$.

16. 设连续函数 $f(x)$ 满足方程
$$f(x)=3x-\sqrt{1-x^2}\int_0^1 f^2(x)\,\mathrm{d}x,$$
求 $\int_0^1 f(x)\,\mathrm{d}x$.

17. 由曲线 $y=\cos x\ \left(0\leqslant x\leqslant\dfrac{\pi}{2}\right)$ 与 x 轴所围成的图形面积被曲线 $y=a\sin x$, $y=b\sin x\ (a>b>0)$ 三等分,求 a,b 的值.

18. 设曲线 $y=2x^3+3x^2-12$ 的两个极值点的横坐标为 x_1,x_2,求曲线与直线 $x=x_1,x=x_2$ 以及 x 轴围成的曲边梯形的面积.

19. 设 $f(x), g(x)$ 在区间 $[a,b]$ 上连续,且 $f(x)$ 单调增加,$0 \leq g(x) \leq 1$,证明:

(1) $0 \leq \int_a^x g(u)\,\mathrm{d}u \leq x-a, x \in [a,b]$;

(2) $\int_a^{a+\int_a^b g(u)\,\mathrm{d}u} f(x)\,\mathrm{d}x \leq \int_a^b f(x)g(x)\,\mathrm{d}x$.

*20. 计算:

(1) 椭圆 $\dfrac{x^2}{a^2} + \dfrac{y^2}{b^2} = 1$ $(a>0, b>0)$ 所围成的图形面积;

(2) 星形线 $\begin{cases} x = a\cos^3 t, \\ y = a\sin^3 t \end{cases}$ $(a>0)$ 所围成的图形面积;

(3) 摆线一拱 $\begin{cases} x = a(t-\sin t), \\ y = a(1-\cos t) \end{cases}$ $(a>0, 0 \leq t \leq 2\pi)$ 与 x 轴所围成的图形面积.

*21. 称由极坐标方程表示的曲线 $r=r(\theta)$ 及射线 $\theta=\alpha, \theta=\beta$ 所围成的图形为曲边扇形,其中 $r(\theta)$ 在 $[\alpha, \beta]$ 上连续且 $r(\theta) \geq 0$. 请用元素法推导出在极坐标形式下的曲边扇形面积公式,并用该公式计算:

(1) 双纽线 $r^2 = 2a^2 \cos 2\theta$ $(a>0)$ 所围成的图形面积;

(2) 心形线 $r = a(1+\cos\theta)$ $(a>0)$ 所围成的图形面积;

(3) 双纽线 $r^2 = \cos 2\theta$ 与圆 $r = \sqrt{2}\sin\theta$ 所围成的公共部分图形的面积.

*22. 已知某商品的价格是随着年份增长的. 一个厂商需要考虑是现在以每单位 P 元的价格出售,还是将来以更高的价格出售. 假设知道 t 年后一单位产品的价格将由 P 元变为 $P(1+20\sqrt{t})$ 元,并且厂商还要均匀支付 $0.05P$ 元/年的存储费. 设按年利率为 5% 作连续复利计息,试问何时是出售此商品的最好时机?

附录
基本初等函数图形及重要性质

1. 幂函数 $y=x^\mu$（μ 是常数）

定义域：随 μ 的不同而不同,但不论 μ 取何值,在 $(0,+\infty)$ 内总有定义；值域：随 μ 的不同而不同. 重要性质：若 $\mu>0$,则称 $y=x^\mu$ 为 μ 次抛物线,在 $[0,+\infty)$ 内单调增加,如图1(a)；若 $\mu<0$,则称 $y=x^\mu$ 为 $|\mu|$ 次双曲线,在 $(0,+\infty)$ 内单调减少,如图1(b)；常具有奇偶性.

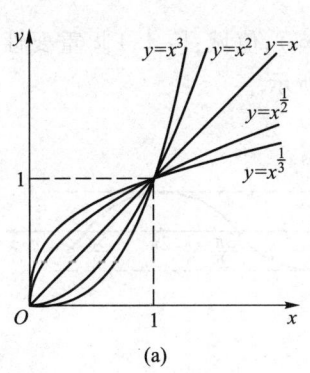
(a)

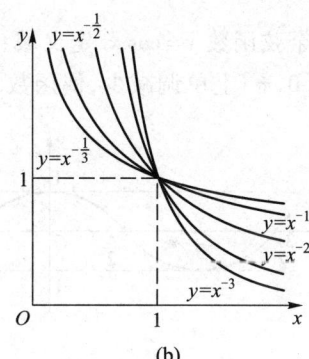
(b)

图 1

2. 指数函数 $y=a^x$（常数 $a>0, a\neq 1$）

定义域：$(-\infty,+\infty)$,值域：$(0,+\infty)$. 重要性质：过定点 $(0,1)$；当 $a>1$ 时,单调增加；当 $0<a<1$ 时,单调减少；水平渐近线为 $y=0$. 如图 2 所示.

3. 对数函数 $y=\log_a x$（常数 $a>0, a\neq 1$）

定义域：$(0,+\infty)$,值域：$(-\infty,+\infty)$. 重要性质：过定点 $(1,0)$；当 $a>1$ 时,单调增加；当 $0<a<1$ 时,单调减少；铅直渐近线为 $x=0$. 如图 3 所示.

4. 三角函数

（1）正弦函数 $y=\sin x$. 定义域：$(-\infty,+\infty)$,值域：$[-1,1]$. 重要性质：周期为 2π,在 $\left[-\dfrac{\pi}{2},\dfrac{\pi}{2}\right]$ 上单调增加,奇函数. 如图 4 所示.

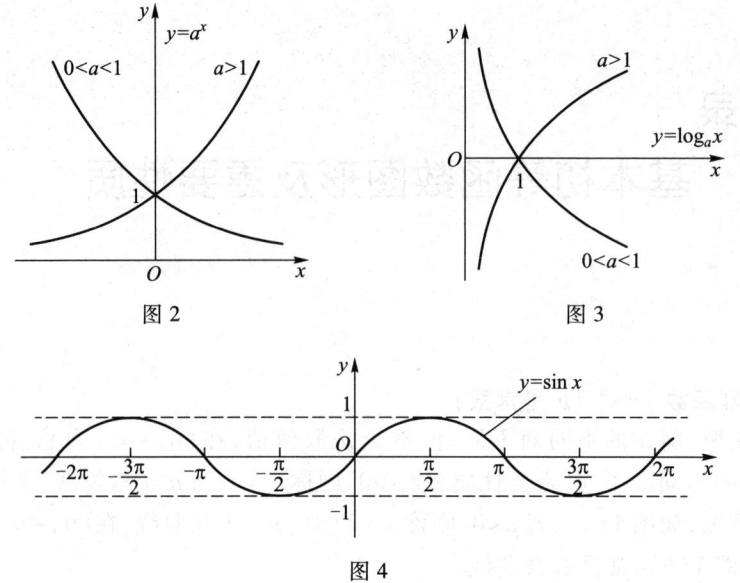

图 2   图 3

图 4

(2) 余弦函数 $y = \cos x$. 定义域:$(-\infty, +\infty)$,值域:$[-1,1]$. 重要性质:周期为 2π,在 $[0,\pi]$ 上单调减少,偶函数. 如图 5 所示.

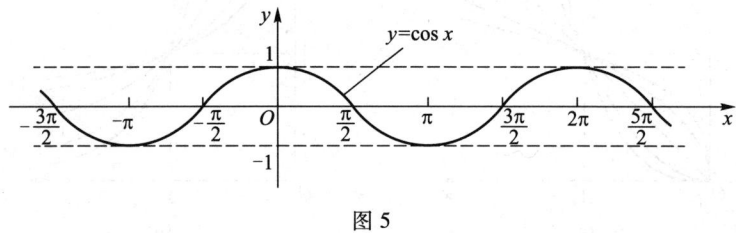

图 5

(3) 正切函数 $y = \tan x$. 定义域:$\left\{ x \mid x \neq \dfrac{\pi}{2} + k\pi, k \in \mathbf{Z} \right\}$,值域:$(-\infty, +\infty)$. 重要性质:周期为 π,在 $\left(-\dfrac{\pi}{2}, \dfrac{\pi}{2} \right)$ 内单调增加,奇函数,铅直渐近线为 $x = k\pi + \dfrac{\pi}{2}$. 如图 6 所示.

(4) 余切函数 $y = \cot x$. 定义域:$\{ x \mid x \neq k\pi, k \in \mathbf{Z} \}$,值域:$(-\infty, +\infty)$. 重要性质:周期为 π,在 $(0,\pi)$ 内单调减少,奇函数,铅直渐近线为 $x = k\pi$. 如图 7 所示.

5. 反三角函数

(1) 反正弦函数 $y = \arcsin x$. 定义域:$[-1,1]$,值域:$\left[-\dfrac{\pi}{2}, \dfrac{\pi}{2} \right]$. 重要性质:单调增加,奇函数. 如图 8 所示.

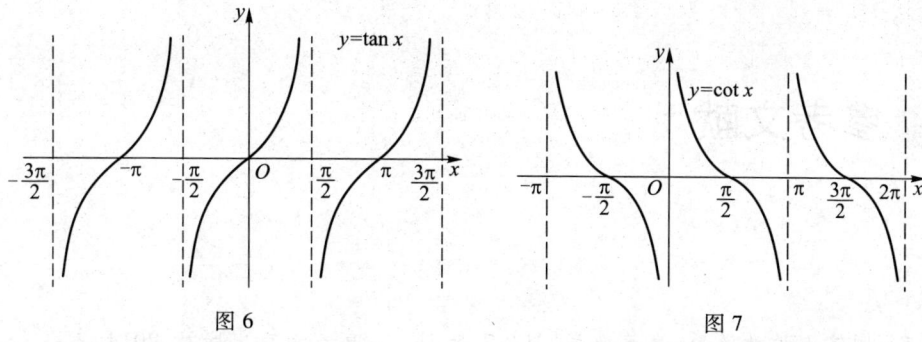

图 6　　　　　　　　　　　图 7

(2) 反余弦函数 $y = \arccos x$. 定义域：$[-1,1]$，值域：$[0,\pi]$. 重要性质：单调减少. 如图 9 所示.

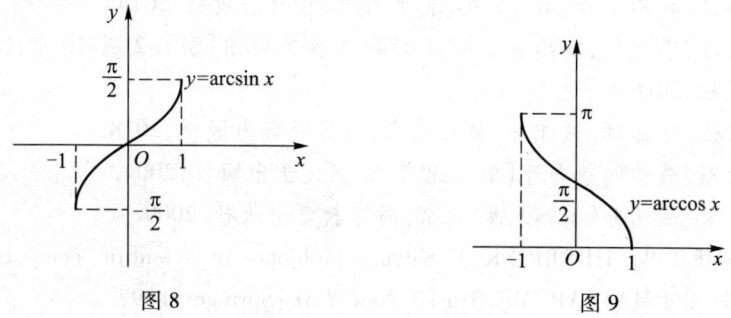

图 8　　　　　　　　　　　图 9

(3) 反正切函数 $y = \arctan x$. 定义域：$(-\infty, +\infty)$，值域：$\left(-\dfrac{\pi}{2}, \dfrac{\pi}{2}\right)$. 重要性质：单调增加，奇函数，水平渐近线为 $y = -\dfrac{\pi}{2}$ 和 $y = \dfrac{\pi}{2}$. 如图 10 所示.

(4) 反余切函数 $y = \operatorname{arccot} x$. 定义域：$(-\infty, +\infty)$，值域：$(0, \pi)$. 重要性质：单调减少，水平渐近线为 $y = 0$ 和 $y = \pi$，如图 11 所示.

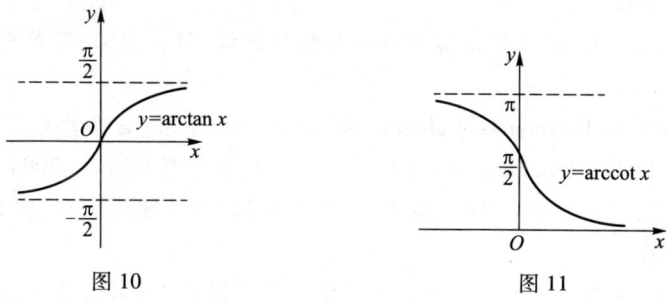

图 10　　　　　　　　　　　图 11

参考文献

[1] 同济大学数学系.高等数学[M].7版.北京:高等教育出版社,2014.

[2] 朱健民,李建平.高等数学[M].2版.北京:高等教育出版社,2015.

[3] 朱士信,唐烁.高等数学[M].北京:高等教育出版社,2014.

[4] 李继成.数学实验[M].2版.北京:高等教育出版社,2014.

[5] 罗蕴玲,李乃华,安建业,等.高等数学及其应用[M].2版.北京:高等教育出版社,2016.

[6] 卢兴江,陈锦辉.微积分[M].北京:高等教育出版社,2018.

[7] 张顺燕.数学的美与理[M].北京:北京大学出版社,2004.

[8] 朱来义.微积分[M].3版.北京:高等教育出版社,2009.

[9] GANDER W, HREBICEK J. Solving problems in scientific computing using Maple and MATLAB[M]. 3rd ed. New York:Springer,1997.

[10] 何青,王丽芬.Maple教程[M].北京:科学出版社,2006.

[11] GAYLORD R J,KAMIN S N,WELLIN P R.数学软件Mathematica入门[M].邵勇,译.北京:高等教育出版社,2001.

[12] ZACHARY J L.科学程序设计引论——用Mathematica和C求解计算问题[M].裘宗燕,李琦,李建国,译.北京:高等教育出版社,2003.

[13] 郭镜明,韩云端,章栋恩.美国微积分教材精粹选编[M].北京:高等教育出版社,2012.

[14] 孙振绮,马俊.俄罗斯高等数学教材精粹选编[M].北京:高等教育出版社,2012.

[15] THOMAS G B. Thomas' Calculus[M]. 10th ed. 北京:高等教育出版社,2004.

[16] STEWART J. Calculus[M]. 5th ed. 北京:高等教育出版社,2004.

[17] 李心灿,姚金华,邵鸿飞.高等数学应用205例[M].北京:高等教育出版社,1997.

[18] 曾广洪,张晓霞,吴庆初,等.高等数学习题课教程[M].北京:高等教育出版社,2013.

部分习题参考答案与提示

郑重声明

高等教育出版社依法对本书享有专有出版权。任何未经许可的复制、销售行为均违反《中华人民共和国著作权法》,其行为人将承担相应的民事责任和行政责任;构成犯罪的,将被依法追究刑事责任。为了维护市场秩序,保护读者的合法权益,避免读者误用盗版书造成不良后果,我社将配合行政执法部门和司法机关对违法犯罪的单位和个人进行严厉打击。社会各界人士如发现上述侵权行为,希望及时举报,本社将奖励举报有功人员。

反盗版举报电话　(010) 58581999　58582371　58582488
反盗版举报传真　(010) 82086060
反盗版举报邮箱　dd@hep.com.cn
通信地址　　　　北京市西城区德外大街4号
　　　　　　　　高等教育出版社法律事务与版权管理部
邮政编码　　　　100120

防伪查询说明

用户购书后刮开封底防伪涂层,利用手机微信等软件扫描二维码,会跳转至防伪查询网页,获得所购图书详细信息。也可将防伪二维码下的20位密码按从左到右、从上到下的顺序发送短信至106695881280,免费查询所购图书真伪。

反盗版短信举报

编辑短信"JB,图书名称,出版社,购买地点"发送至10669588128

防伪客服电话

(010) 58582300